EXCELLENT COURSE

高等院校精品课程系列教材

博弈论
商业竞合之道
GAME THEORY

翟凤勇 孙成双 叶蔓 等编著

U0191024

机械工业出版社
China Machine Press

图书在版编目（CIP）数据

博弈论：商业竞合之道 / 翟凤勇等编著 . —北京：机械工业出版社，2020.5
（高等院校精品课程系列教材）

ISBN 978-7-111-65380-6

I. 博… Ⅱ. 翟… Ⅲ. 博弈论 – 高等学校 – 教材 Ⅳ. O225

中国版本图书馆 CIP 数据核字（2020）第 062541 号

　　本书深入阐述了非合作博弈、合作博弈等内容，同时介绍了博弈的演化、学习和行为等相对前沿的领域。与同类著作相比，本书突出了博弈在商业领域的应用，在阐述相关理论（如竞合、PARTS 五要素方法等）的基础上，大量引入了博弈论在商业中的应用例题及真实案例。同时，本书还从应用领域、分析策略等角度对"互联网＋"时代的博弈应用进行了阐述和分析。另外，本书从社会人文角度对一些理论、例题及习题进行了解读，希望从更为广泛的应用价值发掘的角度体现博弈论的博大精深。

　　本书可作为经济管理类本科生及 MBA 的博弈论课程教材，也可供其他专业对博弈论感兴趣的学生选修学习使用，还可供相关领域的研究人员参考阅读。

出版发行：机械工业出版社（北京市西城区百万庄大街 22 号　邮政编码：100037）
责任编辑：邵淑君　　　　　　　　　　　　　　责任校对：李秋荣
印　　刷：北京市荣盛彩色印刷有限公司　　　　版　　次：2020 年 5 月第 1 版第 1 次印刷
开　　本：185mm×260mm　1/16　　　　　　　印　　张：17
书　　号：ISBN 978-7-111-65380-6　　　　　　定　　价：49.00 元

客服电话：（010）88361066　88379833　68326294　　投稿热线：（010）88379007
华章网站：www.hzbook.com　　　　　　　　　　读者信箱：hzjg@hzbook.com

前　言

Preface

　　博弈论是以数学为主要分析工具，研究在包含多个决策者或行为主体的局势中，各决策者之间彼此存在交互性决策行为的理论。无论日常生活，还是经济、社会领域，都广泛存在博弈现象。在国内外一流高校的经济管理学院和商学院课程体系中，博弈论课程已经成了核心课程或必修课程之一。

　　博弈论在经济、社会及工程领域的重要性已成为共识。自1994年诺贝尔经济学奖第一次授予博弈论学者以来，已有近20位博弈论学者获得了诺贝尔经济学奖，这表明博弈论不仅在理论上具有"单纯的内在美"（海萨尼），而且在应用上也具有极大的价值。

　　博弈论之所以受到越来越多的关注，是因为其数学逻辑的严谨性、精确性和实际应用的价值性。从博弈论的价值看，若忽视了实际应用价值，它就只是应用数学的一个分支，若只强调经济意义及博弈思维而忽视了数学严密的形式逻辑，又有流于庸俗化的嫌疑。将之有机结合，是我们撰写这部博弈论教材最主要的动因。

　　在当今"互联网＋"、大数据及人工智能（AI）时代，博弈论又有了新的用武之地：一方面，信息技术为博弈模型的分析与求解提供了强大的计算、分析引擎；另一方面，"互联网＋"和人工智能的蓬勃发展，也为博弈分析提供了新的应用课题、应用场景。因此，我们希望本书在一定程度上体现这一点。

　　编者从以下几点对全书的布局进行了设计。

　　（1）在体现现代博弈论经典内容系统的前提下，选取了在实际中"有用"但在多数博弈论体系中较少涉及的部分，如公平分割问题、最优匹配问题等。我们认为这些理论、方法在当今共享经济时代的应用价值更为明显。

　　（2）涉猎了相对前沿的博弈论内容，如行为博弈、学习理论等。

　　（3）突出了相应的例题和案例分析的实用性，而不仅仅是对理论的单纯理解或解读。在例题和案例的引入方面，我们力求反映当今网络社会及人工智能时代特征，突出介绍在实际问题分析与解决技巧方面的逻辑和思路，使例题或案例更加贴近真实博弈。

IV

（4）充分利用"互联网+"时代提供的便利，本书提供了博弈论相关网络资源及软件分析工具资源，对一些我们认为重要和有趣的内容，提供了配套教学课件。

（5）适当体现博弈论在社会、人文方面的价值。本书从社会人文角度对一些理论、例题及习题进行了解读，希望从更为广泛的应用价值发掘的角度体现博弈论的博大精深。毕竟，"了解了博弈论，会改变你一生的思维方式"（萨缪尔森）。

本书的分工为：翟凤勇撰写了第1、5、6、8章；孙成双撰写了第9～10章；叶蔓撰写了第4、11章，并对第1章进行了补充；邹志翀撰写了第2章；郑德权撰写了第7章；赵宁、翟凤勇撰写了第3章。

感谢国家自然基金项目（51878026）对本书的支持。

鉴于编者的水平有限，书中难免有不妥或错误之处，恳请广大读者批评指正。

编者
2020年2月

目　录
Contents

前言

第 1 章
CHAPTER 1

引言

1.1 什么是博弈论

1.1.1 博弈论的产生与发展

博弈论（game theory）是以数学为主要分析工具，研究在包含多个决策者或行为主体的局势中，各决策者之间彼此存在交互性决策行为的理论。在博弈局势中，不同决策者往往有各自的决策目标，博弈结果不仅依赖于一方的策略选择，还与其他方的策略选择有关。

比如，商家的价格战，不仅要考虑自身降价可能带来的市场份额的提升，同时还要考虑竞争对手可能的反应，以及由此导致的可能的结局。在体育比赛中，从排兵布阵，到每局的攻守策略，均充满了策略分析。生活中也是充满了博弈。恋人打电话的过程中，一方信号断了，另一方是立刻回拨过来还是等对方打给自己，也要博弈一番，否则若两个人同时迫不及待地回拨，电话就会处于占线状态。网购时，消费者怎样通过商家的评级和口碑，选择满意的商家；商家考虑到消费者的行为，通过怎样的回复，特别是对差评如何回复才能挽回不良形象……可以说，大到国际关系，小到个人日常生活，博弈几乎无处不在，博弈论也因此体现了其理论价值。

虽然现代博弈论诞生不到百年，但博弈思想古已有之、源远流长。2 500多年前春秋时期的《孙子兵法》，书中论述的军事思想就充分体现了博弈思想。比如，《孙子兵法·军争篇》就有"围师遗阙（包围敌人要留一个缺口），穷寇勿迫"的说法。包围敌人故意留一个缺口，并不是对敌人的仁慈或因粗心导致的百密一疏，而是故意为之，让敌人觉得还有逃生机会，从而动摇其坚守的决心。著名的"田忌赛马"的故事，我们更是耳熟能详。孙膑给田忌提供的策略——"用上等马对齐王的中等马，用中等马对齐王的下等马，用下等马对齐王的上等马"的建议，是在假定齐威王按照上等马、中等马、下等马出场顺序的前提下，己方如何选择出场顺序才能取胜的妙计，用博弈论术语来说，这个策略就是针对齐王策略的最优反应。

东方文化的人文情怀，在某种程度上也体现了博弈思想。"己所不欲，勿施于人"，换位思考，体现了人与人之间交往时的修为；对于貌似道德制高点的"以德报怨"论调，孔子直接反驳"何以报德？以直报怨，以德报德（《论语·宪问篇》）"。《吕氏春秋·先识览·察微》记载了孔子与子贡之间对待"做好事是否要得到报酬"的故事。当时鲁国有一条法律，鲁国人在他国沦为奴隶，如果有人能够把他们赎出来，回国后可以到国库中报销赎金。有一次，孔子的弟子子贡在他国赎回了一个鲁国人，回国后却不接受国家的赔偿金，以彰显自己的觉悟和品格。孔子不但没有夸奖他，反而责骂"赐失之矣。自今以往，鲁人不赎人矣（子贡坏事了，从今以后，鲁国人不会再愿意为在外的鲁国人赎身了）。"又有一次，孔子的另一个弟子子路救起了一名落水者，那人感激他就送给了子路一头牛，子路收下了。孔子对此的评价是："这下鲁国人一定会勇于救落水的人了。"这个故事和以博弈论为基础的现代契约理论完全一致，充分体现了中国先贤孔子的智慧，至今也有很强的启示意义。

国外也有很多体现博弈思想的例子。犹太法典中讨论了一个"婚姻合同问题"，与现代合作博弈论给出的合作博弈解相吻合。《圣经·旧约·列王纪（上）》记载了更为久远的关于所罗门王的故事，也体现了博弈思想。两个妇人同住一房，各生了一个孩子。夜间，一名妇人睡着的时候压死了自己的孩子，于是她偷偷地把另一个妇人的孩子抱走，放在自己的怀里，而把死去的孩子放在对方怀里。天亮时，活着的孩子的母亲发现了自己身边死去的孩子不是自己的，自己的孩子却在另一个妇人的怀里，于是开始向对方索要，另一妇人却不承认。两人争执不休，于是来到所罗门王前请求定夺。

所罗门王说："拿刀来，将孩子劈成两半，一半给那妇人，一半给这妇人。"

那个活着的孩子的亲生母亲因为爱子心切，就说把孩子给她吧。另外一个妇人却说："这孩子也不归我，也不归你，把他劈开吧。"

所罗门王断定放弃平分孩子的妇人才是孩子真正的母亲，回答说："把孩子给这个妇人，千万不可杀死他，这个妇人确实是他的母亲。"

这个惊心动魄、扣人心弦的故事，充分体现了所罗门王的睿智。

不仅是人类社会，自然界也充满了博弈。蜜蜂种群的分工行为与博弈的均衡分析惊人的一致。自然进化中蜜蜂蜂针的长度和花蕊长度的"选择"，也与博弈均衡的策略彼此"互为最优反应"相一致。

生活在北美地区的落基山羊，在生存与逃避捕猎者的选择中，最终选择了绝壁山区作为栖息地。宽大、强有力的羊蹄可以确保其在绝壁上行走时如履平地——在与自然和天敌的博弈中，落基山羊与自然和天敌达成了均衡（见图1-1）。

图1-1　生活在北美地区的落基山羊

　　生物学家在研究自然领域的猴王竞争过程中发现了一个十分有趣的行为。该领域大致每两年进行一次猴王竞争，新猴王登基后，通常会杀害老猴王的幼崽。但过了数载后生物学家发现，新猴王在完成"政权新旧更迭"后不再杀害老猴王的幼崽了。这到底是为什么呢？

　　生物学家通过深入观察发现，母猴在新猴王登基后，开始与其他普通公猴"私通"，这样当下一任猴王登基后，他不能排除前猴王的幼崽是自己的后代的可能性，也就不再杀害幼崽了。

　　甚至在人为设计的环境中，自然界生物也体现了某种"博弈分析"能力。1979年，剑桥大学一位学者在研究动物的行为中以一群鸭子做了一个实验。他将鸭子放在一个封闭区域内，然后设定了 2 个自动面包投放器：1 号投放器每 5 分钟投放一次面包，2 号投放器每 10 分钟投放一次面包。很快地，2/3 的鸭子选择了 1 号投放器，1/3 的鸭子选择了 2 号投放器。其后有学者改进了该实验，设计了可调整面包投放频率及面包大小的装置，结果发现鸭群会快速地随着外界变化而调整选择投放器策略，并且策略比率与纳什均衡的混合策略非常吻合。

　　可见，从人类社会到生物界，博弈存在于自然和社会的方方面面，博弈思想也在其中不时地加以体现。但学术界公认的现代博弈论的出现，是 20 世纪 40 年代的事情，博弈论作为理论在实际中广泛应用，则是近几十年的事情。

　　最初人们的研究主要集中在严格竞争博弈研究，即我们通常所说的两人零和博弈。策梅洛（Zermelo，1913）针对国际象棋是否有必胜的策略问题，提出了策梅洛定理。在象棋中有且仅有一个事实是正确的：白方有必胜策略；黑方有必胜策略；黑白各方有一个至少实现平局的策略。法国数学家 E. 波莱尔（Emile Borel，1921）第一次给出了一个混合策略的现代形式，并找到了有三个或多个可能策略的两人博弈的最小最大解。其后，一些学者陆续开始对博弈论进行了研究，但当时博弈论研究主要作为应用数学的一个分支。

　　1928 年，普林斯顿大学数学家冯·诺依曼证明了最小最大定理，该定理被认为是博弈论的重要结论，博弈论中许多概念都与该定理相联系。其后，冯·诺依曼开始考虑用博弈论描述真实行为的问题，他认为既然现代数学与物理学结合产生了划时代的量子力学，那么将现代数学引入行为研究，必然会催生出具有同样影响力的理论。1944 年，冯·诺依曼和奥斯卡·摩根斯坦的著作《博弈论与经济行为》（*Theory of Games and Economic Behavior*）被认为是现代博弈论诞生的重要标志。

　　博弈论走向应用领域首先从第二次世界大战开始，英国海军应用博弈论与德军潜艇进行类似猫和老鼠的游戏，他们发现正确的行动并非驾驶员或海军军官依靠直觉的行动，从而大大提升了英军的命中率。对抗德军潜艇的成功促使英军将博弈论应用到了其他军事领域，也收到了很好的效果。

　　第二次世界大战结束后，博弈论还被应用到冷战分析中。之后，博弈论开始应用于经济学、政治学、生物学、工程学、计算机等领域。其中，博弈论在经济和商界中的应用，为其增添了璀璨的亮色。1994 年，诺贝尔经济学奖首次授予了三位博弈论学者：约翰·纳什（John Nash）、约翰·海萨尼（John Harsanyi）和莱因哈德·泽尔

腾（Reinhard Selten）。与此同时，美国 FCC[⊖]使用博弈论设计了一个数百亿美元的无
线频谱拍卖。一些处于行业领导者地位的企业也开始应用博弈论进行企业战略决策。
贝尔大西洋电信公司前主席雷蒙德·W. 史密斯说过，如果在商业战略中没有应用博
弈论方法，我们对业务的重新定义是不可能的……博弈论给了我们商业局势的宽广视
野，这是传统规划方法不能提供的。他认为博弈论是 20 世纪 90 年代电信产业动荡
时，公司仍能成功的秘诀所在。

进入"互联网+"和大数据、人工智能时代，博弈论的应用又大大地得到了拓展，
同时，新技术为博弈分析提供了全新的技术手段，大大提升了博弈论分析能力。

综上，博弈论的理论与应用状况可用表 1-1 简要表示。

表 1-1　博弈论的发展与应用简史

20 世纪 30 年代	应用数学分支
20 世纪 40 年代	现代博弈论诞生，（零和）博弈被应用到第二次世界大战中
20 世纪 50 年代	纳什均衡出现，（非零和）博弈提供了分析大国冷战的工具
20 世纪 60 年代	博弈论开始全面应用于社会科学领域，如政治、经济、管理等领域
20 世纪 70 年代	演化博弈
20 世纪 90 年代到 21 世纪前 10 年	博弈论广泛应用于管理领域、市场设计和机制设计（如 FCC 无线频谱拍卖）
21 世纪 10 年代	互联网和通信协议、大数据和人工智能领域

1.1.2　博弈论的基本要素

1. 参与人

博弈论研究的是多人交互性质的策略选择问题，其中的每个决策者或行为主体，
我们称为**参与人**（player），也称之为参与者或局中人。参与人通过合理选择自己的行
动，以获得最大化的收益（或效用）。

结合博弈的实际问题，参与人可以是自然人，也可以是团队、企业、国家，甚至
是由几个国家或团体组成的联盟。从广义角度看，生物体、计算机程序等，结合具体
实际，也可以被看作博弈的参与人。

除了一般意义上的参与人，当博弈涉及随机因素或不确定的博弈环境时，我们往
往会引入一个名为"自然"的虚拟参与人（pseudo player）。比如在房地产开发中，对一
项开发项目的投资是否能够获利，不仅取决于每个开发商的选择，还取决于不受开发商
控制的随机因素，即俗语所说的"谋事在人，成事在天"。这个"天"，也就是人们所
说的"自然"。虚拟参与人与一般参与人不同之处在于，它没有自己的支付和收益。

2. 行动或策略

简言之，行动或策略是各参与人在博弈过程中的备选方案。具体地说，行动是参
与人在博弈的某个时点的决策变量。每一个参与人，当轮到他采取行动时，都有多种

⊖　FCC 为美国 Federal Communications Commission 的简写，为美国联邦通信委员会，是美国政府的独立机
　　构，直接对国会负责，对无线电广播、电视、电信、卫星和电缆标准进行认证来协调国内与国际通信。

可能的行动可以选择。比如，打牌时，当轮到一个人出牌时，他可以选择出黑桃，也可以选择出红桃。所有参与人在博弈中所选择的行动的集合就构成了一个行动组合。不同的行动组合会导致博弈的不同结果。

另一个与行动相关的概念是行动的顺序，也就是说参与人谁先行动、谁后行动。一般来说，参与人行动的顺序不同，得到的结果往往不同。比如下棋时，大家都愿意先行，因为先行可以带来一定的优势，从而导致后期输赢结果的不同。所以在正式比赛中往往采用"猜先"的方式确定谁先下，或者采用某种补偿方式，如围棋的"贴目"制。当然有的时候，后行动者也可能有"后动优势"。

策略则是指每个参与人在需要做出行动选择时都能给出一个行动选择方案，这些方案放在一起构成了博弈的策略。策略是参与人如何应对其他参与人行动的一种行动规则，它规定参与人在什么时候选择什么行动。也可以说，策略是参与人的一个"相机行动计划"。

策略需要具有完备性，也就是说，针对所有可能发生的情况，都需要有相应的规则和行动可以选择。比如，"人不犯我，我不犯人"，这不是一个完整的策略，因为它只规定了"人不犯我"的情况，但没有说明在"人若犯我"的情况下应该如何行动。

因此，某参与人的策略可以看成是该参与人的一个完整的相机行动方案。当然，若博弈只需每个参与人最多只在一种场合给出行动，此时行动和策略就不做区分了。

3. 信息

简单地说，信息就是博弈的参与人在进行行动选择时所掌握的知识。具体地说，它是指参与人在博弈过程中能了解和观察到的知识，这些知识包括其他参与人的特征、行动、选择等。信息对参与人的决策至关重要，每一个参与人在每一次进行行动选择之前，必须根据观察到的其他参与人的行动和了解到的有关情况做出最佳选择。

谈到博弈的"信息"，它涉及一个很重要的概念："共同知识"(common knowledge)。一个博弈问题所涉及的参与人的特征、行动及相应的效用、收益等都属于"知识"。比如商业企业需要进行产品开发博弈，那么市场需求的大小、不同企业的选择、不同情境下的利润与亏损，都是知识。同时企业之间知道这些知识也是一种信息，比如说存在企业 A 与企业 B。"企业 A 知道企业 B 知道这些知识"是一种信息，"企业 B 知道企业 A 知道它知道这些信息"也是一种信息。

在博弈论中，某信息或判断是"共同知识"，指的是"所有参与人知道，所有参与人知道所有参与人知道，所有参与人知道所有参与人知道所有参与人知道……"的知识。比如，市场需求的大小是一个知识，如果企业 A 与企业 B 知道市场需求有大与小两种状态，但是企业 A 并不知道企业 B 知道市场需求，这时市场需求就不构成共同知识，而只能说这是 A 与 B "共同"享有的知识。

有一个关于"碟子、猫和古董商"的故事，可以让我们更有趣地理解"共同知识"。有位古董商人发现了一个农民把珍贵的碟子作为猫食器具，于是假装对这只猫相当喜爱，要从猫主人手里买下。猫主人不卖，于是古董商出了很高的价格，成交了。成交后，古董商故意"漫不经心"地说："这个碟子猫已经用惯了，就一块给我吧。"猫主人说："哈哈，我用这个碟子，已经高价卖了好几只猫了，怎么会给你！"

在这里，有关信息或知识是：古董商知道"碟子是珍贵的古董"，猫主人知道"碟子是珍贵的古董"，但古董商不知道"猫主人知道'碟子是珍贵的古董'"，即"碟子是珍贵的古董"不是古董商和猫主人之间的共同知识。自以为聪明的古董商亏了钱，猫主人用计狠狠地赚了好几笔。虽然是寓言故事，但很好地诠释了"共同知识"。

经典博弈论的一个重要假设就是"理性是共同知识"。这里所谓的"理性"，是指在任何情况下，每个参与人都选择使自身利益最大化的行动或策略。理性是共同知识，意味着所有的参与人是理性的、所有参与人都知道所有参与人是理性的、所有参与人都知道所有参与人都知道所有参与人是理性的……这样一个无限理性推断。这是博弈分析中的一个基本假设，当然在现实中很难达到。

4. 支付

在博弈中，**支付**（payoffs）指的是在一个特定的策略组合下，各参与人得到的确定的效用或期望效用，或者说是每个参与人在特定的策略组合下得到的收益或损失。支付通常表现为博弈结果输赢、得失、盈亏。支付必须能用数值表达。在博弈中，每一个参与人得到的支付不仅依赖于自己选择的策略，还依赖于其他参与人选择的策略。

支付在具体的博弈中可能会有不同的含义。比如，个人参与人关心的可能是自己的物质报酬，也可能是社会地位、自尊心等；企业参与人关心的可能是利润，也可能是市场份额或持续竞争力；政府参与人可能关心的是 GDP、居民的福利、财政收入等。

综上所述，参与人、行动或策略、信息、支付为博弈的四要素。

在确定博弈要素的过程中，"理性"是必不可少的。从广义上说，理性是指参与人如何思考、推理及决策的描述；从狭义上说，理性就是我们通常所说的**经济理性**（economical rationality），即在可能的情况下追求一个描述参与人偏好的可能支付的最大化策略或行动。

博弈不仅要考虑自己的理性，同时还要考虑对手的理性。

确定了博弈要素后，均衡分析就成了博弈分析的主要内容。**均衡**（equilibrium）是博弈的一种状态，通常用博弈各方的策略组合来描述。在均衡状态下，各参与人的策略组合满足这样的特征：在其他参与人坚守各自均衡策略的前提下，所有参与人都不愿意单方面改变自己的策略。

1.2　博弈的分类

博弈论已有百年历史，学者已经定义和研究了很多博弈类型。这里仅列出比较重要和相对经典的博弈论类型。需要说明的是，这里并没有完全涵盖博弈论所有范畴，分类的尺度也不完全一致。

1.2.1　合作博弈与非合作博弈

　　合作博弈主要研究人们达成合作的条件及如何分配合作得到的收益，即收益分配问题。非合作博弈研究人们在利益相互影响的局势中如何做出决策以使自己的收益最大，即策略选择问题。两者的区别在于当人们的行动相互作用时，当事人能否达成一个具有约束力的协议。如果可以，就是合作博弈；否则，就是非合作博弈。比如，两家生产企业，如果它们之间达成一个协议，准备联合起来最大化垄断利润，两家企业都将按协议进行生产，那么这就是合作博弈。两家企业面临的问题是如何分享合作所带来的收益。但如果这两家企业间的协议不具有约束力，即没有哪一方能强制另一方遵守该协议，每家企业都只选择自己的最优产量或是最优价格进行生产和销售，则属于非合作博弈。

　　另外，从理论基础看，合作博弈强调的是团体理性、效率、公正和公平，以相应的公理假设为前提，如参与人的合作收益不应小于他不与其他人合作的"个体理性公理假设"的收益等；而非合作博弈强调的是个人理性，如理性选择理论等，博弈均衡分析是其主要分析方法。

1.2.2　静态博弈与动态博弈

　　静态博弈是指参与人同时采取行动，或者虽然行动顺序有先后，但后行动者不知道先行动者采取的行动是什么。而动态博弈是指双方的行动有先后顺序，并且后行动者在行动前有可能观测到其他先行动者的行动。

　　如果将静态博弈看成"石头、剪刀、布"这种一次性出手就可以定胜负的游戏，那么动态博弈就好比下棋，后走棋者总是能观察到他这次落子前的所有走棋情况，而先走棋者在落子前也会考虑对手将会做出什么样的反应，这样"你来我往"，直至最后决出胜负。

　　动态博弈中一个重要的认知是区分**策略**和**行动**。策略是一个完全的相机方案，它要求参与人在任何可能的决策场景（用博弈论术语来说，是决策节点或信息集）都要给出一个行动方案。如果是静态博弈，策略就退化为一个决策或行动。

1.2.3　完美信息博弈与不完美信息博弈

　　当所有参与人都充分知道过去历史时，这种博弈就叫作**完美信息博弈**（games with perfect information），否则称为**不完美信息博弈**（games with imperfect information）。

1.2.4　完全信息博弈与不完全信息博弈

　　完全信息博弈是指每个参与人都拥有所有其他参与人的特征、策略及支付函数等方面的准确信息的博弈。

不完全信息（incomplete information）或非对称信息（asymmetric information）是指至少存在一个参与人对其他参与人的偏好、支付函数、策略等方面的知识是不完全的。

不完全信息博弈的开创性研究是海萨尼（1973）做出的，他因此贡献而成为1994年诺贝尔经济学奖的获得者之一。

1.2.5　零和博弈与非零和博弈

在一类博弈中，若在任何可能的场合，所有参与人的支付之和恒为零，则称这样的博弈为**零和博弈**（zero-sum games），否则称为**非零和博弈**（non-zero sum games）。在非零和博弈中，若在所有可能场合，各方的支付之和为定值，则称这样的博弈为**定和博弈**（constant-sum games）。定和博弈实质上与零和博弈没有什么不同，因此定和博弈往往也被归为零和博弈。

1.2.6　博弈模型的不同表示方法

在经典的非合作博弈中，一般来说，博弈模型的表示方法有两种：**策略式表述博弈**（strategic form games）和**扩展式表述博弈**（extensive form games）。

策略式表述博弈是从整个博弈看待双方的策略选择，不能描述博弈中决策者的行动顺序，以及序列行动展开过程中博弈的历史信息。因此，策略式表述博弈通常适合研究静态博弈。

扩展式表述博弈则规定了各参与人的行动顺序，每个参与人在其各自的行动选择点对过去博弈历史的表述，以及在行动选择点的行动方案。因此，扩展式表述博弈适用于对动态博弈进行分析。

合作博弈将在第9章再做分析。

1.2.7　其他类型的博弈

除了上述提到的类型外，根据研究问题、应用的数学理论等不同，博弈还有其他类型，如演化博弈、随机博弈、微分博弈、组合博弈、行为博弈等。

另外，从博弈的规则角度看，博弈规则是固定的还是可以人为改变的，在实际中也十分重要。如国际象棋、体育比赛，博弈的规则往往是固定不变的，但有些博弈，在博弈开始后，博弈规则在一定范围内是可变的。可变的博弈规则往往需要采用动态博弈进行分析，同时要求参与人必须使用更为精妙的策略。

从方法论角度看，博弈论相关研究可分为三个方向。

（1）基于实证经验的：在描述实际问题的博弈中（真实或实验环境），对于给定的博弈，参与人会怎样行动？行为博弈和描述性博弈（descriptive games）属于此类范畴。

（2）基于规范的：在一个博弈中，参与人"应该"怎样行动。比如，以公理化假设为分析前提的合作博弈相关研究。

（3）基于纯理论的：在给定的理论假设范围内，采用形式逻辑方法，对博弈论进行理论研究。

1.3　若干博弈简例

【例 1-1】俾斯麦海战：零和博弈的例子

在 1943 年的南太平洋，就在日本偷袭珍珠港后的一年多，盟军在新几内亚半岛登陆。守卫在莱城的日军试图将盟军赶出岛，但失败了。

日军海军上将木村决定要跨过俾斯麦海，将增援部队从拉包尔运送到新几内亚的莱城，美国海军将军肯尼决定派轰炸机轰炸运输船队。木村有两个路线选择：相对路程短的向北航线以及相对路程较长的向南航线，肯尼同样有两个方向选择派遣轰炸机：向北或向南。如果派遣轰炸机路线错误，则可以召回轰炸机，向另一个方向重新派遣，但可以轰炸的天数将减少一天。

若将可轰炸的天数设为肯尼的收益，该数的相反数为木村的收益，则该博弈为一个零和博弈。特别地，对于两人零和博弈，若各自的策略选择个数是有限的，则可以用一个矩阵来表示零和博弈。

$$
\begin{array}{cc}
 & 木村 \\
 & 向北\quad 向南 \\
肯尼\ \begin{matrix}向北\\向南\end{matrix} & \begin{pmatrix} 2 & 2 \\ 1 & 3 \end{pmatrix}
\end{array}
$$

该博弈的两个参与人分别为肯尼和木村，每个参与人有两个选择：肯尼选择矩阵的行对应的行动"向北"或"向南"，木村则选择矩阵列对应的行动"向北"或"向南"。若肯尼选择"向北"而木村选择"向南"，则肯尼的支付为 2，木村的支付为 −2。

观察该矩阵不难发现，处于矩阵（1，1）位置的元素 2，它满足两个条件：它是其所在行的最小元，同时又是所在列的最大元，我们称之为矩阵的**鞍点**（saddle point）。如果一个矩阵博弈存在鞍点，则对应双方的策略构成矩阵博弈的均衡解（同学们可以先思考一下为什么是均衡解）。

若木村选择"向北"，那么肯尼的最佳应对也应该选择"向北"（2 > 1）；反之，若肯尼选择了"向北"，木村的最佳应对有两个："向北"或"向南"（支付均为 −2），因此双方的策略组合（向北，向北）对应的两个策略分别是肯尼和木村关于对手均衡策略的最佳应对，具有这样特征的策略组合为博弈的均衡解。因此，（向北，向北）为俾斯麦海战博弈的均衡解。

特别地，木村的"向北"策略相对于他的"向南"策略，不管肯尼的选择如何，木村选择"向北"的支付总是不小于选择"向南"的支付（注意矩阵元素的相反数才是木村对应的支付），我们称具有这样特征的策略为**占优策略**（dominant strategy）。由于博弈假设参与人都是理性的，因此木村会选择占优策略"向北"，同时，博弈论又假设理性是参与人的共同知识，因此，肯尼知道木村是理性的，会选择"向北"，既然木村选择了"向北"，肯尼的最优应对自然是选择"向北"。这里从另一个角度得出了（向北，向北）是俾斯麦海战的均衡解。

已退休的美国空军上校 O. G. 海伍德在《军事决策与博弈论》中，对该战役从博弈论的角度进行了分析。实际情况也是如此。最终日军选择了云层厚、能见度低的北路，而盟军也选择了主要侦察该区域。日本船队遭受了 2 天惨烈的轰炸，损失了整整 8 个运输队、3 个护卫驱逐舰，日军损失惨重，有 3 664 名士兵丧生，2 500 吨作战物资损失殆尽。美军在俾斯麦海战中取得了辉煌胜利，这次战争也是太平洋战争的一个转折点，博弈论在其中发挥了作用。

【例1-2】合乘出租车费用分摊问题：合作博弈的例子

A、B、C 三人从工作单位下班回家。三人顺路，其中 A 最先下车，B 其次，C 最后下车，因此准备共同乘坐一辆出租车回家。有关车费情况为：到达 A 的住所车费为 12 元，到达 B 的住所为 18 元，到达 C 的住所车费为 30 元。显然三人合乘出租车比单独乘车划算。问题是，这 30 元车费如何在三人之间进行分摊才是比较合理的呢？

与各自分别乘坐出租车相比，三人合乘无疑能带来总费用的节省。但是，对于合乘的总费用 30 元，每个人应该承担多少钱比较合理，这也是一个非常重要的问题。一个简单的想法是：每人承担总费用的 1/3，即每人分担车费 10 元。这个方案合理么？

这里我们先讨论一个合理的费用分摊方式应该满足什么条件。首先，每个人应该分摊的费用不应超过自己单独乘坐出租车的费用，因此，若分别设 x_1、x_2 和 x_3 为三人各自应该承担的费用，那么合理的费用分担方案应该满足 $x_1 \leqslant 12$，$x_2 \leqslant 18$，$x_3 \leqslant 30$，即合作博弈的解应该满足"个体理性"要求。其次，合理的合作博弈解还应该满足"小团体理性"要求，即 A 和 B 的分摊费用之和，不应超过 B 单独打车的费用，即 $x_1 + x_2 \leqslant 18$。最后，还应该满足群体的帕累托最优性要求，即 $x_1 + x_2 + x_3 = 30$。同时满足这三个条件的解无穷多，具体应该选择哪一个呢？

这里给出一个方案：A 和 B 平摊 B 单独乘车的费用，余下的钱由 C 承担，即 $x_1 = x_2 = 9$，$x_3 = 12$。与平摊总费用方案相比，这个看上去要合理得多。

另外一种可以考虑的方案是按照单独乘车费用的比例分摊，A 承担的费用比例为 12/（12 + 18 + 30）= 0.2，B 承担的费用比例为 18/（12 + 18 + 30）=0.3，C 承担的费用比例为 0.5，即 A 承担 6 元，B 承担 9 元，C 承担 15 元。

在合作博弈中我们再对这个问题进行分析。

【例1-3】猜数博弈：博弈的交互性

在一个房间里有 n 个人，要求每个人在 0 ～ 99 的整数中猜一个数字，获胜的条件是尽可能和 n 人所猜数字平均值的 2/3 接近。那么应该怎样猜数呢？

尝试利用这样的逻辑进行模拟分析：若其他人所猜数字的平均值为 50，那么均值的 2/3 为 33.3，我应该猜 33，但如果别人也这么想，均值就应该为 33，33 的 2/3

为 22，那么我应该猜 22，但如果别人也同样这样分析，均值还会进一步减小……最终应该猜到 1。但问题是所有人都会这样想吗？

图 1-2 是 173 名学生在博弈论课程的第一堂课上进行的"猜数博弈"实验数据直方图，从图中可以看出，有 24 名同学选择了相对较小的数字（0～9），50 名同学选择了 30 至 39 之间的数字，获胜的数字是 20。注意，有极少数同学选择了不太"理性"的数字（大于 66 的数字，因为即使其他所有人都选择 99，与获胜数字最接近的整数也是 66）。

若从无限理性的角度看，理论上的均衡解为所有人都猜 0 或所有人都猜 1，但并非所有人都是无限理性的。可以想象，随着实验次数的增加，最终结果距离理论上的均衡会越来越近。

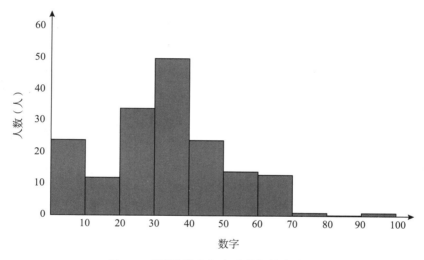

图 1-2 "猜数博弈"实验数据的直方图

【例1-4】古诺模型：连续策略式博弈的例子

有两家企业，生产完全同质的商品。产量分别为 q_1 和 q_2。整个市场的产量为 $Q = q_1 + q_2$。市场出清价格为

$$P = \begin{cases} 1-Q & Q \leq 1 \\ 0 & Q > 1 \end{cases}$$

假设两家企业同时决定自己的产量，且单位生产成本为 0。那么每家企业的均衡产量应该为多少？

方便起见，用 i 和 j 分别表示两家企业，设企业 i 的产量为 q_i，企业 j 的产量为 q_j，i, $j=1$, 2。那么企业 i 的利润（当 $Q<1$ 时）

$$\pi_i = Pq_i = (1-q_i-q_j)q_i$$

企业 i 选择 q_i，以最大化其利润 π_i。将 q_j 看成一个参数，那么上式就是一个单变

量的二次函数优化问题。对利润函数求导，并令导数等于 0，得到企业 i 关于对手产量 q_j 的最优应对产量，为

$$q_i = \frac{1-q_j}{2}$$

也就是说，若一家企业的产量为 q_j，则另一家企业的最佳产量是 1 减去对方企业产量后的一半（在对方产量 <1 的情况下）。

容易看出，当企业的产量 $q_i = q_j = 1/3$ 时，两家企业彼此都是关于对方的最佳应对，因此是古诺博弈的均衡（给定一方的产量为 1/3，则另一方的产量也会"聚焦"到 1/3，否则利润水平会降低）。

【例1-5】具有先后次序行动的古诺模型：博弈的扩展式模型例子

两家企业生产同质商品，与例 1-4 中的古诺模型不一样的地方在于，企业 1 先选择产量 q_1，企业 2 看到企业 1 的产量 q_1 后，再决定自己的产量 q_2，博弈结束。其他条件与标准的古诺模型相同。这时企业 1 和企业 2 的产量应该是多少？

这个博弈的过程是，企业 1 首先确定产量 q_1，然后它的产量被企业 2 看到，企业 2 会按照例 1-4 所计算出的最优产量，确定自己的最优产量为 $q_2 = (1-q_1)/2$。企业 2 的这个行动企业 1 是知道的，因为"理性是共同知识"。因此在企业 1 开始决策时，它的利润函数为

$$\pi_1 = Pq_1 = (1-q_1-q_2)q_1$$

将 $q_2 = (1-q_1)/2$ 代入上式，就可以得出企业 1 的最优产量为（过程略）$q_1^* = 1/2$，由企业 2 的最优反应函数 $q_2 = (1-q_1)/2$ 可以求出此时企业 2 的最优产量为 $q_2^* = 1/4$。可见企业 1 此时占据着先动优势，企业 2 能够看到企业 1 的产量，成为企业 1 处于先动优势的原因。企业 1 先行动，但如果企业 2 看不到企业 1 的产量，则又回到了标准的古诺模型的情形。

1.4 博弈的基本思想

1.4.1 博弈是普遍存在的

想象一个场景：某周末你去商场购物，忽然商场发生了意外，浓烟滚滚，一场火灾发生了！

现在，摆在你面前的是两扇门——一个是商场东南角的大门，另一个是商场北边的小门。你有两个选择：选择商场东南角的大门逃命，选择北边的小门逃命。在这一瞬间，可能多数人会条件反射地按习惯来选择——选择门宽的逃生口。但如果多数人都这么想，较宽大的东南角的大门反倒由于拥挤而难以逃生。也许，选择较少人去的

商场北面的小门反倒可能是好策略。

　　博弈绝不仅仅是抽象的理论，实际上它是生活中无处不在的现象。大到商界竞争、股票投资，小到生活中购物时的讨价还价、恋人之间的交往策略，都存在着博弈。用博弈思维来看待这些问题，将会带给你全新的思维方式。诺贝尔经济学奖获得者、著名经济学家萨缪尔森曾经说过："To know game theory is to change your lifetime way of thinking."（了解了博弈论，会改变你一生的思维方式。）这句话表明了博弈论对于人生中策略性决策的价值。

1.4.2　策略互动

　　诺贝尔经济学奖获得者罗伯特·奥曼教授认为："博弈论就是研究互动决策的理论，即各行动方的决策是相互影响、相互作用的，每个人在决策的时候，必须将他人或对手的决策纳入自己的决策考虑之中。同理，也需要把别人对自己的考虑纳入考虑之中。在进行如此多重考虑的情形下，最终选择最有利于自己的策略。"

　　举个简单的例子，美国两家最大的电脑生产商——惠普和戴尔都计划生产一种新产品。如果两家公司同时生产，那么各自可实现的收益为 10；如果只有一家公司生产，那么生产的这家公司可实现的收益为 30，不生产的那一家收益为 0；如果两家都不生产，那么各自能实现的收益为 20。

　　可用图 1-3 表示这个博弈。

戴尔

		生产	不生产
惠普	生产	10, 10	30, 0
	不生产	0, 30	20, 20

图 1-3　两家电脑生产商的策略互动支付表

　　对于惠普来说，如果戴尔生产，惠普选择生产获利为 10，选择不生产获利为 0，因此，选择生产比选择不生产要好；如果戴尔选择不生产，惠普选择生产获利为 30，选择不生产获利 20，此时仍然是选择生产比选择不生产要好。总之，不管戴尔的策略是什么，对于惠普来说，选择"生产"总是优于"不生产"。此时惠普的"生产"策略为占优策略。

　　同样的逻辑，"生产"也是戴尔的占优策略。通过这样的互动分析，该博弈的结局是两家电脑生产商均选择"生产"，各自获得 10 单位的收益，这也是博弈的均衡结果。虽然另一个策略组合：双方都选择"不生产"，从收益的角度帕累托优于双方的均衡策略，但由于双方策略的交互性，反倒是非均衡的结局。

　　"猜数博弈"也是一个互动过程，为获得博弈胜利，需要准确把握其他参与人的策略选择，且这个策略选择是多轮的策略交互，博弈的趣味也在于此。"猜数博弈"给人们的启示是：过高地估计其他人的理性和忽视其他人的理性一样有害，只有恰当地估计他人的策略，才可能在博弈中获胜。

1.4.3 换位思考

站在对方的角度看问题，即所谓的换位思考，是博弈思维的重要特征。商家的各种促销手段，就是站在消费者角度考虑所制定的策略。"最低价格承诺""保价协议"究竟对商家还是对消费者有利？换位思考会帮助我们透过表面现象看到问题的本质。

从狭义角度看，博弈思维就是换位思考。换位思考能够将以自我中心的策略制定思维向非自我中心的策略制定思维转变。学会"换位思考"，将会发现甚至创造战胜对手的策略（在对手也同样考虑如何战胜你的前提下）；同时也会寻求如何与他人合作，即便其他人将"自私自利"奉为圭臬，也有合作双赢的空间；换位思考同样也可以更好地说服他人，或者让自己所做如所说，做一个言行一致的人。

"换位思考"，就是将以自我为中心的决策模式，转变为异我中心的（allocentric）多主体视角思考方式。

1.4.4 前向展望，后向推理

博弈中的动态博弈是指博弈参与者的行动相继发生的情况，即参与者轮流出招。博弈的参与者要想提升制胜的概率，需要遵循一个原则：每个参与者每出一个招数，都必须要展望一下他的这一步行动会给其他参与者带来什么样的影响，反过来又会对自己以后的行动造成什么样的影响。也就是说，在轮流出招的博弈中，每一个参与者必须预计其他参与者接下来会有什么样的反应，并据此盘算出自己的最佳招数。这种"前向展望，后向推理"的方式非常重要，是博弈中的一个基本思想，也是博弈"换位思考"的具体化。

所罗门王在甄别谁是孩子真正的母亲的事件中展示出了非凡的智慧。在这里，所罗门王采用了"换位思考"和"逆向归纳推理"的方法：假设真的把孩子劈开两半，真正的母亲会痛不欲生，而那个欺骗的妇人则会幸灾乐祸。由此再向前推理一步，真正的母亲不会同意杀掉孩子，而会选择将孩子给对方。

从结果出发，看似是一种违反逻辑规律的思维方式，但它是一种有效的思维方式。生活中，类似的事例有很多。比如上课迟到，我们总会事先找各种客观理由让老师谅解自己；与女友谈恋爱，为了俘获对方的芳心，我们总会事先想方设法在脑海中设置一些浪漫的场景；辩论时估计会有人对自己的观点表示质疑，我们会事先准备一些资料和依据，以便让自己做出令人满意的辩解等。

前向展望，是对未来博弈阶段进行准确预测的过程；后向推理，则是通过对未来的推演，确定当前理性行动的过程。古人云"凡事预则立，不预则废"，在某种程度上也体现了"前向展望，后向推理"思维。

1.4.5 博弈是可以改变的

随着博弈思想开始在社会中普及，越来越多的人开始认识到作为策略分析有力工具的博弈论的价值，知道了"策略互动""换位思考"等博弈思维模式。但多数人认为，博弈不过是人们在给定的博弈下进行策略选择的过程。但实际上，博弈是可以改变的，如果当前博弈不会带给自己好的结果，那就尝试改变博弈！

2017 年的诺贝尔经济学奖获得者理查德·塞勒在他的行为经济学著作《助推》（*Nudge*）中提出："许多博弈论学者并非很策略化，他们把博弈分析看成是给定的博弈，而不是改变它。"

博弈不仅可以改变，甚至还可以设计，如维克里拍卖机制的设计、美国 FCC 无线频谱的拍卖机制、微信支付流程设计及利益分摊机制等。**博弈设计**（game designing）已经成为博弈的前沿领域。

博弈的要素有参与人、策略、支付函数等，改变博弈的这些要素，博弈就得到了改变。改变博弈同时需要一定的技巧。有时候需要引入"确定性"，如让对手知道己方的真实意图、让对手对"设计"的博弈能够真实感知，让对手知道己方植入的"可置信"的威胁等；有时候还需要引入"不确定性"，比如引入一些将来可以变化的环节，让己方处于有利地位。

1.4.6 竞合思想

博弈并不一定意味着双输，肯德基和麦当劳同是快餐行业的领先者，自然是一对竞争对手，但肯德基和麦当劳往往毗邻而居。一些企业甚至人为地引入竞争对手，如华为等公司的手机双品牌战略。从某种程度上说，你死我活的完全竞争和无条件的合作在商界都是罕见的，更多的是"竞合"。

在商界和生活中，一方的利益提升并不总是以另一方的失败为前提，而是存在众多共赢的地带，并且共赢的博弈局势比恶性竞争的局势更为稳定；真实博弈中存在着**竞合**（coopetition）区域，即竞争与合作并存地带。甚至在竞争对手之间，也有构建共赢的稳定地带。

事实上，众多商界案例表明，成功往往是以他人成功为前提的。例如，芯片厂商英特尔与软件公司微软，微软发布高性能的软件，会增加对英特尔芯片的需求，反之亦然；汽车制造厂的成功与高性能的汽车发动机密切相关，它们是互相成功而不是互相挫败。不仅是具有互补性的企业，即便是"同行"企业，适度竞争也是做大、做强的一个手段。华为、小米和 vivo 等中国手机企业的竞争，整体做大了中国手机市场，国产手机厂商达到了可以同苹果等公司分庭抗礼的状态。义乌小商品城的企业在激烈的竞争中不仅没有垮掉，反倒做大、做强，并有了强大的世界竞争能力。

当今大数据和人工智能时代为人们提供了更多的"竞合"机遇，还提供了强有力的技术分析手段。正如"竞合"一词的英文是竞争（competition）和合作（cooperation）的有机结合一样，"竞合"也是"竞争"与"合作"的有机复合体：因为竞争，才会促成合作；为确保合作，需要适度的竞争。"竞合"是比单纯的恶性竞争和理想的完全合作更为稳定的状态！

1.5　博弈论与诺贝尔经济学奖

自 1994 年以来，共有 8 届诺贝尔经济学奖的获奖者与博弈论研究有关，如表 1-2 所示。

表 1-2　博弈论与诺贝尔经济学奖

年份	获奖者（国家）	得奖原因	获奖时所在机构
1994	约翰·海萨尼（美国） John Harsanyi	这三位数学家在非合作博弈的均衡分析理论方面做出了开创性的贡献，对博弈论和经济学产生了重大影响	美国加利福尼亚大学
	约翰·纳什（美国） John Nash		美国普林斯顿大学
	莱因哈德·泽尔腾（德国） Reinhard Selten		德国波恩大学
1996	詹姆斯·莫里斯（英国） James Mirrlees	前者在信息经济学理论领域做出了重大贡献，尤其是在不对称信息条件下的经济激励理论；后者在信息经济学、激励理论、博弈论等方面都做出了重大贡献	英国剑桥大学
	威廉·维克里（美国） William Vickrey		美国哥伦比亚大学
2001	乔治·阿克洛夫（美国） George Akerlof	为不对称信息市场的一般理论奠定了基石，他们的理论迅速得到了应用，从传统的农业市场到现代的金融市场，他们的贡献来自现代信息经济学的核心部分	美国加利福尼亚大学
	迈克尔·斯宾塞（美国） Michael Spence		美国斯坦福大学
	约瑟夫·斯蒂格利茨（美国） Joseph Stiglitz		美国哥伦比亚大学
2005	罗伯特·奥曼（以色列） Robert Aumann	通过博弈论分析促进了人们对冲突与合作的理解	以色列耶路撒冷希伯来大学理性分析中心
	托马斯·谢林（美国） Thomas Schelling		美国马里兰大学经济系和公共政策学院
2007	里奥尼德·赫维茨（美国） Leonid Hurwicz	为机制设计理论奠定了基础	美国明尼苏达大学
	埃里克·马斯金（美国） Eric Maskin		美国普林斯顿高等研究院
	罗杰·迈尔森（美国） Roger Myerson		美国芝加哥大学
2012	埃尔文·罗斯（美国） Alvin Roth	创建了"稳定分配"理论，并进行了"市场设计"实践	美国哈佛大学商学院
	罗伊德·沙普利（美国） Lloyd Shapley		美国加利福尼亚大学
2014	让·梯若尔[①]（法国） Jean Tirole	对市场力和调控的分析	法国图卢兹经济学院
2016	奥利弗·哈特 Oliver Hart	对契约理论做出的贡献	美国哈佛大学
	本特·霍尔姆斯特伦 Bengt Holmström		美国麻省理工学院

① 朱·弗登博格和让·梯若尔的名著《博弈论》（1991 年由麻省理工学院出版社出版）是博弈论的经典著作。

1.6 本书结构及导读

本书的结构如图 1-4 所示。

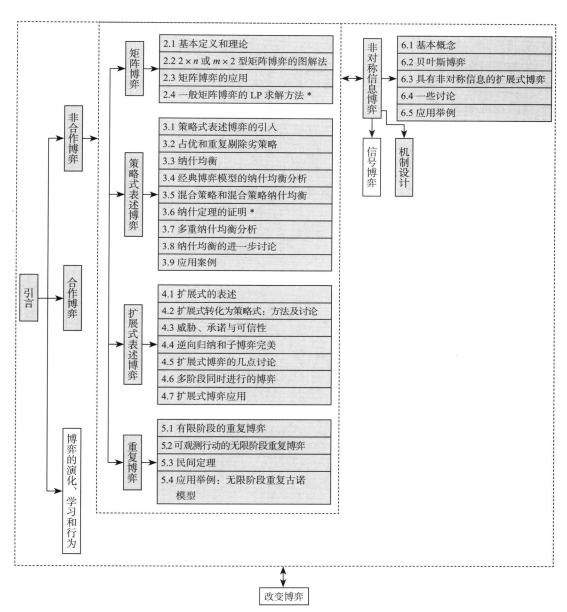

图 1-4 本书结构图

图 1-4 中灰色的部分，我们认为是博弈论课程"应知应会"的内容，至少应包括策略式表述博弈和扩展式表述博弈。当然由于授课对象不同，教师可以对教学内容有所选择。比如对于 MBA，他们可能更加关注博弈论在企业战略中的应用，那么"改

变博弈"谋求竞合的思维可能更适合 MBA 的教学需求，建议在学习完策略式表述博弈和扩展式表述博弈后，再学习这部分内容。总之，授课教师可以结合实际情况，自行安排具体内容。

图 1-4 各部分构成了面向本科、研究生博弈论教学的主要内容。一些章节被标记了星号 *，这部分相对于通常的教学设计来说，有着较高的要求，供有兴趣的同学选读。

需要说明的是，从"有用性"角度来看，博弈论除了是一种训练智慧的"体操"外，它的主要用处在于：①解释现象，对于经济、社会中存在博弈行为的现象，可以尝试采用博弈论进行模型描述，并用博弈论的通用分析方法进行解释；②预测结局，类似于计量分析方法，如果博弈模型对过去的描述和解释展现了模型的相对准确性与合理性，那么在一定的条件范围内，也可以用来对博弈结果进行预测；③提出建议或找出问题解决方案，通过构建恰当的博弈模型，为决策者提供满意的策略建议，对可能出现的劣策略进行提示和预警。如果当前的博弈不是一个"正确的博弈"，那么可以建议决策者改变现状博弈。

第 2 章
CHAPTER 2

矩阵博弈

在博弈论发展过程中，零和博弈在一段时间内占据着重要地位。若零和博弈中参与人只有两人，且各方的策略数目是有限的，则可用一个矩阵表述两人零和博弈。因此，两人有限零和博弈又被称为矩阵博弈。

第 2.1 节介绍矩阵博弈的基本定义和理论。第 2.2 节给出了用图解法求解 $2 \times n$ 或 $m \times 2$ 型矩阵博弈的方法。第 2.3 节通过体育和军事方面的应用分析，给出了矩阵博弈在实际博弈中的应用。第 2.4 节给出了一般矩阵博弈的线性规划求解方法。

2.1 基本定义和理论

2.1.1 矩阵博弈的定义

对于一个两人有限零和博弈，若参与人 1 的策略集为 $S_1 = \{1, 2, \cdots, m\}$，参与人 2 的策略集为 $S_2 = \{1, 2, \cdots, n\}$。记参与人 1 的第 i 个策略与参与人 2 的第 j 个策略对抗（$i = 1, 2, \cdots, m$；$j = 1, 2, \cdots, n$），参与人 1 的支付为 a_{ij}，则参与人 2 的支付为 $-a_{ij}$。

于是可用矩阵 $A = (a_{ij})_{m \times n}$ 表示参与人 1 在各种策略组合下的支付值，称 A 为参与人 1 的支付矩阵。由于博弈为零和博弈，则参与人 2 的支付矩阵为 $-A$。对于两人有限零和博弈，只需给出参与人 1 的支付矩阵 A，就能提供两人有限零和博弈的足够信息。因此，两人有限零和博弈又被称为**矩阵博弈**（matrix games）。

参与人 1 的**混合策略**（mixed strategy）p 是定义在 S_1 上的任一概率分布，即如下概率空间的一个元素

$$\Delta^m = \{\boldsymbol{p} = (p_1, \ldots, p_m) \in \mathbf{R}^m \mid \sum_{i=1}^m p_i = 1, \ p_i \geq 0\} \tag{2-1}$$

类似地，可给出参与人 2 的混合策略 $\boldsymbol{q}$ 为满足如下条件集合的一个元素

$$\Delta^n = \{\boldsymbol{q} = (q_1, \ldots, q_n) \in \mathbf{R}^n \mid \sum_{j=1}^n q_j = 1, \ q_j \geq 0\} \tag{2-2}$$

称 Δ^m 和 Δ^n 分别为参与人 1 和参与人 2 的混合策略集或混合策略空间。

参与人 1 的策略 $\boldsymbol{p}'$ 被称为**纯策略**（pure strategy），若存在某一个 i 使得 $p_i' = 1$，亦可将参与人 1 的纯策略记为 $\boldsymbol{e}^i$。类似地，参与人 2 的纯策略 $\boldsymbol{q}'$ 是存在某一个 j，使得 $q_j' = 1$，则参与人 2 的纯策略也可记为 $\boldsymbol{e}^j$。

若矩阵博弈的两个参与人分别采用混合策略 $\boldsymbol{p}$ 和 $\boldsymbol{q}$，假设参与人 1 和参与人 2 独立选择各自的混合策略，则参与人 1 在该策略组合下的期望支付值为

$$\boldsymbol{p}\boldsymbol{A}\boldsymbol{q}^{\ominus} = \sum_{i=1}^m \sum_{j=1}^n p_i q_j a_{ij} \tag{2-3}$$

由于矩阵博弈支付的零和性，参与人 2 的期望支付值为 $-\boldsymbol{p}\boldsymbol{A}\boldsymbol{q}$。

【例 2-1】"石头、剪刀、布"游戏。两个人同时选择三种手型：石头、剪刀和布，获胜规则是"石头"胜"剪刀"、"剪刀"胜"布"、"布"胜"石头"。若两人的手型相同，则按平局处理。获胜记为 +1，平局记为 0，失败记为 −1，则"石头、剪刀、布"游戏的收益矩阵可用表 2-1 表示（基于参与人 1 的视角）。

表 2-1 "石头、剪刀、布"游戏的支付矩阵

参与人1 \ 参与人2	石头	剪刀	布
石头	0	1	−1
剪刀	−1	0	1
布	1	−1	0

2.1.2 矩阵博弈的最大最小策略和最小最大策略

矩阵博弈的"最大最小"（maximin）策略和"最小最大"（minimax）策略是冯·诺依曼和摩根斯坦在其标志性著作《博弈论与经济行为》中提出的。有关定义如下：

对于矩阵博弈 $\boldsymbol{A}$，策略 $\boldsymbol{p}$ 是参与人 1 的**最大最小策略**，若它满足

$$\min\{\boldsymbol{p}\boldsymbol{A}\boldsymbol{q} \mid \boldsymbol{q} \in \Delta^n\} \geq \min\{\boldsymbol{p}'\boldsymbol{A}\boldsymbol{q} \mid \boldsymbol{q} \in \Delta^n\}, \ \forall \boldsymbol{p}' \in \Delta^m \tag{2-4}$$

类似地，称策略 $\boldsymbol{q}$ 为参与人 2 的**最小最大策略**，若它满足

$$\max\{\boldsymbol{p}\boldsymbol{A}\boldsymbol{q} \mid \boldsymbol{p} \in \Delta^m\} \leq \max\{\boldsymbol{p}\boldsymbol{A}\boldsymbol{q}' \mid \boldsymbol{p} \in \Delta^m\}, \ \forall \boldsymbol{q}' \in \Delta^n \tag{2-5}$$

从数学形式看，最大最小策略亦可表述为规划问题 $\max_p \min_q \boldsymbol{p}\boldsymbol{A}\boldsymbol{q}$。其中，$\boldsymbol{p} \in \Delta^m$，

$\ominus$ 这里严格的数学形式应为 $\boldsymbol{p}\boldsymbol{A}\boldsymbol{q}^{\mathrm{T}}$，在不会引起误解的前提下，在本章中，类似表述中的转置符号均被省略。

$q \in \Delta^n$，即针对每一个可能的参与人 1 的策略 p，参与人 2 选择相应的策略 q，以期最小化函数 pAq，称这样的 q 为参与人 2 关于 p 的**最优反应**（best response），记为 $r_2(p)$。针对参与人 2 的最优反应函数，参与人 1 通过求解一个目标函数 $pA(r_2(p))$ 的最大化问题，确定相应的策略 p^*，该策略即为参与人 1 的最大最小策略。

类似地，由于矩阵博弈是零和博弈，参与人 2 的支付矩阵为 $-A$，因此理性的参与人 2 采用最小最大策略。可将参与人 2 的最小最大策略表述为另一种数学形式 $\min_q \max_p pAq$。

冯·诺依曼证明了关于矩阵博弈的一个定理（最大最小解定理）。

矩阵博弈存在参与人 1 的最大最小解和参与人 2 的最小最大解，且当双方采用最大最小策略和最小最大策略进行博弈时，对应的期望支付值相同（参与人 2 相差一个符号），数学表达式即为

$$\max_p \min_q pAq = \min_q \max_p pAq = v$$

第 2.4 节利用线性规划对偶理论可以证明该定理，这里只给出结论。

对于矩阵博弈 A，称 $\max_p \min_q pAq = \min_q \max_p pAq = v$ 为**矩阵博弈的值**，记为 $V(A) = v$。

如果矩阵博弈 A 的最大最小解和最小最大解分别为 p^* 和 q^*，则称策略组合 (p^*, q^*) 为矩阵博弈 A 的**均衡**（equilibrium）。之所以称这个策略组合为博弈的均衡，是因为若参与人 1 坚守策略 p^*，参与人 2 没有动机偏离到其他异于 q^* 的策略。同样，若参与人 2 坚守策略 q^*，参与人 1 也乐于采用策略 p^*。或者换句话说，均衡的策略组合 (p^*, q^*) 彼此关于对方的策略互为最优反应，即 $p^* \in r_1(q^*)$ 且 $q^* \in r_2(p^*)$。

下面给出策略支撑的定义。

若参与人 i 的混合策略为 $p = (p_1, p_2, \cdots, p_m)$，$p_k$ 对应的纯策略记为 s_i^k，所有 i 的纯策略构成的集合为 S_i，则策略 p 的**支撑**是那些以严格正概率选择的纯策略构成的集合，记为 $\text{Supp}(p) = \{s_i^k \in S_i | p_k > 0\}$。

定理 2-1 若矩阵博弈 A 的均衡为 (p^*, q^*)，若一方坚守均衡策略，另一方采用均衡策略支撑集合内的任一纯策略，则他的期望支付不变（等于矩阵博弈的值）。

下面证明定理 2-1。设参与人 1 采用均衡策略 p^*，参与人 2 采用均衡策略 q^*。不失一般性，假设向量 q^* 的前 t 项严格大于零（否则的话只需改变纯策略的编号即可），记为 $q^* = (q_1, \cdots, q_t, 0, \cdots, 0)$，则 $\text{Supp}(q^*) = \{s_2^1, s_2^2, \cdots, s_2^t\}$。

根据博弈的值的定义，有

$$V(A) = p^* A q^* = q_1 p^* P_1 + q_2 p^* P_2 + \cdots + q_t p^* P_t = v \tag{2-6}$$

其中，P_j 为矩阵 A 的第 j 列，即 $A = (P_1, \cdots, P_n)$，$j = 1, 2, \cdots, t$。$p^* P_j$ 是参与人 1 采用均衡策略 p^* 与参与人 2 的支撑策略集中的第 j 个纯策略 e^j 进行博弈时参与人 1 的支付。

下面证明式（2-6）中相加的各项中，一定有

$$p^* P_1 = p^* P_2 = \cdots = p^* P_t$$

若不是这样，不失一般性，假设各项的排序从小到大依次为 $p^*P_1 \leqslant p^*P_2 \leqslant \cdots \leqslant p^*P_t$，且有 $p^*P_1 < p^*P_t$。那么构造参与人 2 的混合策略 $q' = (q_1 + q_t, q_2, \cdots, q_{t-1}, 0, \cdots, 0)$，与 p^* 进行博弈，此时参与人 2 的期望支付为

$$-p^*Aq' = -(q_1 + q_t)p^*P_1 - q_2p^*P_2 - \cdots - q_{t-1}p^*P_{t-1} \tag{2-7}$$

比较式（2-6）与（2-7）并逐项对照可知，如果参与人 2 采用策略 q'，其支付大于 $-v$。这与（p^*，q^*）为博弈的均衡相矛盾。因此，$p^*P_1 = p^*P_2 = \cdots = p^*P_t$ 必成立。由于 $q_1 + q_2 + \cdots + q_t = 1$，根据式（2-6），必有 $p^*P_1 = p^*P_2 = \cdots = p^*P_t = v$。定理 2-1 证明完毕。

为检查一个混合策略 p 是不是参与人 1 的最大最小策略，只需在参与人 2 的纯策略空间按照最大最小策略的定义检查即可，即判断 p 是否满足

$$\min\left\{pAe^j \middle| e^j \in S_2\right\} \geqslant \min\left\{p'Ae^j \middle| e^j \in S_2\right\}, \ \forall p' \in \Delta^m \tag{2-8}$$

或者，针对参与人 2，判断 q 是否满足

$$\max\left\{e^iAq \middle| e^i \in S_1\right\} \leqslant \min\left\{e^iAq' \middle| e^i \in S_1\right\}, \ \forall q' \in \Delta^n \tag{2-9}$$

分析如下。

首先，对于参与人 2 的任意一个纯策略 e^j，显然有 $\min_q pAq \leqslant \min_j pAe^j$ 对于 $j = 1$，$\cdots$，n 均成立（注意，不等式左边是在参与人 2 的混合策略空间求极小值，不等式右边是在参与人 2 的纯策略空间求最小值，纯策略空间是混合策略空间的子集）。于是有

$$\max_p \min_q pAq \leqslant \max_p \min_j pAe^j \tag{2-10}$$

其次，在策略组合（p，q）局势下，参与人 1 的期望收益可以表述为参与人 1 采用策略 p 与参与人 2 的 n 个纯策略博弈对应支付值的加权和，即

$$pAq = q_1pP_1 + q_2pP_2 + \cdots + q_npP_n \tag{2-11}$$

其中，P_j 为矩阵 A 的第 j 列，pP_j 即为参与人 1 以策略 p 与参与人 2 的第 j 个纯策略博弈后参与人 1 的支付。

不失一般性，假设在 $\{pP_1, \cdots, pP_n\}$ 中第一项的数值最小，即 $\min_j pAe^j = pP_1$，那么由式（2-11）可知 $pAq = q_1pP_1 + q_2pP_2 + \cdots + q_npP_n \geqslant q_1pP_1 + q_2pP_1 + \cdots + q_npP_1 = (q_1 + \cdots + q_n)pP_1 = pP_1 = \min_j pAe^j$。因此 $\min_q pAq \geqslant \min_j pAe^j$，于是又有

$$\max_p \min_q pAq \geqslant \max_p \min_j pAe^j \tag{2-12}$$

综合式（2-10）和式（2-12），可知 $\max_p \min_q pAq = \max_p \min_j pAe^j$。

因此，为求矩阵博弈的最大最小解或最小最大解，根据式（2-8）及式（2-9），只需在对方纯策略空间内检查己方的最大最小解或最小最大解即可。这为矩阵博弈求解提供了简化策略。第 2.2 节和第 2.4 节介绍的矩阵博弈算法就是直接应用了这一结论。

2.2　$2 \times n$ 或 $m \times 2$ 型矩阵博弈的图解法

2.2.1　$2 \times n$ 型矩阵博弈的求解

通过一道例题说明矩阵博弈中当矩阵规模为 $2 \times n$ 型时，如何用图解法进行求解。

【例 2-2】考虑如下矩阵 A

$$A = \begin{matrix} & e^1 & e^2 & e^3 & e^4 \\ & \begin{pmatrix} 10 & 2 & 4 & 1 \\ 2 & 10 & 8 & 12 \end{pmatrix} \end{matrix}$$

试用图解法求解该博弈。

设参与人 1 的策略为 $p = (p, 1-p)$，为寻求参与人 1 的最大最小解，根据式（2-8），首先计算策略 p 与参与人 2 的四个纯策略博弈，参与人 1 的支付值，分别为

$$pAe^1 = 10p + 2(1-p) = 8p + 2$$
$$pAe^2 = 2p + 10(1-p) = 10 - 8p$$
$$pAe^3 = 4p + 8(1-p) = 8 - 4p$$
$$pAe^4 = p + 12(1-p) = 12 - 11p$$

在平面直角坐标系上绘制上面的 4 个线性函数，概率 p 的取值范围为 [0，1]，如图 2-1 所示。

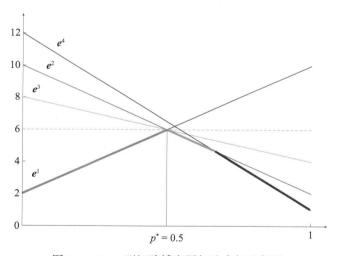

图 2-1　$2 \times n$ 型矩阵博弈图解法求解示例图

从图 2-1 可以看出，随着参与人选择第一个纯策略的概率 p 由 0 开始变大，参与人 2 的最优纯策略应对分别是 e^1、e^2 和 e^4，使得参与人 1 的支付值最小（注意这是一个零和博弈），即图 2-1 中粗线对应的部分，或者说四条直线的下包络线，即参与人 2 的最优反应曲线。

　　针对参与人 2 的最优反应折线，参与人 1 选择 $p^* = 0.5$，该点是实现参与人 1 的最大最小策略的点，对应参与人 1 的混合策略（0.5，0.5），该策略为参与人 1 的最大最小解，博弈的值为 6。

　　现考虑参与人 2 的最优策略。设参与人 2 的最优策略为 $\boldsymbol{q} = (q_1, q_2, q_3, q_4)$。首先 $q_4 = 0$。否则，参与人 1 的收益将大于博弈值 6，因为这是一个零和博弈，意味着参与人 2 的损失会大于 6。因此参与人 2 的最小最大策略具有形式 $\boldsymbol{q} = (q_1, q_2, q_3, 0)$。

　　根据定理 2-1，参与人 2 用策略 $\boldsymbol{q}$ 与参与人 1 均衡策略支撑集的两个纯策略分别博弈，参与人 1 的期望支付值应相等，均等于矩阵的值。因此有

$$10q_1 + 2q_2 + 4q_3 = 6$$
$$2q_1 + 10q_2 + 8q_3 = 6$$

此外，由于 $\boldsymbol{q}$ 为参与人 2 的混合策略，因此又有

$$q_1 + q_2 + q_3 = 1$$

联立上面三个方程，该方程组有一个方程是多余的，因此存在无穷多个解。可求出参与人 2 的最小最大解为

$$\{\boldsymbol{q} = (q_1, q_2, q_3, q_4) \in \Delta^4 \mid 1/3 \leqslant q_1 \leqslant 1/2,\ q_2 = 3q_1 - 1,\ q_4 = 0\}$$

2.2.2　$m \times 2$ 型矩阵博弈的求解

　　与 $2 \times n$ 型矩阵博弈的求解类似，$m \times 2$ 型矩阵博弈也可以通过图解法求出均衡解。这里举例说明具体方法。

【例 2-3】求解如下矩阵

$$\boldsymbol{A} = \begin{matrix} \boldsymbol{e}^1 \\ \boldsymbol{e}^2 \\ \boldsymbol{e}^3 \\ \boldsymbol{e}^4 \end{matrix} \begin{pmatrix} 10 & 2 \\ 2 & 10 \\ 4 & 8 \\ 1 & 12 \end{pmatrix}$$

　　设参与人 2 的最小最大策略为 $\boldsymbol{q} = (q, 1-q)$。参与人 2 采用策略 $\boldsymbol{q}$ 与参与人 1 的四个纯策略博弈时，参与人 1 的支付值分别为

$$\boldsymbol{e}^1 \boldsymbol{A} \boldsymbol{q} = 10q + 2(1-q) = 8q + 2$$
$$\boldsymbol{e}^2 \boldsymbol{A} \boldsymbol{q} = 2q + 10(1-q) = 10 - 8q$$
$$\boldsymbol{e}^3 \boldsymbol{A} \boldsymbol{q} = 4q + 8(1-q) = 8 - 4q$$
$$\boldsymbol{e}^4 \boldsymbol{A} \boldsymbol{q} = q + 12(1-q) = 12 - 11q$$

　　将上面四条曲线绘制到平面直角坐标系中，得到图 2-2。

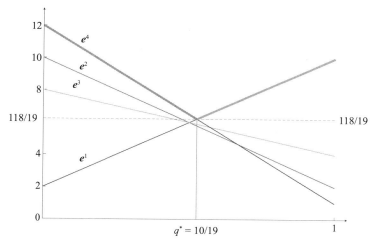

图 2-2　$m \times 2$ 型矩阵博弈图解法求解示例图

针对参与人 2 的不同策略 $\boldsymbol{q}$ 的变化，参与人 1 依次选择纯策略 $\boldsymbol{e}^4$ 和 $\boldsymbol{e}^1$，其最优反应函数为四条直线的向上外包络线，即如图 2-2 较粗的部分。参与人 2 选择 $q = 10/19$，对应的策略即为参与人 2 的最小最大策略，即 $\boldsymbol{q} = （10/19, 9/19）$。博弈的值 $V（\boldsymbol{A}） = 118/19$。

现在求参与人 1 的均衡策略。记参与人 1 的最大最小策略为 $\boldsymbol{p} = （p_1, p_2, p_3, p_4）$。根据图 2-2，针对参与人 2 的最优策略 $\boldsymbol{q}$，参与人 1 不应以正概率选择纯策略 $\boldsymbol{e}^2$、$\boldsymbol{e}^3$，否则其收益值将低于矩阵博弈值 $118/19$。故有 $p_2 = p_3 = 0$。

故设参与人 1 的最大最小策略为 $\boldsymbol{p} = （p_1, 0, 0, p_4）$，参与人 1 以策略 $\boldsymbol{p}$ 与参与人 2 的均衡策略支撑集内的两个纯策略分别博弈，收益值等于博弈的值，故有方程

$$10p_1 + p_4 = 2p_1 + 12p_4 = 118/19$$

另外，$p_1 + p_4 = 1$，由此得到唯一解为 $p_1 = 11/19$，$p_4 = 8/19$。参与人 1 的最大最小解为（11/19, 0, 0, 8/19）。

2.2.3　严格占优

首先给出严格占优的定义。

设 $\boldsymbol{A}$ 是一个 $m \times n$ 阶矩阵博弈，称参与人 1 的纯策略 $\boldsymbol{e}^i$ 是严格劣的（strictly dominated），若存在参与人 1 的一个混合策略 $\boldsymbol{p} = （p_1, \cdots, p_m） \in \varDelta^m$，且 $p_i = 0$，使得 $\boldsymbol{p}\boldsymbol{A}\boldsymbol{e}^j > \boldsymbol{e}^i\boldsymbol{A}\boldsymbol{e}^j$，对于任意的 $j = 1, \cdots, n$ 均成立。类似地，称参与人 2 的纯策略 $\boldsymbol{e}^j$ 是严格劣的，若存在参与人 2 的一个策略 $\boldsymbol{q} = （q_1, \cdots, q_n） \in \varDelta^n$，且 $q_j = 0$，使得 $\boldsymbol{e}^i\boldsymbol{A}\boldsymbol{q} < \boldsymbol{e}^i\boldsymbol{A}\boldsymbol{e}^j$，对于任意的 $i = 1, \cdots, m$ 均成立。

假设博弈中的参与人在可能的情况下均追求个人期望支付的最大化，则参与人不会选择严格劣策略，或者说应该在其策略集中将严格劣策略剔除掉。同时，若参与人预见到其他参与人剔除掉严格劣策略，那么他会在被其他参与人剔除掉严格劣策略的

缩减博弈（reduced game）中考虑是否存在自己的严格劣策略，若存在，则在自己的策略集中剔除掉该严格劣策略。这个过程可以反复进行，该过程被称为重复剔除严格劣策略方法。

以矩阵博弈

$$A = \begin{pmatrix} 6 & 0 & 2 \\ 0 & 5 & 4 \\ 3 & 2 & 1 \end{pmatrix}$$

为例，若参与人 1 选择策略 $p = (\dfrac{7}{12}, \dfrac{5}{12}, 0)$，与参与人 2 的各纯策略博弈分别对抗，得到的期望收益值为 $pA = (3\dfrac{1}{2}, 2\dfrac{1}{12}, 2\dfrac{5}{6})$，严格优于采用纯策略 e^3，其对应的支付值为 $e^3A = (3, 2, 1)$。因此，参与人 1 会剔除第三个纯策略，博弈变成了如下形式：

$$A_1 = \begin{pmatrix} 6 & 0 & 2 \\ 0 & 5 & 4 \end{pmatrix}$$

此时，参与人 2 的第三个纯策略 e^3，可以被策略 $q = (\dfrac{1}{4}, \dfrac{3}{4}, 0)$ 严格超越，因为 $A_1q = (\dfrac{3}{2}, 3\dfrac{3}{4})$，严格优于 $A_1e^3 = (2, 4)$（注意，参与人 2 希望损失越小越好），故参与人 2 不会选择纯策略 e^3，这导致博弈缩减为

$$A_2 = \begin{pmatrix} 6 & 0 \\ 0 & 5 \end{pmatrix}$$

可应用图解法，算出该博弈的均衡解（请读者自行练习）。

2.3 矩阵博弈的应用

2.3.1 足球罚点球的奥秘

矩阵博弈对具有完全冲突的博弈行为分析具有重要意义。比如足球通过罚点球淘汰的方式，射门方和守门员之间的博弈，就可以抽象为一个矩阵博弈。

2006 年的世界杯足球赛，德国队在 1/4 决赛中遇到了强大的阿根廷队。常规赛平局，到了加时赛仍然平局，于是到了罚点球决胜负阶段。

这时候记者的镜头捕捉到了德国守门员莱曼手中拿了一个小纸条，凭着这张小纸条，莱曼神奇地 4 次猜对对方射门的方向，2 次成功地扑出了阿根廷的点球，最终阿根廷队淘汰。

这张神奇的小纸条，到底写的是什么呢？上面列出了阿根廷球员罚点球的习惯动

作：科鲁兹，长距离助跑，右上角；阿拉亚，注意他的射门腿，左下角；罗德里格斯，大力抽射右边……实际上阿根廷队员几乎就是按照小纸条提供的信息罚点球的，莱曼的神奇扑救也就顺理成章了。现在这张小纸条已被德国足球博物馆收藏。

　　显然阿根廷队败给了罚点球队员糟糕的策略。如果每个球员能够随机化其射门策略，或者猜到德国队的策略而将计就计，莱曼就不会有神奇的扑救了。

　　由于罚点球距离球门线只有 12 码（约 11 米），守门员不可能在看到球员射门后再做出扑球动作，因此可以看作两人同时进行的零和博弈。

　　这里将踢球者和守门员的对抗简化为 2 阶矩阵博弈[⊖]（见表 2-2）。

表 2-2　足球罚点球博弈

踢球者 ＼ 守门员	左	右
左	0.58	0.95
右	0.93	0.70

　　表 2-2 中的数字为对应场景下射门得分的概率，这里的"左""右"均以踢球者的方向为准。这是一个零和博弈。通过第 2.2 节介绍的图解法，可求出踢球者和守门员的最佳（混合）策略，如图 2-3、图 2-4 所示。踢球者选择踢向球门左边的概率为 0.383，守门员选择扑救球门左边的概率为 0.417。

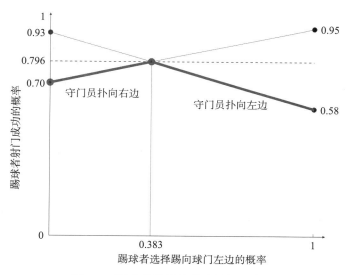

图 2-3　踢球者的最佳策略图解示意图

　　[⊖]　本例来自迪克西特（A. K. Dixit）和奈尔伯夫（B. J. Nalebuff）的《妙趣横生博弈论：事业与人生的成功之道》，此书已由机械工业出版社出版。实际罚点球每方策略不仅只有 2 个，这里是罚点球的一个近似。

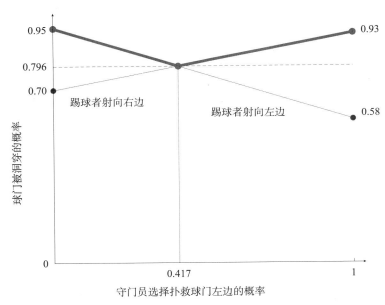

图 2-4　守门员最优扑救策略图解示意图

踢球者和守门员的实际表现与理论分析结果是否相符？根据迪克西特和奈尔伯夫提供的数据，二者具有很好的接近度（见表 2-3）。

表 2-3　罚点球博弈中理论计算结果与实际数据对照　　　　　　　　（%）

		选择"左边"的概率	另一方选择后球门被洞穿的比例	
			向左	向右
踢球者	理论分析	38.30	79.60	79.60
	实际数据	40.00	79.00	80.00
守门员	理论分析	41.70	79.60	79.60
	实际数据	42.30	79.30	79.70

现假设守门员提高了扑救右边球的能力，反映到数据上，就是若踢球者踢向右边，守门员也扑向右边的话，球门被洞穿的概率由 0.7 下降到 0.6，那么在新的均衡下，守门员扑向右边的概率是变大还是变小呢？

图 2-5 对支付矩阵变化前后做了对比分析，从该图可以看出，当守门员提升了扑救右边球的能力后，在均衡状态下，其向左扑救的概率提升了，进而得出扑向右边的概率反倒减少了。这是为什么呢？

可以解释为踢球者发现守门员扑救右边球的能力提升后，踢球者射向右边的概率降低了，从而守门员相应降低了扑向右边球的概率。这种守门能力提升的效果也可以从图 2-6 看出：新情况下球门被洞穿的概率也降低了。经计算，此时博弈的值为 0.765，即均衡状态下球门被洞穿的概率为 0.765。

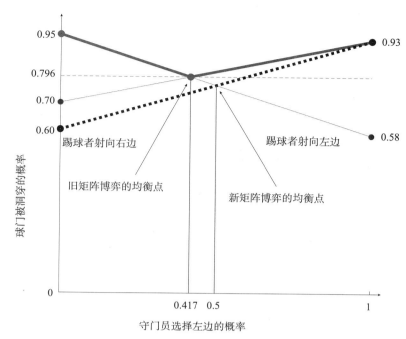

图 2-5　守门员提升右侧扑球技术后均衡比较示意图

2.3.2　军事攻防博弈简例

　　想象这样一个场景：给你两个师的兵力，由你来指挥，攻克敌人占据的一座城。敌军的守备力量是三个师，规定双方的兵力只能整师调动。通往城市的道路只有甲和乙两条。当你发动攻击时，你的兵力超过敌人获胜，如果攻城方的兵力比守备兵力少或者与之相等，攻城方失败。那么如何制订攻城方案呢？

　　首先看双方各自的策略。敌人有三个师，布防在甲和乙两条通道上。由于必须整师布防，敌人有四种部署方案，即

　　A：三个师都驻守甲方向。

　　B：两个师驻守甲方向，一个师驻守乙方向。

　　C：一个师驻守甲方向，两个师驻守乙方向。

　　D：三个师都驻守乙方向。

　　同样地，攻城方有三个部署方案，即

　　Ⅰ：集中两个师从甲方向攻击。

　　Ⅱ：兵分两路，一个师从甲方向，另一个师从乙方向，同时发动攻击。

　　Ⅲ：集中两个师从乙方向攻击。

　　记获胜为 1，失败为 -1，攻城方为行参与人，守城方为列参与人。这是一个矩阵博弈。不同策略组合下的支付如表 2-4 所示。

表 2-4　不同策略组合下的支付

攻城方 ＼ 守城方	A	B	C	D
I	−1	−1	1	1
II	1	−1	−1	1
III	1	1	−1	−1

从表 2-4 中可以看出，守城方有两个弱劣策略：D 策略（相对于 C）和 A 策略（相对于 B），守城方应该剔除掉这两个策略，用灰色阴影表示剔除掉 A 和 D 策略。

在余下的策略组合中（对应三行两列矩阵），参与人 1 的 II 策略又变成了弱劣策略，因此应该从策略集中剔除掉。

此时双方的策略空间分别为 {I，III} 和 {B，C}，对应的支付矩阵为

$$\begin{pmatrix} -1 & 1 \\ 1 & -1 \end{pmatrix}$$

求解该矩阵博弈，可知攻城方分别以 50% 的概率选择策略 I 和 III，守城方分别以 50% 的概率选择策略 B 和 C，期望支付均为 0，即攻城方集中兵力从甲或乙方向攻击，守城方则两个师驻守一个方向，另一个师驻守另一个方向。

该例虽然是一个模拟例子，却具有相当大的现实意义。第二次世界大战中著名的诺曼底战役前的情况，大致是这样。盟军跨海作战，攻方能够调动渡海作战的兵力通常比守方可以用于守备的兵力少。实际上，盟军选择从诺曼底登陆，并不是单纯地投掷硬币，是因为在当时的 6 月，德军从气象因素推算盟军不可能从诺曼底登陆。

不仅如此，盟军又通过反间谍战、虚构"美国第一集团军群"等方式，使得德军根本没有想到真正的登陆地点在诺曼底，而把重兵布置在加莱地区。本来是同时进行的博弈，却变成了德军先"告知"自己的重点守护区域，那么盟军只要从另一个地方攻击即可。博弈论的"纸上谈兵"印证了《孙子兵法》的"多算胜，少算不胜"的观点。

2.4　一般矩阵博弈的 LP 求解方法 *

对于一般的线性规划（LP）问题，若经过重复剔除严格劣策略后得到的矩阵 A 行数及列数均超过 2，则无法用图解法进行均衡解的求解。此时，可以采用线性规划方法。

若矩阵博弈的矩阵为 $A = (a_{ij})_{m \times n}$，参与人 1 的最大最小解为 $p = (p_1, \cdots, p_m)$，参与人 2 的最小最大解为 $q = (q_1, \cdots, q_n)$，则根据最大最小策略定理，应有

$$\begin{cases} v = \max_p \min_j pAe^j \\ \sum_{i=1}^m p_i = 1 \\ p_i \geqslant 0 \quad i = 1, \cdots, m \end{cases} \tag{2-13}$$

模型式（2-13）又可以表示为一个 LP 模型

$$\max v$$
$$\begin{cases} \sum_{i=1}^{m} a_{ij} p_i \geqslant v & j=1, \cdots, n \\ \sum_{i=1}^{m} p_i = 1 \\ p_i \geqslant 0 & i=1, \cdots, m \end{cases} \qquad (2\text{-}14)$$

类似地，参与人 2 的最小最大策略可以表述为

$$\begin{cases} w = \min_{\boldsymbol{q}} \max_i \boldsymbol{e}^i \boldsymbol{A} \boldsymbol{q} \\ \sum_{j=1}^{n} q_j = 1 \\ q_j \geqslant 0 & j=1, \cdots, n \end{cases} \qquad (2\text{-}15)$$

模型式（2-15）又可以转化为：

$$\min w$$
$$\begin{cases} \sum_{j=1}^{n} a_{ij} q_j \leqslant w & i=1, \cdots, m \\ \sum_{j=1}^{n} q_j = 1 \\ q_j \geqslant 0 & j=1, \cdots, n \end{cases} \qquad (2\text{-}16)$$

有趣的是，线性规划模型式（2-14）和式（2-16）是一对互为对偶的线性规划模型，且均有可行解（至少矩阵博弈中每个人都可以选择一个纯策略）。根据对偶理论，二者均有最优解且最优目标值相同。这从问题的另一层面证明了矩阵博弈均衡解的存在。

【例 2-4】运用 LP 方法求解如下矩阵博弈

$$\boldsymbol{A} = \begin{pmatrix} 0.5 & -1 & -1 \\ -1 & 0.5 & -1 \\ -1 & -1 & 1 \end{pmatrix}$$

设矩阵博弈的均衡为 $\boldsymbol{p} = (p_1, p_2, p_3), \boldsymbol{q} = (q_1, q_2, q_3)$，由式（2-14）和式（2-16），可以转化为如下两个 LP 问题。

参与人 1 的最优策略问题

$$\max v$$
$$\begin{cases} 0.5 p_1 - p_2 - p_3 \geqslant v \\ -p_1 + 0.5 p_2 - p_3 \geqslant v \\ -p_1 - p_2 + p_3 \geqslant v \\ p_1 + p_2 + p_3 = 1 \\ p_1, \ p_2, \ p_3 \geqslant 0 \end{cases}$$

参与人 2 的最优策略问题

$$\min w$$

$$\begin{cases} 0.5q_1 - q_2 - q_3 \leqslant w \\ -q_1 + 0.5q_2 - q_3 \leqslant w \\ -q_1 - q_2 + q_3 \leqslant w \\ q_1 + q_2 + q_3 = 1 \\ q_1, \ q_2, \ q_3 \geqslant 0 \end{cases}$$

求解这两个 LP 模型，得到双方的最优策略为 $\boldsymbol{p} = \boldsymbol{q} = (\,0.364,\ 0.364,\ 0.272\,)$。

对于规模相对较大的矩阵博弈问题的分析，对应的线性规划模型求解，要借助于相关运筹学软件。下面的一道矩阵博弈例题，建模及求解就是在 LINGO 上进行的。

【例2-5】求解如下矩阵博弈

$$A = \begin{pmatrix} 3 & 1 & 1 & 1 & 1 & -1 \\ 1 & 3 & 1 & 1 & -1 & 1 \\ 1 & -1 & 3 & 1 & 1 & 1 \\ -1 & 1 & 1 & 3 & 1 & 1 \\ 1 & 1 & -1 & 1 & 3 & 1 \\ 1 & 1 & 1 & -1 & 1 & 3 \end{pmatrix}$$

在 LINGO 的窗口可以输入相关内容，可按照 LINGO 语法，将模型直接在窗口中输入，计算行参与人的均衡策略，如图 2-6 所示。

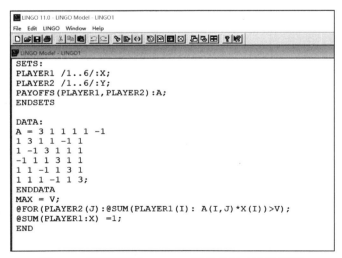

图 2-6　矩阵博弈在 LINGO 下的求解（局部截图）

单击求解命令图标，得到参与人 1 的均衡解为 $x_2 = x_3 = x_5 = 1/3$。具体语法格式此处不多做介绍，软件有详细自带说明手册。

习题

1. 若一个矩阵博弈存在多个鞍点，请判断这些鞍点是否相等？并证明你的猜测。

2. 对于一个 4×4 阶矩阵博弈 A，若元素（1，1）和（4，4）位置是鞍点，说明 A 至少还有 2 个其他的鞍点。

3. 考虑表 2-5 的硬币匹配博弈。

表 2-5　硬币匹配博弈

参与人 2 参与人 1	正面	背面
正面	x	-1
背面	-1	1

其中 x 为一个实数。确定 x 在什么范围内取值时，该博弈存在鞍点。

4. 求解第 2.2.3 小节中的矩阵博弈 A_2。

5. 求解如下矩阵博弈，首先检查是否存在鞍点，其次确定删除严格劣策略，最后用图解法进行求解。

（1）

$$\begin{pmatrix} 1 & 3 & 1 \\ 2 & 2 & 0 \\ 0 & 3 & 2 \end{pmatrix}$$

（2）

$$\begin{pmatrix} 3 & 1 & 4 & 0 \\ 1 & 2 & 0 & 5 \end{pmatrix}$$

（3）

$$\begin{pmatrix} 1 & 0 & 2 \\ 4 & 1 & 1 \\ 3 & 1 & 3 \end{pmatrix}$$

6. 考虑一个模拟的空战博弈。在第二次世界大战中战斗机的一个标准战术是在攻击敌方的轰炸机时，背靠阳光方向俯冲攻击敌方的轰炸机。但若所有的战斗机都采用该策略，则轰炸机飞行员可以戴上太阳镜，不时地盯着太阳的方向。因此，又出现了第二个建议战术，从低空攻击敌方轰炸机。用表 2-6 表示该博弈。

表 2-6　模拟空战博弈

轰炸机 战斗机	朝太阳看	向下看
背靠阳光方向俯冲	0.95	1
低空攻击	1	0

请计算该博弈的均衡策略。

7. 计算第 2.3 节中守门员提升守右边球的能力后，踢球者在新的均衡下踢向球门右边的概率是提升了还是减少了。

若踢球者提升了踢左边球的能力，即支付矩阵由 $A = \begin{pmatrix} 0.58 & 0.95 \\ 0.93 & 0.70 \end{pmatrix}$ 变为 $B = \begin{pmatrix} 0.70 & 0.95 \\ 0.93 & 0.70 \end{pmatrix}$，

踢球者踢向球门右边的概率会提高还是降低？请用图解法验证你的猜测。

8. 用图解法求解如下矩阵博弈

$$A = \begin{pmatrix} 6 & 1 & 0 & 7 \\ 6 & 7 & 9 & 4 \end{pmatrix}$$

9. "变形的石头、剪刀、布"游戏。假设"石头、剪刀、布"游戏中胜负的判定不变，但计分规则发生了变化。如果手形"石头"获胜，获胜方记 +1 分（失败方记 −1 分）；"剪刀"获胜，记 +2 分，"布"获胜，记 +5 分。请写出新规则下的支付矩阵，并计算最终的均衡解（提示：根据定理 2-1 列出方程组求解）。

10.* 利用线性规划方法计算下面矩阵博弈的均衡解。

$$A = \begin{pmatrix} 6 & -3 & 8 \\ 4 & 7 & -2 \\ -5 & 7 & 10 \end{pmatrix}$$

第 3 章
CHAPTER 3

策略式表述博弈

本章主要介绍策略式表述博弈，它是非合作博弈最基础的内容。第 3.1 节通过一个电视节目引入策略式表述博弈。第 3.2 节给出了占优和重复剔除劣策略等概念与方法。第 3.3 节给出了纳什均衡的定义。第 3.4 节结合经典博弈模型进行了分析。第 3.5 节引入了混合策略，同时给出了混合策略纳什均衡的定义、纳什定理。第 3.6 节给出了纳什定理的证明。第 3.7 节和第 3.8 节对纳什均衡做了进一步分析。第 3.9 节给出了策略式表述博弈的应用举例。

3.1 策略式表述博弈的引入

3.1.1 平分还是全拿

英国独立电视台（ITV）有一档游戏节目叫《金球》（*Golden Balls*），在这个节目的最后，有一个"平分还是全拿"（split or steal）的游戏，现在介绍一下这个游戏。

面对几万到十几万英镑的高额奖金，两名参与人面前分别放置两个外表完全一样、打开后里面分别写着"平分"（split）和"全拿"（steal）的金色球。只有两名选手可以看到球里面的内容，在做出最终决定前，两人有一分钟左右的交流时间，然后选定一个金色球不再更改。如果两人都选择"平分"，那么奖金在两人之间平分；如果一人选择"平分"，另外一人选择"全拿"，选择"全拿"的人拿走全部奖金，选择"平分"的人则一无所获；如果两个人都选择"全拿"，那么两人都一无所获。

如果列成表格，这个"平分还是全拿"游戏倒也十分简单，如图 3-1 所示。

		参与人 2	
		平分	全拿
参与人 1	平分	50 000, 50 000	0, 100 000
	全拿	100 000, 0	0, 0

（单位：英镑）

图 3-1　"平分还是全拿"博弈

　　规则如此简单的一个游戏，在英国的收视率却多年来居高不下。这个游戏看似平淡无奇，却真实地反映了复杂难料的人生百态。真实的一笔巨额财富远远比单纯字面上的数字具有更大的冲击力，无论对参赛者还是现场及荧屏前的观众来说，都是如此。参赛人发亮的目光、控制不住的颤抖的声音、难以抉择的焦灼情绪甚至低声啜泣……这一切带给观众极大的视（听）觉满足。

　　参与人在选择前短短一分钟的沟通，更是汇集了人生百态。"我以人格担保""我是一个虔诚的教徒，所以请你相信我""如果我不遵守诺言，我将在世人面前丢脸"……这些充满情感的承诺和声明在巨款面前显得苍白无力。等到承诺"一定会选择平分"的参与人打开金色球露出"全拿"字样并展示给观众时，全场观众更是控制不住地尖叫，胜利者的喜悦和失利者的沮丧失落，真实地展示给观众，节目因此风靡多年、长盛不衰。

　　其中有一场比赛成了经典。那就是尼克和亚伯拉罕的比赛。在一分钟的沟通时间里，尼克毫不犹豫、目光坚定地对亚伯拉罕说："无论你做什么选择，我都会坚定地选择'全拿'。"

　　亚伯拉罕愣了："如果我也选择'全拿'，那么我们就会一无所获，等等，为什么我们不选择'平分'，各自拿走一半奖金呢？"

　　"不，我不选择'平分'，我只选择'全拿'，然后我承诺赛后分你一半奖金。"

　　主持人这时适时提醒："他可以这么承诺，但他也可以赛后反悔。"

　　尼克说："但是我保证我就是要选择'全拿'，但我承诺节目过后一定分给你一半！如果你也选择'全拿'，那我们就只能空手回家了。"

　　亚伯拉罕："那我们为什么不一开始就选择'平分'，一人拿一半奖金呢？为什么还要等节目之后再分呢？"

　　尼克说："不管怎么样，我告诉你，我就是要选择'全拿'！"

　　显然亚伯拉罕被激怒了："一个人如果不守诺言，那他将一文不值，被人瞧不起，我爸爸从小就这样教育我……"

　　尼克直接打断了他："我同意，所以我保证会选'全拿'，你相信我吧，然后赛后平分。"

　　"你就是一个白痴，你是个小人，不值一文……"

　　"我知道，我就是选择'全拿'。"

　　主持人不得不打断这无休止的争吵："如果你们还不开始选择，现场观众要在这里吃早餐了。"

　　亚伯拉罕无奈地摇了摇头。两人终于做出了选择。然后在主持人的口令下，亮开各自的选择：

　　一个是"平分"！

　　另一个也是"平分"！

　　节目过后，尼克的对手亚伯拉罕接受了采访。他承认说，自己本来想好了一个故事，想让尼克相信自己会选择"平分"，而自己实际打算选择"全拿"拿走全部的钱，但没想到对方一开口就说了这样一番话，想了一下，眼前只有两条路：如果自己选"全拿"，那么铁定一分钱也拿不到；如果选择"平分"，说不定还有一点可能尼克会良心发现分一些钱给他，反正总比一分钱没有要好吧，因此他选择了"平分"！

　　从博弈论的角度看，这是一个类似囚徒困境但又与囚徒困境不完全一致的博弈。因为在囚徒困境中一旦对方选择了"坦白"，己方就一定要选择"坦白"，否则会更惨（抗拒从严），拿博弈论术语来说，"抵赖"属于"严格劣策略"。但在"平分还是全拿"博弈中，一方铁定选择了"全拿"，另一方选择"平分"不会比"全拿"更坏，属于"弱劣策略"，同时还有可能带来整体的最优（奖金被留下）。因此从某种程度上看，"平分还是全拿"博弈比囚徒困境更为微妙、有趣。

　　理查德·塞勒（2017 年诺贝尔经济学奖获得者）和他的合作者对多次"平分还是全拿"真实历史数据分析后，发现在"平分还是全拿"中，人们具有一定的互惠性行为，同时决策选择前的沟通对博弈结果具有影响。此外，一方在沟通前显示"不宽容""不具有合作精神"并不一定是真实性情的反映，反倒在随后的选择中更趋于做出合作选择（选择"平分"）。尼克和亚伯拉罕的博弈就是一个例证。

　　在尼克和亚伯拉罕的博弈中，尼克的策略属于主动放弃了一个行动选择"平分"，却让自己获得了更有利的境遇。这在传统决策论中是不可思议的，但在博弈论中，存在放弃一个可选行动反而带来更大利益的可能，这也是博弈论的妙趣之一。

　　从博弈的分类看，"平分还是全拿"属于策略式表述博弈，策略式表述博弈也是博弈论的基础内容之一。

3.1.2　理性选择理论

　　决策者在实际中的行动选择，可以表示为在一个行动集中选择最偏好行动。记行动集为 A，A 中的行动则是其中的一个元素 a（$a \in A$）。

　　定义 A 上的一个二元偏好关系 $\geqslant$。对于 A 中的两个行动 a 和 b，如果决策者偏好 a 甚于偏好 b，或者至少不劣于 b，则称 a 不劣于 b，记为 $a \geqslant b$。

　　如果决策者对于行动集 A 上任意两个行动均能给出偏好序关系，则称这个偏好序是**完全的**，即对于任意的 a、$b \in A$，$a \geqslant b$ 或 $b \geqslant a$ 至少有一个成立，或者同时成立（此时称 a 与 b **等价**，记为 $a \sim b$）。

　　假定偏好关系还满足**传递性**，即对于行动集 A 中任意的三个行动 a、b、c，若 $a \geqslant b$ 且 $b \geqslant c$，就能推出 $a \geqslant c$；以及**自反性**，即对于任何的行动 a，均有 $a \geqslant a$。

　　对于两个行动 a 和 b，若满足 $a \geqslant b$ 且 a 与 b 不等价，则可记为 $a > b$，读作 a 优于 b。

于是理性选择问题就可以表述为如下问题：

对于定义在 A 上同时满足传递性和自反性的完全偏好关系，理性选择问题就是在行动集 A 中确定一个行动 a^*，对于任意的 $a \in A$，均有 $a^* \geqslant a$ 成立。

博弈论、决策论的**理性假设**是：给定决策者存在一个满足传递性和自反性的完全偏好关系，该决策者的行动选择符合理性选择要求。通俗地说，一个理性的决策者具有一个明确的"偏好"，在给定决策约束条件下，该决策者总是选择最偏好的行动。

若存在一个从行动集到实数集的映射 u，$u(a) \geqslant u(b)$ 当且仅当 $a \geqslant b$，那么称该函数为决策者的**效用函数**（utility function）。可以证明，若 u 是一个效用函数，v 是一个严格单调增函数，那么复合函数 $v(u(a))$ 也是与该决策者偏好关系一致的效用函数。

上面定义的效用函数，强调不同行动的偏好排序关系，效用值的差异只是强调排序比较，而不是具体"大多少"，因此被称为**序数效用**（ordinal utilities）。

有了效用函数，理性选择问题可表述为在定义完好的效用函数下，面对决策集的可能行动方案，决策者选择效用最大行动的最优化问题。

需要说明，理性选择理论中的理性又被称为完全理性，要求决策者对于复杂多样的决策具有偏好比较能力，不会出现推理能力不足等问题。但在现实中，人的行为并不是完全理性的。因此，一些学者对该理论假设提出了批评。赫伯特·西蒙（1978 年诺贝尔经济学奖获得者）认为行为人是有限理性（bounded rationality）的，因为人的大脑运行能力、加工能力、记忆能力都是有限的；人具有有限毅力（bounded willpower），以及有限自利（bounded self interest），如某种程度的利他主义（altruism）、情绪化行为（motional behavior）等。

尽管如此，建立在理性人假设基础上的理性选择理论，仍然为我们预测人的行为和评价机制的优劣提供了很好的分析工具。原因之一是，在没有更好的其他备选理论的时候，接受理性人假设是一个退而求其次的办法。另一个原因是在一些实际场合，理性人假设在一定程度上也是近似满足的，如法制健全的政府行为、机制健全的企业决策等，即便实际场合不与完全理性相符，也可以按照分析逻辑框架进行适度调整。当然，从有限理性角度对博弈行为进行相关的理论与应用研究，自博弈论诞生之日起就从来没有停止过。目前已经形成了博弈论很有前景的分支，如演化博弈、行为博弈、博弈的学习、基于 agent 建模的博弈模拟分析等。

3.1.3 博弈的策略式表述

一个策略式表述博弈由三部分构成：参与人集合；各参与人的行动集或策略集；以及定义在所有参与人策略组合集上的各参与人的实值效用函数。效用函数又被称为支付函数。

由于策略式表述博弈不强调行动顺序，适用于描述一个静态博弈，因此策略式表述博弈又被称为**同时进行的博弈**（simultaneous games），可以理解博弈是所有参与人同时进行行动或策略的选择，比如"石头、剪刀和布"的游戏，博弈双方展示手形的决策肯定是同时进行的。

有些实际博弈虽然决策不是绝对时间意义上的"同时"，但决策的时间先后差别与博弈结果没有关系，也可看成是"同时进行的博弈"。例如不同竞标单位做出的工程投标决策。

通常用 G 表示一个博弈，所有参与人构成的集合记为 N，参与人则表示为 N 的一个元素，记为 $i \in N$。参与人 i 的策略构成的集合记为 S_i，其中的一个特定策略，可记为 $s_i \in S_i$。

所有参与人的策略放在一起，称为博弈的**策略组合**（strategy combinations 或 strategy profiles），表示为 $s = (s_1, s_2, \cdots, s_n)$；所有参与人的策略组合构成的集合记为 S，即 $S = \prod_{i \in N} S_i = \{(s_1, s_2, \cdots, s_n) | s_i \in S_i\}$，$s \in S$。

为简便计，参与人的策略组合 $s = (s_1, s_2, \cdots, s_n)$ 可简记为 $s = (s_i, s_{-i})$，其中下标 $-i$ 表示除了参与人 i 之外其他所有参与人指标集。于是所有参与人的策略组合集可表示为 $S = (S_i, S_{-i})$。

参与人 i（$i \in N$）的**支付**是定义在策略组合集 $S = (S_i, S_{-i})$ 上的实值函数，记为 $u_i(s)$，$s \in S$。

于是一个 n 人博弈的策略式表述可记为

$$G = \{S_i, u_i, i \in N\}$$

如果参与人集合是有限集，且每个参与人的策略集也是有限集，那么该博弈就被称为**有限博弈**（finite games）。

下面引入囚徒困境，来理解博弈的策略式表述。

【例 3-1】囚徒困境问题

囚徒困境问题可以说是博弈论中最为经典的问题。一次盗窃案后，警察抓获了两个嫌疑犯：胖贼和瘦贼。这两个人事实上就是这次盗窃案的主谋，但胖贼和瘦贼是"江湖老手"，没有留下任何蛛丝马迹。于是警察分别关押并提审他们，并且还向他们交代了坦白从宽的政策：如果两人都坦白，每人各判 8 年；如果两人都抵赖，因证据不足，每人在关押 1 年后释放；如果一方坦白，而另一方不坦白，则坦白的一方会被立即释放，而不坦白的一方被判 10 年。那么胖贼和瘦贼该如何选择呢？

这是一个两人非零和博弈问题，可用**双矩阵**（bimatrix）形式表示。双矩阵的行对应第一个参与人（胖贼）的策略，矩阵的列对应第二个参与人（瘦贼）的策略。双矩阵的元素是一个二元数组，分别表示在双方可能的策略组合下，双方对应的支付。其中，第一个分量表示行对应的参与人支付，第二个分量表示列对应的参与人的支付。于是囚徒困境问题可用如图 3-2 所示的双矩阵表示。

该博弈的可能结果是什么呢？

仔细观察图 3-2，无论胖贼还是瘦贼，不管对手选择什么策略，选择"坦白"总是最好的。根据博弈理性是共同知识假设，参与人均应选择"坦白"。此时双方的收

益均为 –8。但该策略组合对应的双方支付水平，帕累托劣于另一个策略组合（抵赖，抵赖）对应的支付（–1，–1）。

图 3-2　囚徒困境问题的双矩阵表示

看似简单的囚徒困境问题，却深刻地体现了个体理性和群体理性的矛盾。每个囚犯都从自身出发，选择最优策略"坦白"，这说明个体理性不一定达到帕累托最优。

囚徒困境可以表示为一般形式，如图 3-3 所示。

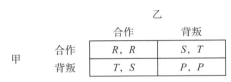

图 3-3　囚徒困境的一般形式

该博弈成为囚徒困境博弈要满足两个条件：① $T > R > P > S$；② $2R > S + T$。第一个条件表示对个人来说，"自己背叛，别人合作"是最有利的，收益为 T（temptation），表示存在更好的机会诱惑参与人背叛合作；其次，若两人都合作，一起获益 R（reward）；再次，两人都不合作，只能得到 P（punishment），双方都追求自身利益最大化，反倒带来比较差的结果；最糟糕的就是，自己选择合作，但被对方背叛了，只能获得 S（sucker，含义是容易受骗的人）。第二个条件是：两人如果合作的话，其收益要大于一人合作、一人背叛时的收益和。在满足这两个条件的基础上，不管支付的具体数字如何，本质上都可以归为囚徒困境问题。

囚徒困境又被称为"合作悖论"或"集体行动悖论"，即尽管合作能够给双方带来好处，但博弈分析结果是双方仍然选择不合作。选择不合作是基于个体理性，而选择合作则是基于集体理性，但集体理性是不稳定的，每个参与人都有动机进行机会主义的选择。

囚徒困境有名的一个重要原因就是囚徒困境在实际中相当广泛地存在。很多涉及"个体理性"和"群体理性"冲突的实际博弈问题，本质上都可以归结为囚徒困境问题。商家的价格战、大国之间的军备竞赛、合作伙伴偷懒与努力的艰难抉择、每年招生季各高校投入大量的人力物力进行招生宣传、老师和学生们无法摆脱的"应试教育"……都可以归为囚徒困境博弈。

"公地悲剧"是现实中囚徒困境的又一个例证。1968 年，美国学者加勒特·哈丁（Garrett Hardin）在《科学》杂志上发表了著名论文《公地悲剧》。他提出了如下场景：在一个向公众免费开放的草原上，牧民每多放一只羊，增加的收益完全由其获得，但由此对草地造成的损失由所有牧民共同承担。由于在追求个体利益的提升的同时忽略了放牧带来的"外部性"，所有牧民都倾向于过度放牧。最终，草原将无法承载过于庞大的羊群，所有牧民都将吞食生态破坏带来的恶果。

现实中的很多问题，如过度捕猎、环境污染、人口膨胀、全球气候变暖等，从本质上都可以归结为"公地悲剧"。

囚徒困境是社会合作面临的最大难题。古今中外，人类社会中许多制度安排都是为了解决囚徒困境而设计的，本章的第 3.4.1 小节将对此继续分析。

3.2 占优和重复剔除劣策略

3.2.1 占优

在囚徒困境中，"坦白"策略具有这样的特征：不管对手选择什么策略，"我"选择"坦白"带来的支付总是优于"抵赖"。我们称"坦白"相对于"抵赖"来说是（严格）占优策略。下面给出占优（dominance）的定义。

对于策略式博弈 $G = \{S_i,\ u_i,\ i \in N\}$，称参与人 i 的策略 s_i' 是**弱劣的**（weakly dominated），若存在一个策略 $s_i \in S_i$，不管其他参与人采用什么策略，参与人 i 采用策略 s_i 的支付总是不小于采用策略 s_i' 的支付，且在其他参与人的某策略组合下，策略 s_i 对应的支付高于策略 s_i' 对应的支付。用公式表示，就是式（3-1）和式（3-2）同时成立。

$$u_i(s_i,\ s_{-i}) \geq u_i(s_i',\ s_{-i}),\ \forall s_{-i} \in S_{-i} \tag{3-1}$$

且存在某个 $s_{-i}' \in S_{-i}$，满足

$$u_i(s_i,\ s_{-i}') > u_i(s_i',\ s_{-i}') \tag{3-2}$$

若式（3-1）中的不等号恒为 > 关系，则称策略 s_i' 是**严格劣的**（strictly dominated）。

考虑这样的场合，对于策略式博弈 G，若参与人 i 存在这样一个策略 s_i^*，相对于他的其他任何策略 $s_i' \in S_i$，s_i^* 都是弱占优的，即

$$u_i(s_i^*,\ s_{-i}) \geq u_i(s_i',\ s_{-i}),\ \forall s_{-i} \in S_{-i},\ \forall s_i' \in S_i$$

成立，那么他就没有必要和其他参与人进行互动分析，直接选择 s_i^* 就达到了理性要求。我们称策略 s_i^* 为参与人 i 的**占优策略**（dominant strategy）。

如果所有参与人都存在占优策略，称这些占优策略组合为博弈的**占优均衡**（dominant equilibrium）。

在囚徒困境博弈中，任何一个参与人，不管对手选择"坦白"还是"抵赖"，选择"坦白"的支付总是高于选择"抵赖"的支付，"坦白"是严格占优策略，因此（坦白，坦白）就是占优均衡。

3.2.2 重复剔除严格劣策略均衡

先看一个智猪博弈的例子。

【例3-2】智猪博弈

设想猪圈里有两头猪：大猪和小猪。在猪圈的一端装有一个按钮，另一端装有食槽。按一下按钮，食槽中会有10单位食物出现。但不管是大猪，还是小猪，按动按钮都需要花费2单位的食物成本。

如果小猪按按钮，大猪不按，大猪可以不付出任何代价吃到9单位食物，小猪只能吃到1单位，扣除其按按钮的2单位食物成本，小猪净收益为−1。如果两头猪一起按按钮，各付出2单位食物成本，然后大猪可以吃到7单位食物，小猪可以吃到3单位食物，扣除成本，双方收益分别为5和1。如果大猪按，小猪不按，则小猪不付出任何代价就可以吃到4单位食物，大猪按完后跑回来可以吃到6单位，但扣除按按钮的2单位成本后，净收益为4单位。当然，如果两头猪都不按，则不付出成本，但也没有食物吃，净收益都为0。

以上博弈可用双矩阵博弈模型表示，如图3-4所示。

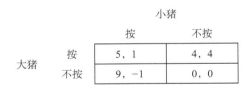

图3-4　智猪博弈

我们来分析一下智猪博弈。先考虑大猪的策略。如果小猪选择"按"，大猪的最优选择是"不按"（9>5）；但若小猪选择"不按"，大猪的最优选择是"按"（4>0）。与囚徒困境博弈相比，智猪博弈中的大猪没有占优策略。

再考虑小猪的策略。对于小猪来说，如果大猪选择"按"，其最优选择是"不按"（4>1）；如果大猪选择"不按"，小猪的最优选择仍然是"不按"（0>−1）。因此"不按"是小猪的占优策略，也是小猪的严格占优策略。

根据理性是共同知识的假设，可得出如下论断：大猪和小猪是理性的，大猪和小猪都知道大猪和小猪是理性的，大猪和小猪都知道大猪和小猪都知道大猪和小猪是理性的……那么大猪知道小猪会选择占优策略"不按"。虽然博弈是同时进行的博弈，大猪却像有透视未来的超能力一般，洞悉小猪只有唯一的选择"不按"。既然小猪选择"不按"，那么大猪只好选择"按"，因为在小猪剔除掉"按"策略后，小猪的策略空间缩减为｛不按｝，针对小猪的策略空间，此时大猪的"按"成了占优策略，故大猪选择"按"。

因此博弈的结局就是：大猪"按"，小猪"不按"，各得 4 单位的净收益。

智猪博弈的均衡解在现实中有许多应用，也可以解释很多现象。比如，职场办公室里经常会出现这样的场景：有一些人会成为不劳而获的"小猪"，而有一些人则充当了费力不讨好的"大猪"。小猪总是笃定一个想法：大家是一个团体，就是有责罚，也是落在团队身上，而如果有成绩的话，也是团队平分；而大猪出力不讨好，心理难免会不平衡，但是又想到，如果自己不努力的话，不仅得不到奖赏，说不定还会下岗呢。想来想去，还是当大猪吧！所以办公室里总有些大猪会悲壮地跳出来完成任务，疲于奔命，活得很辛苦，而小猪却舒舒服服地躲起来偷懒，在投机取巧中安乐地生存着。

虽然工作上可以偷懒，但私底下小猪也并不轻松，小猪要花费更多的时间和精力去编织、维护关系网，否则在公司的地位便会岌岌可危。

不仅在企业内部，行业中也存在智猪博弈。处于寡头垄断的企业是大猪，尾随的企业是小猪。"按钮"，相当于开拓市场、新技术研发、市场定价、营销等。因此，对于一个行业，总是处于领先地位的企业付出比较高昂的成本进行市场开拓，处于弱势地位的企业则采用跟随策略。一般来说，若不至于产生威胁，大企业往往保持适度容忍，允许小企业适当地占便宜。而处于弱势地位的小企业，要么择机扮猪吃老虎，将自己变成"大猪"，要么选择"等待""适度占便宜"，尤其不要激怒"大猪"。

我们在经济学里经常听到的"搭便车"现象，指的就是这里的小猪。大猪虽然感到吃亏，但不做更吃亏，因此就容忍小猪适度地"搭便车"。

回顾一下智猪博弈中大猪、小猪博弈均衡的分析过程，记智猪博弈为 G，大猪本身没有占优策略，但小猪有严格占优策略"不按"，理性的小猪不会选择严格劣策略"按"，它会将严格劣策略"按"从自己的策略集中剔除，于是小猪的策略集缩减为 S_2' ＝｛不按｝，策略组合空间也由此缩减为 S' ＝｛按，不按｝×｛不按｝，记此时由 G 缩减的博弈为 G'。

在缩减的博弈 G' 中，大猪的策略"不按"就成为严格劣策略了，故大猪会剔除掉该策略，博弈的策略组合空间变为 S'' ＝｛按｝×｛不按｝，记此时的博弈为 G''。

现在博弈双方均只有一个策略了，策略组合（按，不按）便是智猪博弈的均衡。

上述对智猪博弈的分析过程，可用图 3-5 表示，图中阴影部分表示参与人重复剔除严格劣策略过程。

图 3-5   智猪博弈重复剔除严格劣策略均衡分析过程图

下面我们在一般意义下描述重复剔除严格劣策略方法。对于策略式博弈 $G = \{S_i, u_i, i \in N\}$，若某个参与人 i_1 存在严格劣策略 $s_{i_1}^1$，参与人 i_1 会从他的策略集 S_{i_1} 中剔除掉 $s_{i_1}^1$，i_1 的策略集缩减为 $S_{i_1}^1 = S_{i_1} \setminus \{s_{i_1}^1\}$，得到了策略组合空间缩减的博弈 G^1；对于博弈 G^1，若还有参与人 i_2 存在严格劣策略 $s_{i_2}^2$，则在 i_2 策略集 $S_{i_2}^1$ 中继续剔除掉策略 $s_{i_2}^2$，得到 $S_{i_2}^2 = S_{i_2}^1 \setminus \{s_{i_2}^2\}$，相应的博弈记为 G^2……不断重复该过程，直到所有参与人不再存在严格劣策略，记此时的博弈为 G^K。若 G^K 中每个参与人都只剩下一个策略，则这些策略构成的策略组合，被称为**重复剔除严格劣策略均衡**（iterated elimination of strictly dominated strategies equilibrium）。

如果一个博弈 G 可通过重复剔除严格劣策略的方法求出均衡，则称该博弈是**重复剔除严格劣策略可解的**。

【例 3-3】尝试用重复剔除严格劣策略方法分析图 3-6 所示的策略式博弈。

	L	M	N
A	1, 0	3, 3	1, 1
B	3, 1	2, 2	2, 0
C	2, 4	1, 3	3, 2

图 3-6   三阶双矩阵博弈模型

首先，列参与人策略 N 相对于策略 M 是严格劣策略，故首先被剔除，得到缩减矩阵，如图 3-7 所示。

	L	M
A	1, 0	3, 3
B	3, 1	2, 2
C	2, 4	1, 3

图 3-7   缩减矩阵（一）

在缩减矩阵中，行参与人策略 C 相对于策略 B 成为严格劣策略（注意到图 3-6 中 B 与 C 不存在占优关系）。于是行参与人剔除策略 C，得到进一步缩减的矩阵，如图 3-8 所示。

图 3-8 缩减矩阵（二）

此时，列参与人的策略 L 为严格劣策略，故应该被剔除，得到如图 3-9 所示的矩阵。

	M
A	3, 3
B	2, 2

图 3-9 缩减矩阵（三）

这时，行参与人的策略 B 为严格劣策略，将被剔除，两个参与人的策略集都只剩下一个，分别为 A 和 M，故重复剔除严格劣策略均衡为（A，M）。

需要说明的是，若一个策略式博弈是重复剔除严格劣策略可解的，那么均衡解与剔除的先后顺序无关。但如果剔除的策略是弱劣的，结果可能会有差异。比如图 3-10 所示的一个博弈。

参与人 2

		L	C	R
参与人 1	T	1, 2	2, 3	0, 3
	M	2, 2	2, 1	3, 2
	B	2, 1	0, 0	1, 0

图 3-10 剔除的策略是弱劣的一个博弈

表 3-1 列出了三个不同的剔除劣策略（注意，不是严格劣策略）顺序及最终的结果。每次都导致了不同的结局，请读者自行验证。

表 3-1 重复剔除弱劣策略的三种不同顺序及结果表

	剔除弱劣策略的具体顺序	结果	对应支付
顺序 1	T，R，B，C	（M，L）	2, 2
顺序 2	B，L，C，T	（M，R）	3, 2
顺序 3	T，C，R	（M，L）或（B，L）	2, 2 或 2, 1

【例 3-4】虚拟竞选博弈：中位数定理（A. Downs，1958）

假设一个城市有 9 个位置，用 A～I 表示，每个位置有 1/9 的选民。有两个市长竞选者，居民投票的规则是投给离自己最近的候选人。若两人离选民的距离一致，则选民等概率地投给某位竞选者。竞选者若获得超过半数选民的支持，则竞选成功。

两位竞选者的策略是选择自己所站的位置，那么他们的理性策略应该是怎样的？

为便于分析，用图 3-11 表示市长竞选博弈的可能策略。

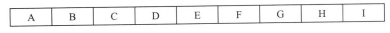

A	B	C	D	E	F	G	H	I

图 3-11　虚拟的市长竞选博弈

首先，站在两端位置（A 或 I）是劣策略，因为不管对手站在哪里，除非对手也采用同样的策略，其他情况都将失败。故应剔除策略 A 及 I。

其次，剔除掉 A 和 I 后，B 和 H 又处于前面分析中 A 和 I 的境况，基于同样的逻辑，B 和 I 随后也将被剔除。

不断重复上述分析，最终双方策略集均只剩下一个策略——选择中间位置 E。两人以等概率被选为市长。这就是竞选博弈的中位数定理。

类似的逻辑还可以用来分析以下问题，若存在一个线性形状的城市，两家销售相同物品的商店能随意改变自己的选址，如果消费者是均匀分布的，那么两家商店最终会聚集到城市的中点。如果有三家商店呢？请读者思考。

需要说明的是，重复剔除严格劣策略方法，实质上蕴含着如下假设。

（1）参与人彼此对博弈模型有着完全一致的认识。

（2）理性是共同知识：所有参与人是理性的，所有参与人知道所有参与人是理性的，所有参与人知道所有参与人知道所有参与人是理性的……

实际博弈中参与人是否满足上述假设，需结合实际情况确定。特别是如果剔除的步数较多，参与人可能没有耐心进行足够的推理。

3.3　纳什均衡

占优是博弈论中重要的概念，但它存在一定的局限性，因为并非所有的博弈都存在策略间的占优关系。同时，也不是所有博弈都是重复剔除严格劣策略可解的。因此我们需要扩大均衡的概念，这就是纳什均衡。

3.3.1　最优反应

对于策略式博弈 $G = \{S_i,\ u_i,\ i \in N\}$，给定其他参与人的策略组合 s_{-i}，参与人 i 关于 s_{-i} 的**最优反应**（best response/best reply）记为 $r_i(s_{-i})$，表示其他对手的策略或策略组合（三人或三人以上博弈）为 s_{-i} 时，参与人 i 的最佳应对策略构成的集合。用数学符号表示，就是满足下式的参与人 i 的策略集合：

$$r_i(s_{-i}) = \left\{ s_i \in S_i \,|\, u_i(s_i,\ s_{-i}) \geq u_i(s_i',\ s_{-i}),\ \forall s_i' \in S_i \right\} \tag{3-3}$$

显然若博弈是一个有限博弈，最优反应一定不是空集。

请看图 3-12 的博弈。

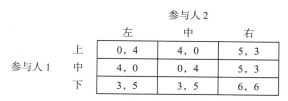

图 3-12　博弈示例

按照式（3-3），若参与人 2 选择策略"左"，参与人 1 针对参与人 2 该策略的最优反应为"中"，可记为 r_1（左）= { 中 }。同理，针对参与人 2 的"中""右"策略，参与人 1 的最优反应分别为"上"和"下"。记为 r_1（中）= { 上 }，r_1（右）= { 下 }。同理，针对参与人 1 的"上""中"和"下"策略，参与人 2 的最优反应分别为"左""中"和"右"，记为 r_2（上）= { 左 }，r_2（中）= { 中 }，r_2（下）= { 右 }。

特别地，在博弈双方的最优反应中，存在 r_1（右）= { 下 } 和 r_2（下）= { 右 }。表明参与人 2 若选择"右"，参与人 1 会选择"下"，同时若参与人 1 选择"下"，参与人 2 会选择"右"。因此双方的策略组合（下，右）彼此互为最优反应。对于理性的参与人来说，这个策略组合达到了均衡：若其中一方坚守均衡策略，另一方也没有动机偏离其均衡策略。具有这个特点的策略组合，就是纳什均衡。

3.3.2　纳什均衡的定义

下面给出策略式博弈纳什均衡的定义。

对于一个策略式博弈 $G = \{S_i,\ u_i,\ i \in N\}$，若存在策略组合 $s^* = (s_i^*,\ s_{-i}^*)$，满足对于任意的 i（$i \in N$），s_i^* 均为关于 s_{-i}^* 的最优反应，即 $s_i^* \in r_i(s_{-i}^*)$，或者

$$u_i(s_i^*,\ s_{-i}^*) \geqslant u_i(s_i,\ s_{-i}^*)$$

对于 $\forall s_i \in S_i$ 成立，那么策略组合 $s^* = (s_i^*,\ s_{-i}^*)$ 为博弈 G 的**纳什均衡**（Nash equilibrium）。

现考虑如图 3-13 所示的博弈。

		参与人 2		
		左	中	右
	上	3, 3	4, 1	1, 2
参与人 1	中	4, 0	0, 2	1, 1
	下	2, 2	2, 3	2, 4

图 3-13　纳什均衡博弈

　　根据纳什均衡的定义，首先确定各参与人的最优反应。先看参与人1的最优反应。若参与人2选择"左"，参与人1的最优反应为"中"，于是可以记为r_1（左）= { 中 }。同理，针对参与人2的"中"和"右"策略，参与人1的最优反应分别为r_1（中）= { 上 }，r_1（右）= { 下 }。

　　为直观计，可在双矩阵表中，用相应数字位置标注下划线的方式，标注参与人的最优反应。图 3-14 标注了参与人1针对参与人2不同策略的最优反应。

参与人2

		左	中	右
	上	3, 3	<u>4</u>, 1	1, 2
参与人1	中	<u>4</u>, 0	0, 2	1, 1
	下	2, 2	2, 3	<u>2</u>, 4

图 3-14　参与人1的最优反应函数标记

　　现考虑参与人2的情况。若参与人1选择策略"上"，参与人2的最优反应为"左"，记为r_2（上）= { 左 }。同理，r_2（中）= { 中 }，r_2（下）= { 右 }。可将参与人2的最优反应函数标记在表上，如图 3-15 所示。

参与人2

		左	中	右
	上	3, <u>3</u>	4, 1	1, 2
参与人1	中	4, 0	0, <u>2</u>	1, 1
	下	2, 2	2, 3	2, <u>4</u>

图 3-15　参与人2的最优反应函数标记

　　将图 3-14 和图 3-15 合并，得到图 3-16。位于（3，3）位置的两个元素均被标记，表明参与人1的"下"策略是关于参与人2"右"策略的最优反应，同时参与人2的"右"策略也是对参与人1"下"策略的最优反应。根据纳什均衡的定义，策略组合（下，右）为纳什均衡。

　　上述通过在支付矩阵中分别标注参与人最优反应的方法，又叫**划线法**。采用划线法，若矩阵中元素的每个分量都被划线标注，则该元素对应的参与人各策略组合就是纳什均衡。

参与人2

		左	中	右
	上	3, <u>3</u>	<u>4</u>, 1	1, 2
参与人1	中	<u>4</u>, 0	0, <u>2</u>	1, 1
	下	2, 2	2, 3	<u>2</u>, <u>4</u>

图 3-16　划线标注各参与人最优反应的纳什均衡求解示意

根据定义，占优均衡和重复剔除严格劣策略均衡都属于纳什均衡，但纳什均衡不一定是占优均衡和重复剔除劣策略均衡。可以证明，如果采用重复剔除严格劣策略方法，纳什均衡不会被剔除。

纳什均衡是博弈论中最重要的概念之一，它有助于我们研究和理解制度及许多社会经济现象。一个制度只有构成一个纳什均衡，才容易被所有人自觉遵守。反之，如果一个制度听起来很好，但它不是一个纳什均衡，就很难持续存在。诺贝尔经济学奖得主迈尔森（Myerson，1999）认为，发现纳什均衡的意义可以和生命科学中发现 DNA 的双螺旋结构相媲美。事实上，纳什均衡已经成为现代博弈论的基石。

3.4　经典博弈模型的纳什均衡分析

3.4.1　囚徒困境的若干变体

前面分析论述了囚徒困境在相当普遍意义下存在。这里给出囚徒困境的几个变体。

【例 3-5】团队生产中的偷懒博弈

在一个生产团队中，甲、乙两人共同工作时都可以选择"工作"和"偷懒"，各自收益如图 3-17 所示。

图 3-17　工作与偷懒博弈

容易看出（"偷懒"，"偷懒"）是占优策略均衡。均衡对应的支付值（2，2）帕累托劣于另一个非均衡的策略组合（"工作"，"工作"），因此这是一个实质的囚徒困境问题。

有没有什么好办法解决团队生产中的偷懒问题呢？

1972 年，两位美国经济学家阿尔钦（Alchian）和德姆塞茨（Demsetz）在《美国经济评论》上发表了《生产、信息成本和经济组织》一文，提出了解决方案：使其中一人成为所有者，另一人变成雇员，让前者监督后者。具体来说，就是原来在团队中甲、乙两人是平等的成员，大家平分收益，所以都会偷懒。现在假设对所有权进行调整，由甲来监督乙，并根据乙的表现对其实施奖励或惩罚。如果乙没有偷懒，则乙就可以获得 7 单位收益，如果乙偷懒，只能得到 5 单位收益。乙认真工作获得的收益多于偷懒，这样乙就有动力去努力工作。而甲是乙的监督者，也是这个团队的所有者，团队创造的剩余价值属于甲。这样甲也有动力来认真监督，努力工作。在这种情况下，如果甲、乙都认真工作，则各获 7 单位收益；如果乙认真工作，而甲疏于监督，则甲只能获得 2 单位收益；如果甲、乙都偷懒，则都只能得到 2 单位收益。收益矩阵如图 3-18 所示。这样，甲、乙双方都有积极性努力工作。从这个意义上讲，所有权解决了团队生产中的囚徒困境问题。

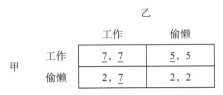

图 3-18　收益矩阵

【例 3-6】连续策略的两人合作问题

两人合作一个项目，如果每个人都付出，双方都会获得合作收益。为便于讨论，用 i 和 j 表示两个参与人。两人的策略为选择努力水平 a_i 和 a_j，努力水平的取值范围为闭区间 $[0, d]$。

对于参与人 i 来说，若双方的努力水平为 a_i 和 a_j，则参与人 i 的收益为

$$\pi_i = a_i(c + a_j - a_i) \tag{3-4}$$

其中 c 的取值范围为 $0 < c < d$。

那么在均衡状态下，两个人付出的努力水平该是多少呢？

在式（3-4）中，给定对方努力水平为 a_j，参与人 i 在不同的努力水平下收益函数大致如图 3-19 所示（相关参数取值：$a_j = 1$，$c = 2$）。

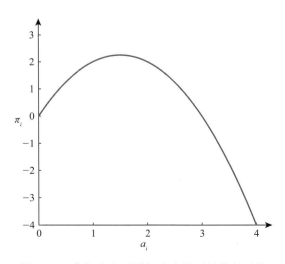

图 3-19　参与人在不同努力水平下的收益函数

先计算参与人 i 的最优反应函数。对式（3-4）关于 a_i 求导，并让其等于 0，得到参与人 i 的最优反应函数为（在一定的取值范围内）

$$r_i(a_j) = \frac{1}{2}(c + a_j) \tag{3-5}$$

可以看出，在一定范围内，参与人 i 的努力水平是关于 j 的努力水平的增函数。根据纳什均衡定义以及式（3-5），纳什均衡策略就是两组方程的联立解，即

$$\begin{cases} a_1^* = \dfrac{1}{2}(c + a_2^*) \\ a_2^* = \dfrac{1}{2}(c + a_1^*) \end{cases}$$

求出 $a_1^* = a_2^* = c$。

图 3-20 中的两条曲线分别表示两人各自的最优反应函数，两条反应函数的交点即为纳什均衡解。特别地，当 $c=2$、$d=4$ 时，合作项目的均衡努力水平为 $a_1^* = a_2^* = 2$，两人分别只付出了努力水平上限的一半，收益为 4。但两人若选择努力水平上限 4，则收益均为 8。这里又一次出现了"合作的悖论"——囚徒困境现象。

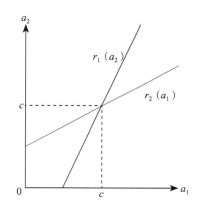

图 3-20　两人合作项目博弈的纳什均衡

从重复剔除严格劣策略逻辑角度也可得出该博弈的纳什均衡。以 $c=2$、$d=4$ 的情形进行说明。

起初，双方策略组合集为 $[0，4] \times [0，4]$。根据式（3-5），即使参与人 2 的努力水平为可能值的上限值 4，参与人 1 的最优努力水平也不会超过 3。因此，$(3，4]$ 的策略为严格劣策略；若参与人 2 的努力水平为下限值 0，根据式（3-5），参与人 1 的最优努力水平也不会小于 1。因此，$[0，1)$ 的策略是严格劣策略，应该被剔除。

因此，参与人 1 应将 $[0，1) \bigcup (3，4]$ 的策略剔除掉。于是经过一次剔除严格劣策略后，参与人 1 的策略空间缩减为 $S_1^1 = [1，3]$。此时双方的策略组合空间为

$$S^1 = [1，3] \times [0，4]$$

参与人 2 知道参与人 1 是理性的，知道此时对手的策略空间已经缩减为 $S_1^1 = [1,3]$。

根据式（3-5），当参与人 1 采用最低努力水平 1 时，参与人 2 的最优反应为努力水平 1.5，于是 [0，1.5）的策略将被剔除；当参与人 1 的努力水平为 3 时，参与人 2 的最优反应对应的努力水平为 2.5，故（2.5，4] 的努力水平应该被剔除掉。于是参与人 2 的策略空间缩减为 $S_2^2 = [1.5, 2.5]$，双方的策略组合空间缩减为 $S^2 = [1, 3] \times [1.5, 2.5]$。

不断重复上述过程，得到不断缩小的策略组合空间 S^3，S^4，…，如图 3-21 所示。策略组合空间在重复剔除严格劣策略过程中，矩形的最长边以 1/2 的比率逐次缩减，双方策略组合区域逐渐逼近于点（2，2），最终双方策略组合区域收敛于纳什均衡点（2，2）。

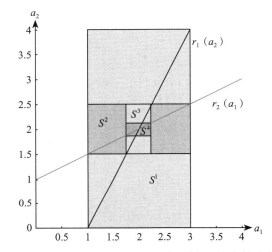

图 3-21　两人合作努力水平的重复剔除严格劣策略方法

3.4.2　性别战博弈

一对夫妇打算周末去看芭蕾或足球。当天，他们已经从各自工作单位出发，忽然两人之间的通信中断，不得不独自决定去看芭蕾还是看足球。有关支付情况如图 3-22 所示。

		妻子	
		芭蕾	足球
丈夫	芭蕾	<u>1</u>, <u>2</u>	0, 0
	足球	0, 0	<u>2</u>, <u>1</u>

图 3-22　性别战博弈

通过划线法标注两人各自的最优反应，可知该博弈有两个纳什均衡，分别为（芭蕾，芭蕾）和（足球，足球）。

与囚徒困境不同，该博弈不存在所谓的"合作悖论"。一方面，参与人之间具有一定程度的共同利益，但另一方面又存在相对冲突的偏好。

很多实际博弈问题可归于性别战博弈（battle of the sexes）。比如行业标准问题，若没有通用标准，相关企业的利益都会受到损失，但如果采用不同标准，不同企业受益程度又存在一定的冲突。如何解决这个问题，需结合实际具体分析。

3.4.3　胆小鬼博弈

胆小鬼博弈（chicken game）又被译成斗鸡博弈。想象两个年轻气盛、冲动不计后果的年轻人，在一条没有岔道的公路上驾车相向行驶。每个人均有两个策略选择：前进和转向。不同策略组合下双方的支付情况如图 3-23 所示。

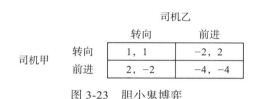

图 3-23　胆小鬼博弈

该博弈有两个纳什均衡：（转向，前进）和（前进，转向），即均衡结果是一个司机前进，另一个司机转向避让。由于该博弈是同时进行的博弈，在双方行动前究竟哪一个均衡会发生实属难料，很有可能由于缺乏沟通或一致的思维"聚焦"而造成（前进、前进）的严重后果。

胆小鬼博弈与性别战博弈具有不同的结构特征，那就是如果一方坚持要进行博弈，另一方难以退出博弈，局面就变成了两难，呈现出骑虎难下的状态。因此，破解胆小鬼博弈需要结合实际考虑如何尽快结束该博弈。

有一些技巧可以让双方避免由于彼此"顶牛"而可能造成的（前进、前进）悲惨结局。比如，一方在博弈开始时，主动放弃"转向"策略，比如司机甲故意破坏车辆的转向系统，使得己方只有一个行动选项"前进"，并及时通知司机乙让他确信（如通过视频通话等方式清楚地告知对方），那么司机乙只好选择"转向"了。

真实的博弈问题往往不仅仅是一个孤立的胆小鬼博弈。在博弈最终结束前，其中一方暗示对方自己会选择"前进"，同时示意对方若选择"转向"，我方会适当给予对方"丢面子"的补偿，促使胆小鬼博弈向己方有利方向解决，同时通过其他方面的让步，给对方一点颜面，给对方一个选择"转向"的台阶，也是一个策略。

在 1962 年美国和苏联的古巴导弹危机事件中，美国强硬地要求苏联必须从古巴本土撤出部署的中程导弹，苏联则坚称不会撤出。美国通过外交抗议、海上封锁、给出时限最后通牒等方式胁迫苏联，并通过"切腊肠"[⊖]方式试探最佳的威胁策略。一

 ⊖ 切腊肠的含义是不断采取递进的强硬策略来试探对方的底线，以免"孤注一掷"让自己没有退路。同时，有效的威胁不是威胁程度越大越好，而是"刚刚好"。比如制止孩子过多地吃糖果，父母提出威胁"再吃我就不给你讲故事了"往往有效，但若说"再吃我杀了你"，威胁太大孩子反倒不会相信。

方面，向苏联表示美国的强硬态度；另一方面，暗地里暗示苏联，若你从古巴撤出导弹，美国也会撤出在土耳其部署的导弹。事实上，在古巴导弹危机前，美国就已经决定撤出意义不大的在土耳其部署的导弹了，"给苏联台阶下"。最终苏联撤出了部署在古巴的导弹，而美国也从土耳其撤出了本来在古巴导弹危机事件之前就想撤出的陆基导弹。

不仅如此，在古巴导弹危机中，美国总统授意海军进行海上封锁，做出类似擦枪走火的威胁：在特别时刻，美国海军有一定程度的自主决策权。有时候有效的威胁并非是确定的报复行动，而是概率威胁，即可能会导致战争发生的威胁。而这个威胁事后被证明是可信的、有效的。军事专家评价认为有 1/3 的概率可能触发第三次世界大战的古巴导弹危机，最终和平解决。

3.4.4　猎鹿博弈

法国启蒙思想家卢梭在《论人类不平等的起源和基础》中谈到了一个故事。两个人出去打猎，村庄附近森林中的猎物主要有鹿和兔子。每个人自己就可以抓兔，但必须两人一起合作才能猎获一只鹿。由于打猎现场无法沟通，两人必须快速决定是抓身边的兔子，还是合力抓鹿。这就是猎鹿博弈（stag hunt game）。有关支付如图 3-24 所示。

图 3-24　猎鹿博弈

该博弈有两个均衡：(抓兔，抓兔)和(猎鹿，猎鹿)，并且第二个纳什均衡帕累托优于第一个纳什均衡。似乎两个猎人会选择"猎鹿"。但是，若一方选择了抓兔，另一方选择"猎鹿"可就一无所获了。而且，这种对对方行动的"不信任"会形成正反馈，最终很可能会倾向于达成(抓兔，抓兔)这个虽然相对效率低但无风险的均衡。

3.5　混合策略和混合策略纳什均衡

3.5.1　混合策略

第 2 章中针对矩阵博弈给出了混合策略的定义，混合策略思想是否可以拓展到非零和博弈呢？

考虑警察与小偷的博弈。一个小镇，镇东头有一家银行，西头有一家超市。在这个小镇上，只有一个警察负责全镇的治安。因为只有一个人，所以警察每次只能在一个地方巡逻。假定银行需要保护的财产价值 2 万元，超市需要保护的财产价值 1 万元。

在镇上有一个小偷，因为只有一个人，小偷每次也只能去一个地方行窃，要么是银行，要么是超市。如果警察恰好选择了小偷进行偷盗的地方巡逻，就能把这个小偷抓个正着；而如果这个小偷选择了没有警察巡逻的地方偷盗，就能够盗窃成功。可用双矩阵形式表述该博弈，如图 3-25 所示。

图 3-25　警察与小偷的博弈

在这种情况下，警察如何巡逻效果最好？小偷采取怎样的策略应对呢？

采用第 3.3 节中介绍的划线法标注最优反应，无法求出纳什均衡。实际问题中小偷和警察应该如何进行策略选择呢？一种容易想到的做法是，警察只对银行进行巡逻，因为银行的财产价值高，这样警察可以保住 2 万元的财产不被偷盗。但是假如小偷确定警察在银行巡逻，就会选择去超市，超市就会损失 1 万元。有没有更好的策略呢？

假设警察采用这样的混合策略：以概率 p 去银行巡逻，以 $1-p$ 的概率去超市巡逻。假定警察每天巡逻的地点由抽签决定，因为银行的财产价值是超市财产价值的 2 倍，所以用 2 个签代表银行，1 个签代表超市。这样，警察有 2/3 的概率去银行巡逻，1/3 的概率去超市巡逻。

既然警察的混合策略是 2/3 的概率去银行，1/3 的概率去超市，小偷的针对策略就应该是 2/3 的概率去超市，1/3 的概率去银行。假定警察和小偷的混合策略彼此独立，那么小偷的策略就是针对警察混合策略的最优反应。因为这能保证他被抓的概率最小。

设 L 为财产损失函数，它与警察和小偷去不同地点的组合事件有关。只有警察和小偷去不同的地方才会发生财产损失。记 L（超市，银行）表示警察去超市且小偷去银行所导致的损失，L（银行，超市）表示警察去银行且小偷去超市所导致的损失，采用上述混合策略，小镇的期望损失为

L（超市，银行）$\times$ Prob（超市，银行）$+L$（银行，超市）$\times$ Prob（银行，超市）

$$=2\times\frac{1}{3}\times\frac{1}{3}+1\times\frac{2}{3}\times\frac{2}{3}=\frac{2}{3}（万元）$$

可见如果采用上述混合策略，小镇的损失低于警察只巡逻银行的策略，表明该策略更好。

实际中采用混合策略的场合也是很常见的。为管理车辆违停，显然不能在可能发生违停的地段都派警察巡逻监督。警察采用的方式是随机地检查可能违停的地段，想违章停车的驾驶员则对规范停车成本（如将车辆停放在停车场）与违章停车可能吃罚单的风险进行权衡。警察采用混合策略查处车辆违停，虽不能杜绝车辆违停，却实现了公务开支和违停可控之间的均衡。

仔细观察警察与小偷博弈，这是一个定和博弈，可转化成零和博弈（对应每个元素减去 1.5 即可转化为零和博弈），表明该博弈存在混合策略纳什均衡。对于一般非定和博弈，是否可以将混合策略拓展到参与人的策略选择中，且有类似的均衡解存在呢？本节将对此进行分析。

对于策略式表述博弈 $G = \{S_i, u_i, i \in N\}$，称策略 $s_i \in S_i$ 为参与人 i 的**纯策略**，参与人 i 的**混合策略**是定义在他的纯策略集上的一个概率分布。若纯策略集是有限集，则可用离散概率分布表示参与人 i 的混合策略。本书仅讨论有限博弈情况下的混合策略问题。

为便于分析，记参与人 i 的混合策略为 σ_i，若 S_i 中的元素个数为 k_i，则 i 的一个混合策略可表示为 $\sigma_i = (p_i^1, p_i^2, \cdots, p_i^{k_i})$。其中 p_i^j 表示参与人 i 选择第 j 个纯策略的概率。

于是参与人 i 的混合策略构成的集合为

$$\Sigma_i = \left\{ (p_i^1, p_i^2, \cdots, p_i^{k_i}) \mid p_i^1 + p_i^2 + \cdots + p_i^{k_i} = 1, \ p_i^j \geq 0, \ j = 1, \cdots, k_i \right\} \qquad (3\text{-}6)$$

参与人混合策略组合可表示为 $\sigma = (\sigma_i, \sigma_{-i})$，混合策略组合集可表示为 $\Sigma = (\Sigma_i, \Sigma_{-i})$。

在非零和博弈中引入了混合策略，需要回答两个问题：①各参与人采用随机策略后如何定义支付；②如何定义博弈均衡，均衡是否在相对广泛的意义下存在。第 3.5.2 ～ 3.5.6 小节将对此进行分析。

3.5.2   彩票上的偏好

第 3.1.2 节论述了对于确定性结果的序数效用。但在社会、经济和生活中，决策环境充满着不确定性，决策结局也是不确定的。面对若干具有不确定结果的决策，如果决策结果是一个随机结果，决策者如何比较不同偏好呢？

有些随机结果是可以比较偏好的，比如 A 项目以 1/2 的概率获得 100 元，以 1/2 的概率获得 0 元；B 项目以 1/2 的概率获得 50 元，以 1/2 的概率获得 0 元。显然决策者对项目 A 的偏好要优于对项目 B 的偏好。但如果还有项目 C：以 1/2 的概率获得 100 元，以 1/2 的概率损失 50 元，那么对项目 B 和 C 的偏好如何比较呢？

容易看出，项目 B 和 C 的货币化期望值相同，都是 25 元，若按照货币期望值准则选择项目，B 和 C 应该无差异。但项目 C 是有风险的，有损失 50 元的可能，偏好风险规避的决策者会喜欢项目 B。另外，若决策者追求高收益，反倒可能会选择项目

C。因此，简单计算风险收益的货币化期望值，并不能实际反映决策者对于随机结果的偏好。

历史上圣彼得堡悖论就是一个著名的例子，该悖论由尼古拉·伯努利在 1738 年提出。假设有这样的一个掷硬币游戏，若首次出现正面这一事件发生在第 k 次，则掷硬币者可获得奖金 2^k 元。那么你愿意花多少钱来购买这样的赌博机会呢？

我们来计算一下这个游戏的货币化期望收益值。若硬币是均匀的，游戏的奖金值是一个离散的随机变量，如表 3-2 所示。

表 3-2　圣彼得堡悖论的事件概率分布表

首次正面出现在第 k 次	1	2	3	⋯	k	⋯
奖金值	2	4	8	⋯	2^k	⋯
对应概率	1/2	1/4	1/8	⋯	2^{-k}	⋯

于是该赌博的货币化期望值为

$$2 \times \frac{1}{2} + 4 \times \frac{1}{4} + \cdots 2^k \times 2^{-k} + \cdots = 1 + 1 + \cdots = +\infty$$

伯努利认为，如果人们按照货币化期望值的大小作为决策准则，那么人们应该乐于用很多的钱购买这样的赌博机会才对。但根据伯努利的实验，出价最高的不超过 16 元。后续其他学者也做了类似的实验分析，结果表明，人们愿意花钱购买这样的赌博机会几乎没有超过 25 元的。

如何解释圣彼得堡悖论呢？人们给出了各种各样的解释。其中比较普遍的解释是人们在对随机事件方案进行比较时，采用的是货币的期望效用而非货币本身的期望数值。

比如，若某决策者的效用函数为 $u = 2\sqrt{x}$，x 为货币数值，则圣彼得堡悖论中赌博的期望效用值为 $E(u(x)) = 4.83$，求得 x 为 5.82 元。这在一定程度上回答了圣彼得堡悖论。

在建立对风险事件偏好的效用理论之前，先引入"彩票"（lottery）的概念。

设 $X = \{x_1, x_2, \cdots, x_m\}$ 为可能的结果，X 上的彩票 L 是 X 上的一个概率分布，记为

$$L = [p_1(x_1), p_2(x_2), \cdots, p_m(x_m)] \tag{3-7}$$

其中 $p_j \geqslant 0$，$j = 1, 2, \cdots, m$，$\sum_{j=1}^{m} p_j = 1$。

比如，一个投资者在股票上的投资可能是 0.5 的概率保本，0.2 的概率赚 1 万元，0.3 的概率亏 0.5 万元。那么他的投资可以写成彩票形式

$$L = [0.5(0), 0.2(1), 0.3(-0.5)]$$

也可以用树状图表示一个彩票，如图 3-26 所示。

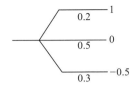

图 3-26 定义在某投资可能结果集上的彩票

记所有定义在 X 上的彩票构成的集合为 $\mathcal{L}$，设参与人 i 在彩票集 $\mathcal{L}$ 上的偏好关系为 $\geqslant_i$，表示参与人 i 偏好的效用函数 u_i 是一个定义在 $\mathcal{L}$ 上的实值函数，满足

$$u_i(L_1) \geqslant u_i(L_2) \Leftrightarrow L_1 \geqslant_i L_2, \quad \forall L_1, \ L_2 \in \mathcal{L} \tag{3-8}$$

对于两个彩票 L_1 和 L_2，若 $L_1 \geqslant_i L_2$ 和 $L_2 \geqslant_i L_1$ 同时成立，则称 L_1 和 L_2 是**等价的**，记为 $L_1 \sim_i L_2$。如果 $L_1 \geqslant_i L_2$ 且 L_1 与 L_2 不等价，则称 L_1 优于 L_2，记为 $L_1 >_i L_2$。

若效用函数还满足**线性**关系，即对于每个彩票 $L = [p_1(x_1), \ p_2(x_2), \ \cdots, \ p_m(x_m)]$，有

$$u_i(L) = p_1 u_i(x_1) + p_2 u_i(x_2) + \cdots + p_m u_i(x_m) \tag{3-9}$$

即彩票的效用可表示为关于可能结果的期望效用形式。线性效用函数也被称为冯·诺依曼和摩根斯坦效用，简记为 vNM 效用。

参与人什么样的偏好可以表示为 vNM 效用呢？一般来说，彩票偏好 $\geqslant_i$ 要满足传递性、完全性和自反性，但这些条件远远不够，因为有相当多的效用函数满足这三个条件，却不满足线性性质要求。下面我们对满足 vNM 效用函数形式的彩票偏好应该满足的条件进行论述，并通过公理假设方式对此进行分析。

3.5.3 满足 vNM 效用的公理

首先给出一个定义——复合彩票。所谓**复合彩票**，是定义在彩票集上的彩票：

$$\hat{L} = [q_1(L_1), \ q_2(L_2), \ \cdots, \ q_k(L_k)] \tag{3-10}$$

满足 $q_1, \cdots, q_k$ 非负且和为 1，其中 $L_1, \cdots, L_k$ 为定义在 $\mathcal{L}$ 上的彩票。

与复合彩票的定义相对，将定义在基本事件 X 上的彩票称为**简单彩票**。

有了复合彩票的定义，参与人 i 的效用可以定义在复合彩票集上。除了完全性、传递性和自反性外，冯·诺依曼和摩根斯坦给出了 vNM 效用（线性效用函数）必须满足的若干公理。

1. 连续性公理

连续性公理描述的是随着某些概率发生微小的变化，偏好的效用值也应该呈现微小变化。考虑参与人 i 对于 300 元、100 元和 0 元三种结果的偏好，应该有

$$300 >_i 100 >_i 0 \tag{3-11}$$

如果存在一个概率，参与人 i 以 p 的概率获得 300 元，以 $1-p$ 的概率获得 0 元，

这就得到了一个抽奖 $L = [p(300), (1-p)(0)]$。与确定性的 100 元相比，参与人 i 更偏好哪一个呢？

显然当 p 很大的时候，在抽奖 L 与确定的 100 之间权衡，参与人 i 更喜欢 L，若 p 很小，参与人 i 会喜欢 100。那么偏好的"连续性"认为：应该有那么一个 p'，使得 $L' = [p'(300), (1-p')(0)]$ 与确定的 100 等价，即 $L' \sim_i 100$。

基于上述考虑，连续性公理可以表述为如下内容。

连续性公理　对于任意三个结果 $A \succeq_i B \succeq_i C$，存在一个 $\theta_i \in [0,1]$，满足

$$B \sim_i [\theta_i(A) + (1-\theta_i)C] \tag{3-12}$$

2. 单调性公理

若对希望的结果增大获得概率，对反感的结果减少获得概率，那么人们应该会更加偏好这样的彩票。由此得到了单调性公理。

单调性公理　设 $[0, 1]$ 上有两个数 α 和 β，假设 $A \succ_i B$，那么

$$[\alpha(A), (1-\alpha)(B)] \succeq_i [\beta(A), (1-\beta)(B)] \tag{3-13}$$

成立当且仅当 $\alpha \geq \beta$。

3. 复合彩票的化简等价公理

对于任何复合彩票 $\hat{L} = [q_1(L_1), q_2(L_2), \cdots, q_k(L_k)]$，若将其中 L_j，$j = 1, \cdots, k$ 的彩票"展开"成定义在基本事件 $X = \{x_1, x_2, \cdots, x_m\}$ 上的彩票形式，并代入到 $\hat{L}$ 中，即可得到复合彩票 $\hat{L}$ 在事件 X 上的彩票表示形式，即简单彩票表示形式。记复合彩票的简单彩票表示为 L，那么应该有 $\hat{L} \sim_i L$。

4. 独立性公理

对于复合彩票 $\hat{L} = [q_1(L_1), q_2(L_2), \cdots, q_k(L_k)]$，设 M 是简单彩票，若 $L_j \sim_i M$，那么应有

$$\hat{L} \sim_i [q_1(L_1), \cdots, q_{j-1}(L_{j-1}), q_j(L_j), q_{j+1}(L_{j+1}), \cdots, q_k(L_k)] \tag{3-14}$$

即对于复合彩票 $\hat{L}$，若将其上彩票集的任一彩票替换成等价的简单彩票，参与人对于两个彩票的偏好不变。

冯·诺依曼和摩根斯坦证明了如下定理：若定义在事件集 X 上的彩票集 $\hat{L}$，参与人 i 的偏好 $\succeq_i$ 满足完全性、自反性和传递性，以及冯·诺依曼和摩根斯坦提出的四个公理，那么该偏好可表示为一个线性效用函数形式。

可以证明（此处略），若 u_i 是参与人 i 关于彩票集的偏好 $\succeq_i$ 的效用函数，那么 u_i 任何的正仿射变换也是表示偏好 $\succeq_i$ 的线性效用函数。

正仿射变换的含义是：u 是一个函数，a 是一个正的常数，b 为一个实数，称线性变换 $u' = au + b$ 为 u 的正仿射变换。

对于策略式博弈 $G = \{S_i, u_i, i \in N\}$，参与人 i 混合策略 σ_i 为参与人 i 在其纯策

略集 S_i 上的概率分布，记为 $\sigma_i = (\sigma_i(s_i))_{s_i \in S_i}$。其中 $\sigma_i(s_i)$ 为参与人 i 选择纯策略 s_i 的概率。G 的一个混合策略组合可表示为 $\sigma = (\sigma_i, \sigma_{-i})$，$\Sigma = (\Sigma_i, \Sigma_{-i})$ 为所有参与人混合策略组合集。

在策略组合 $\sigma = (\sigma_i, \sigma_{-i})$ 下，参与人 i 的支付可表示为 vNM 期望效用：

$$u_i(\sigma) = \sum_{(s_1, \cdots, s_n) \in S} u_i(s_1, \cdots, s_n) \sigma_1(s_1) \sigma_2(s_2) \cdots \sigma_n(s_n) \qquad (3\text{-}15)$$

式中，S 为所有可能的纯策略组合构成的集合；n 为参与人个数。

式（3-15）还蕴含了当参与人采用混合策略时，各参与人策略选择彼此独立。

需要说明的是，实际中人们对彩票的排序，有时候与公理化假设并不完全一致，著名的阿莱悖论（Allais paradox）描述了期望效用理论与实验结果的矛盾之处，表明具有这样偏好关系的彩票效用，不能表示为一个 vNM 效用。

现实中也有类似的例子。

第二次世界大战期间，美国塞班岛派遣飞机去轰炸东京。塞班岛距离东京的距离有 3 000 公里。限于当时飞机的性能，被要求少带炸弹，以免过于消耗燃料。同时，飞行员被告知到达目标地点成功轰炸后，30 分钟内必须折回，否则燃油不足无法返航。但是日军具有很强的防空能力，美军轰炸机在轰炸时，要反复进行 30 回合，因此生存的概率只有 0.5。

由于飞机损失率很大，专家提出了改进建议：增加携弹量，同时减少轰炸回合，这样整体的生存概率会提升。3/4 比例的轰炸机完毕后立刻返回，但余下的 1/4 一定会被打掉。

如果用彩票的形式来表示，则两种不同的方案可以表示为 $L_1 = [1/2(生), 1/2(死)]$，$L_2 = [3/4（生），1/4（死）]$。若符合单调性公理，应该选择专家提出的方案。但所有的飞行员都认为应该选择 L_1。

3.5.4 最优反应

参与人 i 关于对手（可能不止一个对手）的**信念**（belief）是对对手行动集上行动选择的概率分布的推断，表示为 $\sigma_{-i} \in \Sigma_{-i}$。信念也可以理解为参与人对对手混合策略的一个推断。

给定关于对手信念的推断 σ_{-i}，参与人 i 针对信念 $\sigma_{-i} \in \Sigma_{-i}$ 的**最优反应**记为 $r_i(\sigma_{-i})$：

$$r_i(\sigma_{-i}) = \left\{ \sigma_i \in \Sigma_i \mid u_i(\sigma_i, \sigma_{-i}) \geq u_i(\sigma_i', \sigma_{-i}), \forall \sigma_i' \in \Sigma_i \right\} \qquad (3\text{-}16)$$

比如，对于性别战博弈，若妻子对丈夫看足球的信念超过 2/3，那么她针对这样信念的最优反应会选择"看足球"。

3.5.5 占优和可理性化

占优定义可以拓展到混合策略场合。对于策略式博弈 G，称参与人 i 的纯策略

$s_i \in S_i$（相对于混合策略 σ_i）是弱劣策略，若存在 i 的某个混合策略 σ_i，式（3-17）成立：

$$u_i(s_i,\ \sigma_{-i}) \leqslant u_i(\sigma_i,\ \sigma_{-i}), \forall \sigma_{-i} \in \Sigma_{-i} \qquad (3\text{-}17)$$

且存在某个 $\sigma'_{-i} \in \Sigma_{-i}$，式（3-17）不等式严格成立。

如果 $u_i(s_i,\ \sigma_{-i}) < u_i(\sigma_i, \sigma_{-i}), \forall \sigma_{-i} \in \Sigma_{-i}$ 恒成立，则称纯策略 s_i **严格劣**于混合策略 σ_i。

上述逻辑可以用重复剔除严格劣策略方法对矩阵进行化简。

可以证明，若将式（3-17）的 σ_{-i} 替换成参与人 i 的对手所有可能的策略组合 $\forall s_{-i} \in S_{-i}$，式（3-17）恒成立，那么 $s_i \in S_i$ 为弱劣策略。

下面通过一个例子说明重复剔除严格劣策略方法。

【例 3-7】 考虑如图 3-27 所示的博弈。

可以验证，任何一个纯策略都不能被另外一个纯策略剔除。但参与人 1 的策略 M 可被 [1/2（T），1/2（B）] 严格超越，因此 M 应该被剔除，得到如图 3-28 所示的矩阵。

参与人 2

	L	C	R
T	6, 2	0, 6	4, 4
M	2, 12	3, 3	2, 5
B	0, 6	10, 0	2, 2

参与人 1（位于 M 行左侧）

图 3-27　例 3-7 的矩阵

参与人 2

	L	C	R
T	6, 2	0, 6	4, 4
B	0, 6	10, 0	2, 2

参与人 1

图 3-28　剔除 M 后的矩阵

在该博弈中，参与人 2 的策略 R 可被 [5/12（L），7/12（C）] 严格超越，故参与人 2 剔除纯策略 R，得到如图 3-29 所示的矩阵。

参与人 2

	L	C
T	6, 2	0, 6
B	0, 6	10, 0

参与人 1

图 3-29　剔除 M、R 之后的矩阵

博弈得到了简化。

可理性化（rationalizability）是分析博弈可能结果的重要概念。它由 Bernheim（1984）和 Pearce（1984）各自独立引入，奥曼使它变得更为有名。

通俗地说，参与人 i 的可理性化策略集合是指这样的集合：该集合中的元素一定是关于对手某个信念的最优反应。写成数学表达式，可理性化是一个如下所示的无限递归过程：

（1）对于每个参与人 i，设定 $\Sigma_i^0 = \Sigma_i$。

（2）若已经定义了 Σ_i^{k-1}，则定义

$$\Sigma_i^k = \left\{ \begin{array}{c} \sigma_i \in \Sigma_i^{k-1} \mid \exists \sigma_{-i} \in \prod_{j \neq i} \text{convex hull}(\Sigma_j^{k-1}) \text{使得对于所有} \sigma' \in \Sigma_i^{k-1} \\ u_i(\sigma_i, \ \sigma_{-i}) \geq u_i(\sigma_i', \ \sigma_{-i}) \end{array} \right\}$$

参与人 i 的可理性化策略为集合 $R_i = \bigcap_{k=0}^{+\infty} \Sigma_i^k$。其中 convex hull 表示集合的凸包。

可理性化可以从另一个角度去理解：经过多次重复剔除严格劣策略后，仍然能够保留下来的策略。同时，对于两人博弈问题，可理性化和重复剔除严格劣策略是一致的（Pearce，1984）。

关于可理性化，有如下定理。

定理 3-1   对于策略式博弈，对于每个参与人来说，可理性化策略集非空，且至少有一个纯策略。而且，任一个 $\sigma_i \in R_i$ 都是关于 $\prod_{j \neq i} \text{convex hull}(R_j)$ 某一个元素的最优反应（Bernheim，1984；Pearce，1984）。

作为对可理性化概念的理解，我们看如图 3-30 所示的罚点球博弈。

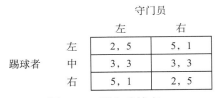

图 3-30   罚点球博弈

设 x 为守门员扑向左边的概率，那么踢球者射向左、中、右的期望支付，分别为

$$u(左) = 2x + 5(1-x) = 5 - 3x$$
$$u(中) = 3x + 3(1-x) = 3$$
$$u(右) = 5x + 2(1-x) = 2 + 3x$$

从图 3-31 可以看出，不论踢球者对守门员的信念如何，"中"都不可能称为最优反应。由于对手扑向左边球门概率的不同，踢球者的最优反应依次为"左"，混合策略 $(y, 0, 1-y)$，$y \in (0, 1)$，"右"。因此踢球者的可理性化策略集为 $R_1 = \{(y, 0, 1-y), y \in [0, 1]\}$。

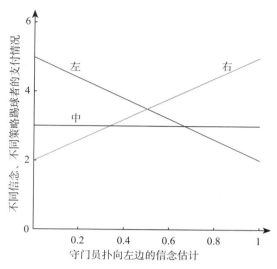

图 3-31 罚点球博弈：不同信念下的最优反应

3.5.6 混合策略纳什均衡

与纯策略纳什均衡类似，可定义混合策略纳什均衡。对于策略式博弈 G，称混合策略组合 $\sigma^* = (\sigma_i^*, \sigma_{-i}^*)$ 为博弈的**混合策略纳什均衡**：对于任意的 $i \in N$，参与人 i 的策略 σ_i^* 是关于其他参与人均衡策略组合 σ_{-i}^* 的最优反应：

$$\sigma^* = (\sigma_i^*, \sigma_{-i}^*), \ \sigma_i^* \in r_i(\sigma_{-i}^*), 对于 \ \forall i \in N \qquad （3-18）$$

以后我们说博弈的纳什均衡，除非特别说明，否则指的就是混合策略纳什均衡。纳什的非凡贡献是证明了纳什定理。

定理 3-2　纳什定理：对于策略式博弈 G，如果参与人集合是有限的，每个参与人的纯策略个数是有限的，那么博弈 G 至少存在一个混合策略（纳什）均衡。

纳什定理的证明将在第 3.6 节中给出。这里给出一个比较重要的定理，它为求解纳什均衡提供了一个方法。先给出混合策略支撑的定义。

参与人 i 的混合策略 σ_i 中以严格正概率选择的纯策略集合，被称为混合策略 σ_i 的**支撑**，记为 Supp（σ_i）。比如在"石头、剪刀、布"游戏中，若参与人的混合策略为（2/3，1/3，0），即以 2/3 的概率选择"石头"，以 1/3 的概率选择"剪刀"，以 0 概率选择"布"，那么该混合策略的支撑为 { 石头，剪刀 }。

定理 3-3　均衡支撑策略的无关性定理。对于策略式博弈 G，若 $\sigma^* = (\sigma_i^*, \sigma_{-i}^*)$ 是纳什均衡，那么对于任何参与人 i 来说，其均衡策略 σ_i^* 的支撑 Supp（σ_i^*）中的任意一个元素 s_i'，也是关于 σ_{-i}^* 的最优反应。用公式表示，即为

$$u_i(s_i', \sigma_{-i}^*) = u_i(\sigma_i^*, \sigma_{-i}^*), \ \forall s_i' \in \text{Supp}(\sigma_i^*) \qquad （3-19）$$

这里给出该定理的证明。设 $\sigma^* = (\sigma_i^*, \sigma_{-i}^*)$ 为纳什均衡。对于参与人 i 来说，不失一般性，假设 σ_i^* 的前 k 个分量严格大于 0，即 $\sigma_i^* = (p_1, p_2, \cdots, p_k, 0, \cdots, 0)$，$p_j > 0$，

$j = 1$，$\cdots$，k，对应的支撑集 Supp（σ_i^*）= { s_i^1，s_i^2，$\cdots$，s_i^k }。否则，可通过改变纯策略编号或名称的方式，让前 k 个分量严格大于 0。

将参与人 i 在均衡策略下的期望支付线性展开，如下：

$$u_i(\sigma_i^*, \sigma_{-i}^*) = p_1 u_i(s_i^1, \sigma_{-i}^*) + p_2 u_i(s_i^2, \sigma_{-i}^*) + \cdots + p_k u_i(s_i^k, \sigma_{-i}^*) \qquad （3-20）$$

下面我们证明，对于式（3-20）中各项 $u_i(s_i^1, \sigma_{-i}^*)$，$u_i(s_i^2, \sigma_{-i}^*)$，$\cdots$，$u_i(s_i^k, \sigma_{-i}^*)$，必有

$$u_i(s_i^1, \sigma_{-i}^*) = u_i(s_i^2, \sigma_{-i}^*) = \cdots = u_i(s_i^k, \sigma_{-i}^*) \qquad （3-21）$$

成立。

这里采用反证法。假设式（3-21）中至少存在两项彼此不等，将这 k 项按从大到小的顺序排列，即 $u_i(s_i^1, \sigma_{-i}^*) \geqslant u_i(s_i^2, \sigma_{-i}^*) \geqslant \cdots \geqslant u_i(s_i^k, \sigma_{-i}^*)$，若不满足，可以通过重新改变纯策略编号的方式，即可满足从大到小的排序要求。并且有 $u_i(s_i^1, \sigma_{-i}^*) > u_i(s_i^k, \sigma_{-i}^*)$。

构造参与人 i 的混合策略 $\sigma_i'' = (p_1 + p_k, p_2, \cdots, p_{k-1}, 0, \cdots, 0)$。参与人 i 用策略 σ_i'' 应对其他参与人的纳什均衡策略组合 σ_{-i}^* 的支付为

$$u_i(\sigma_i'', \sigma_{-i}^*) = (p_1 + p_k) u_i(s_i^1, \sigma_{-i}^*) + p_2 u_i(s_i^2, \sigma_{-i}^*) + \cdots + p_{k-1} u_i(s_i^{k-1}, \sigma_{-i}^*) \qquad （3-22）$$

比较式（3-22）与式（3-20），可以看出 $u_i(\sigma_i'', \sigma_{-i}^*) > u_i(\sigma_i^*, \sigma_{-i}^*)$。这与 ($\sigma_i^*$，$\sigma_{-i}^*$) 是纳什均衡相矛盾。

所以必有 $u_i(s_i^1, \sigma_{-i}^*) = u_i(s_i^2, \sigma_{-i}^*) = \cdots = u_i(s_i^k, \sigma_{-i}^*)$ 成立。

因此，若 $s_i' \in \text{Supp}(\sigma_i^*)$，由式（3-20）和式（3-21）可得

$$u_i(\sigma_i^*, \sigma_{-i}^*) = p_1 u_i(s_i', \sigma_{-i}^*) + p_2 u_i(s_i', \sigma_{-i}^*) + \cdots + p_k u_i(s_i', \sigma_{-i}^*) \qquad （3-23）$$

由于 $p_1 + p_2 + \cdots + p_k = 1$，因此 $u_i(s_i', \sigma_{-i}^*) = u_i(\sigma_i^*, \sigma_{-i}^*)$。

给出了混合策略纳什均衡的定义，该定义与占优策略的关系是什么？有下面的定理。

定理 3-4　设 $G = \{S_i, u_i, i \in N\}$ 为一个有限策略式博弈。若参与人 i 的某个纯策略 s_i 严格劣于一个混合策略，那么对于任何一个纳什均衡来说，选择 s_i 的概率均为 0（请自行证明）。

下面以警察与小偷的博弈为例，利用定理 3-3，求出双方的纳什均衡。这里复制双方的矩阵支付，如图 3-32 所示。

		小偷	
		银行	超市
警察	银行	3, 0	2, 1
	超市	1, 2	3, 0

图 3-32　警察与小偷博弈矩阵

　　由于没有纯策略纳什均衡，根据纳什定理，肯定存在一个非退化的混合策略均衡。假定警察选择银行巡逻的概率为 p，小偷选择银行行窃的概率为 q，则双方分别以 $1-p$ 和 $1-q$ 的概率去超市。

　　在纳什均衡下，小偷的混合策略支撑为 { 银行，超市 }，小偷采用支撑策略中的纯策略与警察的混合策略博弈，小偷的期望支付相同。因此有

$$0 \times p + 2 \times (1-p) = 1 \times p + 0 \times (1-p)$$

从而求出 $p = 2/3$。

　　警察的混合策略支撑为 { 银行，超市 }，警察采用支撑策略中的纯策略与小偷的混合策略博弈，警察的期望支付相同。因此有

$$3 \times q + 2 \times (1-q) = 1 \times q + 3 \times (1-q)$$

从而求出 $q = 1/3$。

　　于是得到了警察与小偷博弈的纳什均衡，即警察应该以 2/3 的概率去银行巡逻，1/3 的概率去超市巡逻，小偷以 1/3 的概率去银行行窃，2/3 的概率去超市行窃。

　　对于 2 行 2 列的双矩阵博弈，还可以通过图解法计算纳什均衡。其思路是，首先求出博弈双方关于对方不同混合策略的最优反应函数，然后绘制于平面直角坐标系内。两条最优反应函数的交点就是纳什均衡。下面通过一道例题进行说明。

　　【例 3-8】用图解法求出性别战博弈的纳什均衡。前面通过划线法，求出了性别战博弈的纯策略纳什均衡为（足球，足球）和（芭蕾，芭蕾），对应的均衡支付分别为（2，1）和（1，2）。

　　博弈是否有非退化的混合策略纳什均衡呢？这里我们用图解法尝试分析。假设丈夫和妻子的混合策略分别为（p，$1-p$）和（q，$1-q$），先尝试求出双方的最优反应。

　　在双方各自的混合策略情况下，丈夫的期望支付为

$$u_A = 2pq + (1-p)(1-q) = 3pq - p - q + 1$$

　　妻子的期望收益为

$$u_B = pq + 2(1-p)(1-q) = 3pq - 2p - 2q + 2$$

　　根据

$$\frac{\mathrm{d}u_A}{\mathrm{d}p} = 3q - 1 \begin{cases} < 0 & q < \dfrac{1}{3} \\[2mm] = 0 & q = \dfrac{1}{3} \\[2mm] > 0 & q > \dfrac{1}{3} \end{cases}$$

可得丈夫的最优反应函数为

$$p(q) = \begin{cases} 0 & q < \dfrac{1}{3} \\ [0, \ 1] & q = \dfrac{1}{3} \\ 1 & q > \dfrac{1}{3} \end{cases}$$

同理，根据

$$\frac{\mathrm{d}u_B}{\mathrm{d}q} = 3p - 2 \begin{cases} < 0 & p < \dfrac{2}{3} \\ = 0 & p = \dfrac{2}{3} \\ > 0 & p > \dfrac{2}{3} \end{cases}$$

得出妻子的最优反应函数为

$$q(p) = \begin{cases} 0 & p < \dfrac{2}{3} \\ [0, \ 1] & p = \dfrac{2}{3} \\ 1 & p > \dfrac{2}{3} \end{cases}$$

在平面直角坐标系中，可绘制出妻子和丈夫的最优反应函数，如图 3-33 所示。注意到丈夫的反应函数绘制，自变量为 q 轴，因变量为 p 轴。目的在于确定两条最优反应函数的交点。

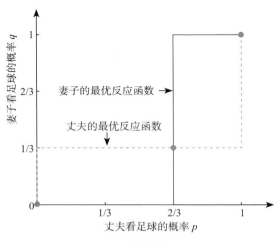

图 3-33　性别战博弈的图解法

两条最优反应函数的交点有三个，分别为（0，0），（2/3，1/3），（1，1），对应三个纳什均衡策略：妻子和丈夫都去看芭蕾；丈夫以 2/3 的概率看足球，以 1/3 的概率看芭蕾，妻子以 1/3 的概率看足球，2/3 的概率看芭蕾；丈夫和妻子都去看足球。

三个纳什均衡对应的支付分别为（1，2），（2/3，2/3），（2，1）。其中混合策略纳什均衡的支付，比纯策略均衡的支付最小的都要小（1>2/3）。

如果博弈双方不止两个纯策略，则图解法失效。此时借助定理 3-3，通过对可能的纯策略组合的尝试，计算纳什均衡。具体例子略。

3.6 纳什定理的证明 *

3.6.1 不动点定理

纳什定理的证明要用到不动点定理（fixed point theorem）。关于不动点定理的表述，有一些变体。这里给出 Brouwer 的不动点定理。

定理 3-5 **不动点定理**。设 X 是定义在 d 维欧几里得空间（简称欧式空间）上的凸紧集。若存在 X 到自身的连续函数 $f: X \to X$，那么一定存在一个点 $x \in X$，使得 $f(x) = x$。这样的 x 被称为 f 的**不动点**。

凸集是指其上任一两点连接线段的任何部分仍在集合内，紧集则表示若存在一个 X 上的收敛序列，则其极限点也在集合内。

为直观地理解不动点定理，这里举出一维欧氏空间情况下的不动点定理。

在一维欧氏空间中，有限紧集为一个闭区间，记为 $[a，b]$。那么对于 $[a，b] \to [a，b]$ 上的连续函数 f，下面三种情况必然有一种情况成立。

（1）$f(a) = a$，此时 a 是不动点。

（2）$f(b) = b$，此时 b 是不动点。

（3）$f(a) > a$ 且 $f(b) < b$。构造一个函数 $g(x) = f(x) - x$，由 f 是连续函数可知 g 一定是连续函数，且有 $g(a) > 0$ 和 $g(b) < 0$ 成立。那么根据连续函数的 0 点存在定理，在闭区间 $[a，b]$ 上一定存在一点 x，满足 $g(x) = 0$，即 $f(x) = x$，这样的 x 就是 f 的不动点。

图 3-34 给出了一维闭区间上连续函数存在不动点的示意图。不管函数 f 是什么形状，只要是定义在闭区间 $[a，b]$ 的连续函数，一定与第一象限的角平分线相交，交点即为不动点。

为证明纳什定理提供基础，这里给出两个定理，有兴趣的读者可以自行证明。

定理 3-6 若参与人 i 的纯策略空间 S_i 是有限集，那么其混合策略空间 Σ_i 为凸紧集。

定理 3-7 若 A 和 B 分别为 n 维欧氏空间和 m 维欧氏空间的紧集，那么 A 与 B 的卡氏积 $A \times B$ 为 $n+m$ 维欧氏空间的紧集；若 A 和 B 是凸集，那么 $A \times B$ 也是 $n+m$

欧氏空间上的凸集。

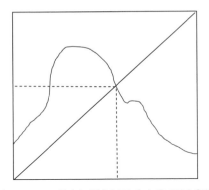

图 3-34　一维闭区间上不动点定理示意图

根据定理 3-6 和定理 3-7，可以得出定理 3-8。

定理 3-8　对于有限策略式博弈，混合策略组合空间 $\Sigma = (\Sigma_i,\ \Sigma_{-i})$ 为（$m_1 + m_2 +$ $\cdots + m_n$）维欧氏空间上的凸紧集，其中 m_i 为参与人 i 的纯策略个数。

3.6.2　证明思路

如果能够构造一个映射 f：$\Sigma \to \Sigma$，满足

（1）f 是一个连续函数。

（2）f 的任意一个不动点都是博弈的纳什均衡。

那么根据不动点定理，任何有限博弈至少存在一个纳什均衡。

下面尝试构造映射 f。对于任一混合策略 σ，定义 $f(\sigma) = (f_i(\sigma))_{i \in N}$ 为各参与人的策略向量，其中 $f_i(\sigma)$ 为 i 针对 σ 的一个策略。

$f_i(\sigma)$ 如是定义：若 σ_i 不是 σ_{-i} 的最优反应，那么尝试将 $f_i(\sigma)$ 替换为应对 σ_{-i} 提升支付值的方向的新策略。$f_i(\sigma) = \sigma_i$ 当且仅当 $\sigma_i \in r_i(\sigma_{-i})$。

构建辅助函数 g_i^j：$\Sigma \to [0,\ +\infty)$

对于每个参与人 i 和每个 j，$1 \leqslant j \leqslant m_i$，定义如下函数：

$$g_i^j(\sigma) := \max\left\{0,\ u_i(s_i^j,\ \sigma_{-i}) - u_i(\sigma)\right\} \qquad (3\text{-}24)$$

若 $g_i^j(\sigma) = 0$，表明参与人 i 从策略 σ_i 偏离到纯策略 s_i^j 不能使支付提升。若 $g_i^j(\sigma) > 0$，则参与人 i 增大选择纯策略 s_i^j 的概率。关于辅助函数 g_i^j，有如下推论：

推论 3-1　策略组合向量 σ 是纳什均衡，当且仅当对于所有的 $i \in N$ 和所有的 $j = 1,\ 2,\ \cdots,\ m_i$，都有 $g_i^j(\sigma) = 0$。

下面尝试构建 f 的具体形式。

f 是 $\Sigma \to \Sigma$ 的一个映射，因此 $f(\sigma)$ 是博弈的一个（混合）策略组合，记 $f_i^j(\sigma)$ 为

参与人 i 选择纯策略 s_i^j 的概率，定义

$$f_i^j(\sigma) := \frac{\sigma_i(s_i^j) + g_i^j(\sigma)}{1 + \sum_{k=1}^{m_i} g_i^k(\sigma)} \qquad (3\text{-}25)$$

在上述构建下，可以得出如下推论：

推论 3-2　映射 f 的像在 Σ 中，即 $f(\Sigma) \sqsubseteq \Sigma$。

推论 3-3　f 是连续函数。

推论 3-4　若 σ 是 f 的不动点，那么

$$g_i^j(\sigma) = \sigma_i(s_i^j) \sum_{k=1}^{m_i} g_i^k(\sigma), \ \forall i \in N, \ j \in \{1, 2, \cdots, \ m_i\} \qquad (3\text{-}26)$$

推论 3-5　如果 σ 是 f 的不动点，则 σ 是一个纳什均衡。

限于篇幅，这里只证明推论 3-3。首先证明 $g_i^j(\sigma)$ 是连续函数。显然参与人 i 的支付函数是连续的（vNM 效用），因此关于 σ_{-i} 的函数 $\sigma_{-i} \to u_i(s_i^j, \ \sigma_{-i})$ 是连续的。同时"0"也是连续函数，因此 $g_i^j(\sigma) = \max\{0, \ u_i(s_i^j, \ \sigma_{-i}) - u_i(\sigma)\}$ 也是连续的。

其次，根据式（3-25），$f_i^j(\sigma)$ 的分子和分母也是连续的，且分母恒为正，因此该函数也是连续的。

于是映射 f 是连续的。

有了上述若干定理和推论，根据不动点定理，因为映射 f 是连续的，映射是 $\Sigma \to \Sigma$ 的映射，策略组合空间 Σ 是凸紧集，因此 f 至少存在一个不动点。根据推论 3-5，可知该不动点对应着纳什均衡。纳什定理得证。

3.7　多重纳什均衡分析

在前面给出的若干博弈经典模型中，有些博弈模型存在多个纳什均衡，比如性别战博弈、胆小鬼博弈、猎鹿博弈等。在多个均衡中，究竟哪一个均衡会出现呢？

现实生活中也存在着多重纳什均衡现象。想象这样一个场景：一对来天安门广场观光的情侣不小心走失，而这对情侣的手机都恰好没电了，并且事先也没有约定假如走失去哪里相聚，那么他们如何才能尽快地找到对方呢？

我们尝试帮助他们进行分析。天安门广场周围有很多十分著名的景点，比如毛主席纪念堂、人民英雄纪念碑等。站在醒目的景点下可以让对方更快地找到自己。所以任何一个能让双方想到的同一个景点，都是纳什均衡。问题是这么多的景点，哪一个才是对方会选择的呢？

又如，你正在与朋友通电话，但是因为信号不好通话突然中断了。这时应该怎么办呢？如果你认为他会再打给你，最优反应当然就是等待；如果你认为他在等你打电话过去，那么你的最优选择就是打电话。问题在于，你打电话，对方等待；或是你等待，对方打电话，这两个都是纳什均衡。但哪一个会发生呢？也许实际中会出现"撞

车"现象，即双方都迫不及待地回拨，却都处于占线状态。

欧·亨利的小说《麦琪的礼物》中有一个情节：一对年轻夫妇在精心为对方选购圣诞礼物的过程中，分别变卖了自己最心爱的东西。妻子卖掉了长长的秀发，丈夫卖掉了心爱的金表，分别为对方选择了与金表匹配的表链、与秀发匹配的精美梳子。这个情节从文学角度来看很感动，但从博弈论角度来看是最糟糕的结果。

因此，当存在多重纳什均衡时，如何快速预测哪一个均衡结果"更容易发生"，或者，对于存在多个均衡解的博弈，如何协调相关参与人聚焦于某些特定均衡，在实际中具有重要意义。本节将从谢林点、协调博弈等角度对多重纳什均衡进行分析。

3.7.1　谢林点

在多重均衡的博弈中引入具体因素来预测博弈结果，这方面的开创性研究工作是由 2005 年诺贝尔经济学奖获得者托马斯·C.谢林完成的。他在 1960 年出版的《冲突的战略》(*The strategy of conflict*) 一书中，提出了一个很重要的概念——**聚点**（focal point）。

聚点就是在多重纳什均衡中人们预期最可能出现的均衡，之所以最容易出现，是因为它符合普通人的行为习惯，因而最容易被预测。谢林认为，博弈论专家在利用博弈模型研究社会问题和人们行为时，往往省略一些重要因素，如文化和环境，而这些因素在人们实际的决策中往往发挥着重要作用。因此，当一个博弈存在多个均衡时，我们有必要重新考虑协调人们预期的因素，从而更准确地预测人们的行为。

聚点又被称为**谢林点**。

为了阐述聚点思想，谢林给出了如下的实验：

（1）在这几个数中选定一个数：100、14、15、16、17、18。

（2）在这几个数中选定一个数：7、100、13、261、99、666。

（3）（投掷硬币猜正反面游戏中）你要正面还是反面？

（4）（投掷硬币猜正反面游戏中）你要反面还是正面？

（5）你和你的搭档分一张饼，选出你要的比例，若你和搭档索要的份额超过了100%，你俩都将一无所获。

（6）你要在纽约与某人见面。你选择什么时间见面？在哪里见面？

获胜的准则是你和多数人的选择一样。

显然，上面的博弈有很多纳什均衡。比如，对于实验（1），如果绝大多数人认为应该选择数字 14，那么所有人选择 14 就是一个纳什均衡，但所有人选择 15 也是纳什均衡……究竟哪一个在实际中被选出呢？恐怕多数人会选择 100！因为 100 是一个聚点。又如，对于问题（6），如果你没有去过纽约，尝试换一个你熟悉的地点，比如你所在的校园。估计正午、学校最有名的景点，可能是多数人的"聚点"。

所谓聚点，是指难于模型化描述，选择往往受文化、宗教信仰等多因素影响，却在相近人群中容易形成共识的点。实际中往往有很多聚点，比如国境线是一个聚点，历史争议的"心理"分割线也是聚点。生活中也广泛存在着谢林点。我们通常说的

"明天见"，"明天"往往指的是明天上午。若用一个建筑物表示我国首都北京，我们往往会想到"天安门"。若谈到北国冰城哈尔滨的旅游景点，往往大家会聚焦到中央大街。想象你和你的搭档分一块蛋糕，如果你和搭档要求的份额加起来超过 100%，将什么也得不到。你会选择自己应该占多少份额？——人们会偏向选择 50%。

想象一下性别战博弈，若夫妻双方处于男权社会，那么（足球，足球）可能是双方的一个聚点，但如果恰好是妻子的生日，（芭蕾，芭蕾）可能是夫妻双方的聚点。

因此，谢林点确实是在实际生活中存在的。借助这一点，我们可以将其用于多重纳什均衡情况下的均衡选择判断。

当然实际中也存在谢林点不明晰的情形。此时，仅仅利用理性是无法预测人们行为的。如何协调各自的预期，形成预期的一致性，是博弈中预测人们行为的关键所在。如果在实际中缺乏明晰的聚点，可以考虑引入**中间人或协调人**，同时参与人之间加强沟通，将会让博弈难于形成共识的聚点清晰化。

在实际博弈中，有时候强化谢林点往往是各方的共同选择。尤其是在更大规模的团体中，通过沟通使得各方意识形成聚点，往往是信息发布或商业宣传的手段。同时，许多社会制度和规则也起到了这样的作用。基于这个道理，如果某些商品的消费者看到其他人购买时自己就更想买，那么生产这些商品的厂商就非常喜欢做广告，其中包括电脑行业、通信行业和互联网等。

3.7.2　Cheap talk

Cheap talk 首先由 Crawford 和 Sobel 于 1982 年提出，也被翻译成"空谈"或"廉价交谈"，这里直接采用英文原文表示，主要是翻译以后可能会造成定义被误读。

Cheap talk 是参与人之间的沟通方式，它并不直接影响博弈的支付，提供信息和接收信息都是无成本的。这与信号博弈有着本质的区别。

在两人博弈中，其中一个参与人拥有信息，另外一个人有行动选择能力。提供信息的参与人可以选择要发布什么信息，按照自己希望的结局发布信息。同时两人的利益存在不完全一致性（如果利益完全一致，就无须进行博弈前沟通了）。一个典型的 cheap talk 例子是，生态学家向不熟悉环境知识的政府决策官员提出建议，比如禁止砍伐树木。政府官员看到专家的报告，要做出决策，决策结果会对两个参与人都产生影响。

按照 Crawford 和 Sobel 的定义，cheap talk 是一种沟通方式，具有如下特征。
（1）发送和接收信息是无成本的。
（2）口头协议或传递信息内容不具有约束力。
（3）信息不可检验。

因此，cheap talk 可能是没有风险的谎话，但对博弈均衡结果可能会产生影响。主要体现在当存在多个纳什均衡时，cheap talk 可能会影响到参与人对对手行为选择的信念判断。比如，对于性别战博弈，如果在博弈之前双方进行沟通，其中一方比如说"今天世界级球星来，希望能够去看足球"，这样也许会增加对方聚焦于"足球，足球"均衡，对方可能担心如果不听另一方的，博弈达到非均衡的结局。但信息发布和接收又是对称的：因为一方若发送了"足球"信息，另一方也可以作为信息发送方发送"芭蕾"信息。这样就会导致 cheap talk 沟通无效。如果只有一方拥有信息优势，比如一方给另一方打电话，说我们还是去看足球吧，然后就关机或手机没电了，那么 cheap talk 就会产生一定的作用。

在"平分还是全拿"博弈中，尼克通过强有力的身体语言，向对方发布了强烈的信号"我一定选择'全拿'"，亚伯拉罕最终被影响，双方聚焦到均衡：尼克选"全拿"，亚伯拉罕选"平分"。当然最终结果是双方都选择了"平分"这一非均衡解对应的策略，但也说明了若双方存在一定合作可能的空间，借助博弈之外的"语言"和"战术"，cheap talk 也是有一定作用的。

但对于囚徒困境这种只有一个纳什均衡且为占优纳什均衡的博弈，cheap talk 由于不会改变博弈支付本身，双方若按照理性准则选取占优策略，事先的 cheap talk 就没有作用了。

3.7.3 协调博弈

协调博弈（coordination games）方法是处理多重纳什均衡的另一个方法，在产业组织中具有重要的应用。如果博弈存在多个纳什均衡解，如何协调各参与人的策略，从而达成一个纳什均衡，特别是较高效率的纳什均衡，这就是协调博弈的主要内容。

当然在实际问题中，特别是在存在共同利益同时又有一定利益不一致的场合，参与人之间若缺乏足够的沟通，或者即便是有条件沟通但出于各方利益权衡，策略的协调也不是一件容易的事情。

有一类特殊的博弈，不同均衡对双方来说无显著差异，只需要策略协调一致即可，称这样的博弈为**完全协调博弈**（pure coordination games）。比如，交通中的右侧通行和左侧通行，本质上无显著的差别，只需要协调不同参与人行动一致即可。可通过法律或规则来协调各方的策略。

对于多重纳什均衡博弈，如果存在一个帕累托占优均衡，且该均衡与低效率均衡相比风险差异不大，那么该博弈的协调更容易进行，往往通过参与人感知就可以协调，称这样的协调博弈为**确信博弈**（assurance games），如图 3-35 所示。完全协调博弈和确信博弈是比较容易协调的博弈情形。

	靠左	靠右
靠左	5, 5	0, 0
靠右	0, 0	5, 5

a）完全协调博弈

	A	B
A	10, 10	0, 0
B	0, 0	5, 5

b）确信博弈

图 3-35　容易协调一致的博弈模型

性别战博弈、猎鹿博弈或胆小鬼博弈等是不太容易协调的协调博弈类型，前两者在利益一致的前提下存在一定程度的利益偏好差异，后者则是由于风险的存在而导致高效率纳什均衡在实际中往往难于实现。比如无线信号的各种标准、信息产品的各种接口协调等。此时，需要考虑相关策略甚至一些战术技巧，达成对某方有利同时全局占优的策略均衡。或者，让完全概率独立的各方策略选择满足一定的相关性，在新的情况下，创建各方支付提升的均衡，比如，采用相关均衡策略。

3.7.4　相关均衡

混合策略纳什均衡中的假设是参与人各自独立地进行策略选择。以图 3-36 所示的博弈为例。

	L	R
U	5, 1	0, 0
D	4, 4	1, 5

图 3-36　一个博弈矩阵

该博弈有三个均衡：两个纯策略纳什均衡（U，L）和（D，R），以及一个分别等概率选择各自纯策略的混合策略均衡，对应支付为 2.5。

现在假设有一个随机数发生装置，且可以被两个人感知，比如投掷一枚均匀的硬币，或者说看拐角处第一辆出现的汽车车牌号尾数的单双号（假设当天没有单双号限行情况）。如果单数车牌号出现，参与人 1 选 U，参与人 2 选 L；若双数车牌号出现，参与人 1 选 D，参与人 2 选 R。此时双方的期望支付为 3，且给定一方坚守其策略，另一方也会坚守这个策略。因此这是一个均衡。同时在这样的机制下，双方的策略选择相关，故被称为**相关均衡**（correlated equilibrium）。

与混合策略均衡相比，上述相关均衡策略回避了可能最差的结局——1/4 的概率会发生（U，R）的情形。

一般地，使用一个可公开观测的随机装置，参与人可获得所有纳什均衡支付生成的凸包上的任何支付向量。

还有一个可以继续提升参与人支付的相关均衡，这就需要建立一个**相关信号**（correlated signals）机制。以图 3-36 所示的博弈为例，假设有可以公开观察的 A、B 和 C 三个等概率状态。约定的规则是：若 A 发生，第三方告知参与人 1 A 状态发生，但若 B 或 C 发生，参与人 1 则不被告知。对于参与人 2，若 C 发生，则告知参与人 2，但 A 或 B 发生，则不告知参与人 2。

在上述背景下，我们建立双方如下的策略相关机制：当 A 发生时，参与人 1 选择 U，当 B 或 C 发生时选择 D；当 C 发生时，参与人 2 选择 R，否则选择 L。下面我们来验证这样的策略是纳什均衡，只需要说明任何一方若坚守自己的策略，另一方没有动机偏离即可。

以参与人 1 为例，当他观察到 A 的时候，他知道参与人 2 观察到事件 A 或 B，参与人 2 会选择 L，那么参与人 1 自然会选择 U。若参与人 1 观察到 B 或 C，根据参与人 1 此时知道的信息，他知道 B 或 C 等概率发生，于是参与人 2 会等概率地选择 L 和 R，此时参与人 1 选择 U 或 D 的期望支付都为 2.5，因此让他选 D 他不会有异议。因此参与人 1 针对随机机制和参与人 2 的策略，他的相关策略是最优反应。同理，也可以验证参与人 2 针对随机机制和参与人 1 的策略，他的策略也是最优反应。故上述机制构成相关均衡。

按照上述相关均衡，博弈结果（U，L），（D，L）和（D，R）分别以 1/3 的概率出现，最坏的结果（U，R）永远不会出现，每个人的期望支付均为 $3\frac{1}{3}$。该点在初始博弈纳什均衡支付的凸包之外。图 3-37 中的 A、B、C 点对应初始博弈的纳什均衡支付，三点围成的区域为纳什均衡解支付的凸包。利用我们刚刚建立的相关装置产生的相关均衡支付，位于点 D。

相关均衡，通俗地说，是指若参与人根据共同观察到的随机装置选择各自的纯策略，这些纯策略构成纳什均衡。

下面给出严格的相关均衡的定义。

首先定义相关博弈。若博弈的策略式表述为 $G = \{S_i, u_i, i \in N\}$，对于 $S = (S_i, S_{-i})$ 上的任意一个概率分布 p，采用如下方式定义一个**相关博弈** $\Gamma^*(p)$。

（1）一个博弈之外的**观察者**按照概率分布 p，从 S 中选择一个行动向量 s。

（2）对于每一个参与人 $i \in N$，观察者告知 i 以行动 s_i，但不告知 s_{-i}，称为博弈的**推荐**。

（3）各参与人 i 选择一个行动 $s_i' \in S_i$，参与人 i 可以不按照观察者推荐的行动选择自己的行动。

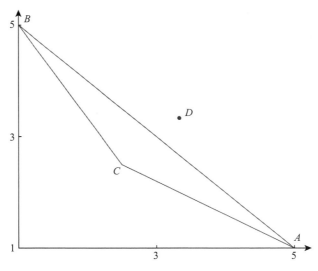

图 3-37　相关信号和相关均衡图示

（4）每个参与人得到效用 $u_i(s_i', s_{-i}')$。

参与人 i 在相关博弈 $\Gamma^*(p)$ 的**策略**是一个映射 $\tau_i: S_i \to S_i$，从博弈的推荐映射到行动，即 $\tau_i(s_i) \in S_i$。

因为 i 接收到推荐 s_i 的概率是

$$\sum_{t_{-i} \in S_{-i}} p(s_i, t_{-i}) \tag{3-27}$$

所以观察者选择行动向量 $s = (s_i, s_{-i})$ 的条件概率为

$$p(s_{-i}|s_i) = \frac{p(s_i, s_{-i})}{\sum_{t_{-i} \in S_{-i}} p(s_i, t_{-i})} \tag{3-28}$$

当 s_i 被推荐的概率为 0 时，式（3-28）没有定义，规定 s_i 被推荐的概率为 0。

参与人在相关博弈下，一个策略是按照观察者的推荐选择行动，即对每一个 $i \in N$，定义策略 $\tau_i^*(s_i) = s_i$，于是形成了一个策略向量 $\tau^* = (\tau_i^*, \tau_{-i}^*)$。

在上述定义下，我们给出如下定理。

定理 3-9 策略向量 τ^* 是相关博弈 $\Gamma^*(p)$ 的均衡，当且仅当

$$\sum_{s_{-i} \in S_{-i}} p(s_i, s_{-i}) u_i(s_i, s_{-i}) \geqslant \sum_{s_{-i} \in S_{-i}} p(s_i, s_{-i}) u_i(s_i', s_{-i}), \forall i, \forall s_i, s_i' \in S_i \tag{3-29}$$

在上述描述背景下，可以给出相关均衡的定义。称定义在行动向量集 S 上的一个概率分布 p 是一个**相关均衡**，如果策略向量 τ^* 是相关博弈 $\Gamma^*(p)$ 的均衡，有如下定理成立：

定理 3-10 对于任一个纳什均衡 σ^*，概率分布 p_{σ^*} 是相关均衡。

其中 p_σ 定义如下：

$$p_\sigma(s) := \sigma_1(s_1)\sigma_2(s_2)\cdots\sigma_n(s_n) \tag{3-30}$$

3.7.5 稳定性

若 $\sigma^* = (\sigma_i^*, \sigma_{-i}^*)$ 是博弈的纳什均衡，如果对博弈的均衡策略施加微小的扰动，均衡依然是稳健的，那么该纳什均衡就是稳定的。稳定的纳什均衡是更容易在参与人之间形成的共识度较高的谢林点。

我国数学家吴文俊院士与江嘉禾提出了**本质均衡**（essential equilibrium，1962），也体现了一类均衡的稳定性观点。本质均衡是这样的特殊纳什均衡：如果对支付函数做一个充分小的扰动，那么扰动后的博弈总存在一个与该均衡距离足够小的均衡。他们证明了本质均衡的存在性定理：一个有限策略式博弈，若纳什均衡个数有限，则至少有一个是本质均衡。

泽尔腾从**颤抖手**（trembling hand）的角度，分析了博弈均衡的稳定性。他认为每个参与人的备选纯策略都可能以正的概率被随机化地选择，理论上 0 概率选择的策略

则可以假定以充分小的正概率被选择，这有点像人们的手去按一个按钮或其他手工操作一样——允许有微小的偏差发生。如果一个纳什均衡在颤抖的手的干扰下依然保持稳健性，那么这个均衡是颤抖手均衡。

比如对于如图 3-38 所示的博弈。

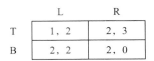

	L	R
T	1, 2	2, 3
B	2, 2	2, 0

图 3-38　颤抖手博弈

显见该博弈有两个纳什均衡（B，L）和（T，R）。考虑均衡（B，L），现允许参与人 2 存在一个"颤抖手"，即策略由（1，0）变为（1−x，x），即参与人 2 选择策略 L 和 R 的概率分别为 1−x 和 x，0 < x < 1，且 x 充分小。在这样的策略下，参与人 1 选择纯策略 T 的期望收益是 1 + x，选择 B 的收益为 2，此时选择 B 仍然是关于参与人 2 颤抖手策略（1−x，x）的最优反应。同理，对于参与人 2 来说，参与人 1 的微小颤抖手偏离，即策略由（0，1）偏离到（x，1−x），选择 L 依然是最优反应。因此均衡（B，L）是颤抖手均衡。

但均衡（T，R）不是颤抖手均衡。因为若参与人 2 存在颤抖手，即参与人 2 的策略由（0，1）变为（x，1−x），参与人 1 选择 T 的收益为 2−x，选择 B 的收益为 2，故参与人 1 的最优应对不是 T 而是 B。

下面列举一个城市经济中人群隔离的博弈论稳定性分析模型。

【例 3-9】人群隔离博弈。假设有两个城市 A 和 B，有两类人群 H 和 L，数量均为 M。每个城市承载的容量也是 M。假设人们可以自由决定选择 A 和 B 两个城市，第 i 类居民的居住效用则满足如图 3-39 所示的下凹的折线函数形式（i=1，2）。

可以知道该博弈存在两类均衡，其中一类是各占一半比例的 H 和 L 混居于城市 A 与 B，此时每个居民都实现了最大可能支付水平 1。另一类均衡是一个城市居住 H 类人群，另一个城市居住 L 类人群，此时每个居民的居住支付水平为 0.5。可以验证，两类人群彼此策略互为最优反应，或者说，给定其他所有人都选择规定的均衡策略，任何个人没有动机偏离规定策略。并且在第一类均衡中每个人的支付水平帕累托优于第二类均衡的支付水平。

那么这是不是意味着实际中人群多样性是城市容易被选择的状态呢？以第一类均衡为例，假设对该类均衡状态施加微小的扰动，比如少数 H 类人群迁移到 A 城市，如图 3-40 所示。

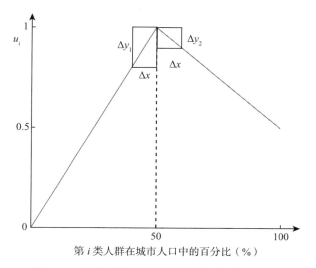

图 3-39　不同类别人群比例下的居住效用函数

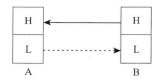

图 3-40　帕累托占优均衡下人口迁移扰动的稳定性分析

此时每个城市居民的居住效用都开始减少。城市 A 中 H 类人群比例超过了 50%，L 类人群比例则小于 50%。从图 3-39 可知，H 类人群效用减少速率是 L 类人群效用减少速率的一半，而 B 城市正好相反，B 城市 H 类人群比例低于 50%。因此这种微小的扰动会触发"蝴蝶效应"：越来越多的 H 类人口从 B 城市迁往 A 城市，L 类人口则从 A 城市迁往 B 城市，形成了完全自发的"隔离"。这在一定程度上解释了城市"贫民窟""富人区"等现象形成的原因。

3.8　纳什均衡的进一步讨论

3.8.1　纳什均衡与风险

由于可能存在多重均衡现象，因此在实际中给博弈结局的预测带来了一定的困难。但是，如果纳什均衡唯一，是否唯一的均衡解就一定是博弈的合理预测呢？

【例 3-10】危险的均衡。考察如图 3-41 所示的博弈。

	L	R
T	2, 1	2, −20
M	3, 0	−10, 1
B	−100, 2	3, 3

图 3-41　例 3-10 的博弈

该博弈有唯一的均衡（B，R），对应的支付向量为（3，3）。那么在实际中双方会聚焦到这个唯一的均衡解中吗？参与人 1 很可能会这样想，万一参与人 2 不小心选择了 L，他的支付就会急剧减小到 −100。另外，T 是一个安全的策略。因此选择 T 应该是安全的，且能获得仅次于纳什均衡策略的收益。

参与人 2 知道参与人 1 是"理性的"，换位思考，参与人 2 若以很大的概率确定参与人 1 会选择 T，那么其坚守均衡策略 R 将会带来 −20 的效用，反过来选择 L 似乎变得更安全。

那么，如何理解博弈中的理性？如果从支付最大化角度理解，那么纳什均衡是对博弈实际结局较好的预测，如果把理性建立在不依赖其他人选择的安全支付之上，那么也许纳什均衡解不是一个很好的预测，即便博弈模型只有一个纳什均衡。

对于有限策略式博弈 G，定义

$$\underline{v}_i = \max_{s_i \in S_i} \min_{s_{-i} \in S_{-i}} u_i(s_i, \ s_{-i}) \tag{3-31}$$

数值 $\underline{v}_i$ 被称为参与人 i 的最大最小值或参与人 i 的**安全水平**。使得式（3-31）成立的策略被称为参与人 i 的**最大最小策略**。

按照式（3-31）的定义，上述参与人 1 的安全水平为 2，最大最小策略为 T。参与人 2 的安全水平为 0，最大最小策略为 L。

可以证明，对于有限策略式博弈，对于任何一个参与人 i，其任意一个纳什均衡 σ^* 均满足 $u_i(\sigma^*) \geqslant \underline{v}_i$（习题的第 15 题）。

3.8.2　作为学习或演化结果的纳什均衡

纳什均衡作为理性是共同知识前提下的博弈结果理论预测，在实际中具有重要意义。但实际中理性是共同知识这一假设往往过于严格。因此，达成纳什均衡需要一定的过程。

以如图 3-42 所示的古诺模型为例进行说明。假设两个企业只有一步分析能力，即根据对手产量决定自己的产量，我们看看最终能否实现纳什均衡。假设企业 2 先尝试产量为 0.6，那么企业 1 按照自己的最优反应函数，确定自己的最优产量为 0.2；若企业 1 的产量为 0.2，那么企业 2 的最优产量为 0.4；若看到企业 2 的产量为 0.4，那么企业 1 的最优产量为 0.3……最终两个企业的产量趋向于纳什均衡产量（1/3，1/3），如图 3-42 所示。

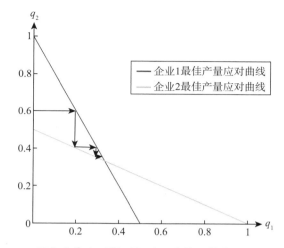

图 3-42　两个企业在"学习"过程中趋于博弈均衡的示意图

3.8.3　三人博弈的矩阵式

到目前为止，我们讨论的博弈多数都是围绕两人进行的，那么针对各参与人纯策略集为有限集的情况，如何表述三人博弈呢？

回顾一下两人有限博弈的策略式模型，通常用双矩阵表示，其中矩阵的行对应参与人 1 的策略，矩阵列对应参与人 2 的策略。对于三人博弈，可以想象为一本书，其中书本的每一页对应一个矩阵，参与人 3 的策略则对应这本"书"的页码。于是三人博弈就可以写成三维数组形式。

图 3-43 就是一个三人博弈的三维数组。$S_1 = \{T, M\}$，$S_2 = \{L, R\}$，$S_3 = \{A, B\}$。参与人 1 选择数组的行，参与人 2 选择数组的列，参与人 3 选择数组的页。一旦三个维度确定，则三维数组 (i, j, k) 位置可用一个三维向量表示在对应的纯策略组合下，参与人 1、2、3 对应的支付。比如策略组合（M，L，A）对应的支付向量为（6，3，3），分别表示三个参与人在这个策略组合下的各自支付。

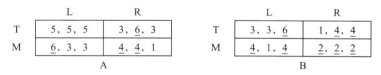

图 3-43　三人博弈的三维数组表示

这里只给出三人博弈的纯策略纳什均衡的确定方法。回顾纯策略纳什均衡的定义，若 $s^* = (s_i^*, s_{-i}^*)$ 为纳什均衡，须满足对于任意的 $i \in N$，s_i^* 为关于 s_{-i}^* 的最优反应，即 $s_i^* \in r_i(s_{-i}^*)$。因此，分别从参与人 1、2、3 针对其他参与人的策略组合，用下划线（亦可以用其他方法）标出最优反应。若存在一个三维数组某个位置上的三个元素均有标记，则找到了纯策略的纳什均衡。

比如，关于参与人 2、3 的策略组合为（L，A），参与人 1 的最优反应是 M，故 6 用一个下划线做一个标记。类似地，所有参与人针对其他参与人可能的策略组合的最优反应，均可在图上直接标记，如图 3-43 所示。

可以看出，在策略组合 {M，R，B} 这一位置，三个元素都被标记，故纯策略纳什均衡为 {M，R，B}，对应支付均为 2。

3.8.4   参与人存在两个以上纯策略时的混合策略分析

前面的博弈分析多数是围绕每个参与人存在两个纯策略情况下进行的分析。特别地，对于两人博弈，若每方仅存在两个纯策略，可以用图解法求出纳什均衡。但对于两个以上纯策略的情况，无法在平面坐标系内通过图解法求出纳什均衡，但可考虑用均衡策略的支撑无关性定理进行均衡的求解。这里通过一个例子进行说明。

比如对于如图 3-44 所示的罚点球博弈。

		守门员		
		左	中	右
踢球者	左	45	90	90
	中	85	0	85
	右	95	95	60

图 3-44   罚点球博弈（矩阵博弈形式）

其中的数字表示当踢球者选择一个方向，守门员扑到某个方向后，进球概率的百分比。通过验算可以发现该博弈没有纯策略均衡。因此根据纳什定理，存在混合策略纳什均衡。设参与人的混合策略为 $p = (p_L, p_M, p_R)$ 分别表示踢球者踢向球门左、中和右的概率。如果守门员对每个纯策略均采用严格正概率构成均衡策略（计算后可以发现这一点），那么踢球者以混合策略 p 分别与守门员的纯策略进行博弈，守门员的期望支付应该相同，即有

$$45 p_L + 85 p_M + 95 p_R = 90 p_L + 95 p_M = 90 p_L + 85 p_M + 60 p_R$$

此外还有

$$p_L + p_M + p_R = 1$$

从而求出 $p_L = 0.355$，$p_M = 0.188$，$p_R = 0.457$。

根据类似的方法，可以求出守门员在均衡下的混合策略 $q = (0.325, 0.561, 0.113)$。对应的博弈值为 75.4。

这道题目是一种比较特殊的情况，即计算均衡解每个分量都严格为正。一般地，对于一般的有限两人策略式博弈，若存在非退化混合策略纳什均衡，但并不是完全的混合策略纳什均衡（存在以 0 概率选择某纯策略的情形），通过不断试探可能的策略支撑，分别列出若干非线性方程。如果非线性方程存在合理解，即一方面满足概率的要求（0 ~ 1），同时对应的混合策略属于可理性化集，那么该方程的解即为纳什均衡解。

3.8.5　ε- 均衡 *

ε- 均衡又被称为近似纳什均衡，它表述的是博弈的一个策略组合，近似地满足纳什均衡条件。

在纳什均衡中，在其他参与人坚守各自均衡策略的前提下，没有人愿意单方面改变自己的均衡策略。在 ε- 均衡中，该条件被弱化了，允许某参与人有可能存在微小的动机偏离其他策略。与标准的纳什均衡相比，ε- 均衡更容易在算法上实现。

给定博弈的策略式表述 $G = \{S_i,\ u_i,\ i \in N\}$，混合策略组合 $\sigma = (\sigma_i,\ \sigma_{-i})$ 被称为 G 的 ε- 均衡，如果满足

$$u_i(\sigma) \geqslant u_i(\sigma_i',\ \sigma_{-i}) - \varepsilon,\ \forall i \in N,\ \forall \sigma_i' \in \Sigma_i \tag{3-32}$$

3.8.6　具有连续支付的无穷博弈纳什均衡的存在性 *

本章介绍的博弈模型绝大多数为有限博弈模型，其中策略空间为有限集。但在经济学中策略空间往往是无限集，如古诺模型等。对于策略空间为无限集的情形，纳什均衡在什么场合下存在？

这里不做证明地给出几个结论。

定理 3-11　对于一个策略式博弈，如果策略空间 S_i 是欧几里得空间上的非空的紧凸集，若支付函数 u_i 关于 s 连续且关于 s_i 是拟凹的（quasi-concave），那么博弈存在一个纯策略的纳什均衡（Debreu，1952；Glicksberg，1952；Fan，1952）。

拟凹函数 f 满足这样的性质：若定义域 D 是一个非空凸集，对于任意的 x，$y \in D$，任意的 $\theta \in (0, 1)$，恒有 $f(\theta x + (1-\theta)y) \geqslant \min\{f(x), f(y)\}$。前面分析的古诺模型，满足定理 3-11 的条件，因此存在一个纯策略纳什均衡。

如果支付函数不满足拟凹条件，但它是连续函数，则有如下定理。

定理 3-12　若策略式博弈的策略空间 S_i 是测度空间的非空紧集，支付函数 u_i 是连续函数，那么存在一个混合策略的纳什均衡（Glicksberg，1952）。

这里的混合策略是定义在纯策略集上的布莱尔概率测度。

3.9　应用举例

3.9.1　定价博弈

假设一个小镇有两家饮品店，提供某种畅销饮料，每份价格可以定价为 2 元、4 元或 5 元。平时有 6 000 个游客随机地选择两家店。本地居民则有 4 000 人，选择价格最低的店光顾。为便于分析，假设饮料的变动成本为 0。

那么两家店会选择什么样的定价呢？

根据题设，可以写出该博弈的双矩阵模型，如图 3-45 所示。

饮品店 2

		2元	4元	5元
饮品店 1	2元	10, 10	14, 12	14, 15
	4元	12, 14	20, 20	28, 15
	5元	15, 14	15, 28	25, 25

图 3-45   两家饮品店的定价博弈

可通过重复剔除严格劣策略方法，确定博弈的均衡为（4，4），两家饮品店均定价为 4 元，双方获益均为 20。

3.9.2   改变一个博弈

【例 3-11】教子博弈

考虑一个母亲在教育孩子时面临的问题。母亲有两个策略：溺爱和冷酷的爱，孩子有两个策略：认真学习和沉迷游戏。有关支付情况如图 3-46 所示。

孩子

		认真学习	沉迷游戏
母亲	溺爱	3, 2	-1, 3
	冷酷的爱	-1, 1	0, 0

图 3-46   教子博弈

这是一个两人双矩阵博弈，容易发现该博弈没有纯策略均衡，因此必有一个混合策略均衡，可通过公式法或图解法求出均衡。

均衡结果是母亲等概率地选择两个策略，孩子 1/5 的概率认真学习，4/5 的概率沉迷游戏。母亲的期望支付是 -1/5，孩子的期望支付是 3/2。

博弈论在实际应用中重要的一个观点是，生活不是在给定的博弈下寻求均衡，而是有时候博弈是可以改变的，如果现状博弈的均衡不是参与人希望的结果，那么就要尝试改变这个博弈。

如果母亲对孩子未来成为有用的人才有着强烈的偏好，那么她可以通过"冷酷的爱"改变自己和孩子的支付，让孩子"认真学习"成为均衡策略，或者缩小策略组合范围，使得（冷酷的爱，认真学习）成为均衡，如图 3-47 所示。

按照纯策略纳什均衡的定义，应该满足 $a \geqslant 3$ 且 $b \geqslant d$，策略（冷酷的爱，认真学习）就成了纳什均衡。$a \geqslant 3$ 表明了母亲对孩子认真学习的强烈偏好，"昔孟母，择邻处。子不学，断机杼"。中国的启蒙读本《三字经》体现了母亲不惜投入成本表明自己的偏好，这不仅是母亲自己的支付，同时也把这一"支付知识"作为信号传递给孩子。$b \geq d$ 则是通过"冷酷的爱"改变孩子在母亲的压力下对"认真学习"的偏好不劣于对"沉迷游戏"的偏好。

		孩子	
		认真学习	沉迷游戏
母亲	溺爱	3, 2	−1, 3
	冷酷的爱	a, b	c, d

图 3-47　改变后的教子博弈

如果母亲不想采用过于激烈的态度，比如，希望均衡策略是孩子"沉迷游戏"的概率低于 2/7（可以想象为孩子只在周末才玩游戏，平时都是认真学习的情况）。那么参数 a、b、c、d 该在什么范围内取值呢？请读者自己作为课后练习。

3.9.3　伯特兰德双寡头模型

19 世纪约瑟夫·伯特兰德（Joseph Bertrand）提出了双寡头垄断中两个企业价格竞争的模型。

假定两个企业同时并独立地确定价格，被迫生产在这一价格水平上消费者所需要的白糖数量。这个行业的价格与需求的关系是 $p = 1000 - q_1 - q_2$，即 $Q = 1000 - p$，其中 $Q = q_1 + q_2$。也就是说，当价格为 p 时，消费者对白糖的需求数量是 $1000 - p$。

假设消费者会从要价比较低的企业购买白糖。如果两个企业的要价是相等的，那么就假设市场的需求被均分，即每个企业卖出 $\dfrac{1000 - p}{2}$ 吨白糖。这里仍然假设每吨白糖的生产成本是 100 元。

考虑到每个企业都会选择一个价格，因此其策略空间可以表示为 $S_1 = S_2 = [0, +\infty)$。每家企业的利润都等于收益（价格乘以产量）减去成本。但是在这个博弈中，如果某个企业的要价高于对手的价格，它将卖不出任何白糖。用 p_1 和 p_2 表示企业确定的价格；企业分别用 i 和 j 表示。那么结合不同情况，企业 i 的利润 $u_i(p_i, p_j)$ 分别有

如果 $p_i < p_j$

$$u_i(p_i, p_j) = (1000 - p_i)p_i - 100 \times (1000 - p_i) = (1000 - p_i)(p_i - 100)$$

如果 $p_i > p_j$

$$u_i(p_i, p_j) = 0$$

如果 $p_i = p_j$

$$u_i(p_i, p_j) = \frac{(1\,000 - p_i)p_i}{2} - \frac{100 \times (1\,000 - p_i)}{2} = \frac{(1\,000 - p_i)(p_i - 100)}{2}$$

接下来要选择这样一个策略组合 (p_1, p_2)，彼此互为最优反应。

首先，在均衡中没有一家企业的定价会低于 100 元，因为在这种情况下至少有一家企业利润为负。其次，$p_i > p_j \geqslant 100$ 也是不成立的，其中 $i = 1$ 或 $i = 2$。如果企业 p_i 的定价高于 100 元，那另一个企业总可以使其价格居于 100 和 p_i 之间来增加自己的利润。最后，$p_i = p_j > 100$ 也不可能在均衡中存在，因为那样的话，每家企业获得市场一半的利润，但它只要稍微降一点价格，就可以获得全部的市场利润。

综上，只存在唯一可能的均衡价格 $p_i = p_j = 100$，可以验证彼此互为最优反应，任何一个企业都不能通过提高价格或者降低价格来获益，这是伯特兰德双寡头模型的唯一一个均衡。

3.9.4   交通管理的陷阱

交通是复杂的博弈过程，基于不同的出行方式、车辆之间的路径选择、时间花费、出行成本考量等，不同参与人会对不同的策略进行权衡。

本小节基于两个交通管理的虚拟模型，从博弈论角度进行分析。

【例 3-12】布雷斯悖论

一个城市的社区交通拥挤，多修路是一个重要的解决方案。但有时候多修路，反倒出现比原来没有修路时更拥堵的现象。这可能吗？交通网络的布雷斯悖论（Braess paradox）说明了在某种情况下，确实会出现这个现象。

如图 3-48 所示，为一个简单的交通网络示意图。从 S 到 T 是主要的交通流。其中 S → A 和 B → T 所花的时间为 $m/50$ 分钟，m 是该路段上的车辆数，从 A → T 和 S → B 路段，由于道路通畅，故花费时间不管车辆多少都为 25 分钟。

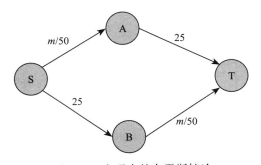

图 3-48   交通中的布雷斯悖论

现假设从 S 到 T 总共有 2 000 辆车通过，每个车辆可以自由地选择是经过 A 到 T 还是经过 B 到 T。容易看出，此时均衡状态为各有 1 000 辆车分别经 A、经 B 到达

T，平均总时间为 45（= 1 000/50 + 25）分钟。

现假设在该交通网络中增修一条从 A 到 B 的路，理想状态下假设该段路所花的时间为 0，如图 3-49 所示。此时，从 S 到 T 有三条不同的路径可走：S→A→T，S→B→T，以及 S→A→B→T。

设在均衡状态下 S→A 路段的车辆为 x_1，A→B 路段的车辆为 x_2，A→T 路段的车辆为 x_3，B→T 路段的车辆为 x_4，S→B 路段的车辆为 x_5，那么应满足两组约束：

（1）网络数量约束

$$\begin{cases} x_1+x_5=2\ 000 \\ x_1=x_2+x_3 \\ x_4=x_2+x_5 \end{cases}$$

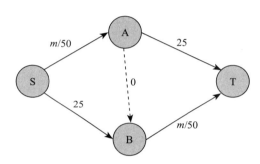

图 3-49　交通中的布雷斯悖论——增修一条路

（2）均衡条件约束

$$x_1/50+25=25+x_4/50=x_1/50+x_4/50$$

解出在多修了从 A 到 B 的公路后，交通网络新的均衡情况为 $x_1=x_4=1\ 250$，$x_2=500$，$x_3=x_5=750$。

每辆车在路上花费的总时间为 $x_1/50 + 25 = 1\ 250/50 + 25 = 50$（分钟）。

多修了一条路，通行时间反倒变长了（50 分钟 > 45 分钟）！

理论分析的场景，在实际中是否有支持呢？在韩国首尔，为了清溪川改造工程，关闭了一条高速道路，首尔周边的交通拥挤程度反倒意外地大为缓解。类似的事件还发生在德国斯图加特，为了缓解交通拥挤，政府花费巨资修建新路，然而人们发现只有关闭其中一些新建道路时，交通状况才得以改善。这说明现实中有时候会出现布雷斯悖论。

为什么会出现布雷斯悖论？多修了路，改变了原有的纳什均衡状态，每个路上的司机从个人理性角度寻求新的均衡。如果追求个体理性最优时会导致集体支付水平的降低，那么交通的布雷斯悖论也就不可避免地发生了。

【例 3-13】交通的疏导：改变交通博弈

从城市 A 到 B 主要有两个方式：一个是开私家车，另一个是乘坐快速公交。

其中，开私家车路程较短，如果没有交通堵塞，仅需要 20 分钟的车程。然而随着车辆的增加，该段道路很容易堵塞，假设每增加 2 000 辆车（每小时）会导致 10 分钟的延误；快速公交则有专用道路，但需要人们走到站台等待，而且对乘坐人群数量不敏感，故假设不管多少人（在一定范围内），花费的时间均为 40 分钟。

假设在交通高峰期间，每小时从 A 到 B 的出行人数为 10 000 人。那么在均衡状态下，选择不同方式出行的人数应该是怎样？有没有改进方式呢？

如果人们只关注一个指标：路上花费时间的长短，那么在均衡情况下，一定是两个不同出行方式花费的时间相同（否则花费时间长的出行者会偏离到另外一种出行方式）。假设有 x 数量的人（每小时）选择开私家车，那么应有 $20 + \dfrac{10}{2\,000}x = 40$，从而求出 $x = 4\,000$，即有 4 000 人将选择开私家车，6 000 人选择乘坐快速公交，所有的人在路上花费时间均为 40 分钟，如图 3-50 所示。

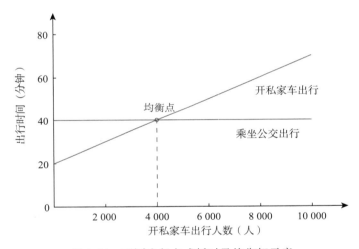

图 3-50　不同出行方式耗时及均衡解示意

这里面的问题是，本来拥有私家车是希望快速便捷，但最终花费的时间和乘坐公交出行一样。而且，私家车带来的尾气排放、单位长度通行人数少等问题，会导致坏的外部性问题。

如果路上有更少的人选择私家车出行（比如 2 000 人每小时），余下的 8 000 人乘坐快速公交，与当前状态的均衡解相比，这是一个帕累托的改进，因为开私家车的时间减少为 30 分钟。但由于该状态不是纳什均衡（总有乘坐快速公交的人有动机开私家车，直到开私家车的时间与乘坐快速公交的时间相同），因而在实际中难以实现。

那么有没有改进策略呢？可以想到的是，政府发放私家车许可或限号，控制出行的私家车数量。但对于已经拥有私家车的人来说，这是一个浪费，发放许可证，若缺乏监管，也容易产生寻租问题。

基于市场化的方式可以改进当前不满意的均衡解。假设节省 10 分钟折算成货币价格为 2 元，对于开私家车的人，在道路上设立快速收费站，收费价格为 2 元。那么愿意选择私家车出行的心理可接受的时间为 30 分钟。于是只有 2 000 人愿意选择私家车出行，而 8 000 人则选择乘坐快速公交。在节能减排的同时，政府的收入也增加了，同时还没有减少社会公众福利。通过一个市场机制，实现了各方共赢！

习题

1. 某班级在选举班长，有三个候选人 A、B 和 C。班级同学对参加竞选的三位候选人的偏好为：1/3 的学生具有序关系 A＞B＞C，1/3 的学生具有序关系 B＞C＞A，1/3 的学生具有序关系 C＞A＞B。现在假定班级只能在三人中推举两位同学进行竞选，记为 X 和 Y（X、Y 可以看成这样的'变量'，可能取值为 A、B、C）。若 X 竞选成功，则记序关系 $X >_G Y$。试问：

   （1）若定义决策集为 $D = \{A，B，C\}$，其上序关系为 $>_G$，试问该序关系是否为全序关系？

   （2）序关系 $>_G$ 是否满足传递性？

2. 采用重复剔除严格劣策略方法求解图 3-51 所示的博弈。

	L	M	R
T	7, 0	0, 5	0, 3
M	5, 0	2, 2	5, 0
B	0, 7	0, 5	7, 3

图 3-51　第 2 题博弈

3. 有两个投资者 A 和 B 分别有一个投资机会，记为 L_1 和 L_2，L_1 和 L_2 是彼此独立且完全相同的随机结果：有 1/2 的概率赚 100 元，1/2 的概率一无所获。A 和 B 的效用函数均为 $u_1 = u_2 = \sqrt{x}$，x 为货币数量值。请回答如下问题。

   （1）用彩票方式表示这两个投资机会。

   （2）计算这个投资机会给两个投资者带来的效用。

   （3）如果两人完全合作，总收益均分，写出该场合下的彩票表示，并计算此时的效用。

4. 请举出两个在实际中你认为可以归为"囚徒困境"的博弈例子。如何破解类似囚徒困境问题的"合作悖论"？请与同学讨论总结若干措施建议。

5. 结合实际情况，举出一个生活中类似于"智猪博弈"的例子，并与同学讨论如何避免小猪过度"搭便车"的现象。

6. 尼克和亚伯拉罕参加一个电视真人秀节目，每个人有两个选择："全拿"或"平分"。现场有 12 000 英镑奖金等待被瓜分。如果两个人都选择"全拿"，则两人一无所获；若一人选择"全拿"另一人选择"平分"，则选择"全拿"的拿走全部奖金，选择"平分"的一无所获；若两人都选择"平分"，则奖金在两人之间平分。回答如下问题。

（1）用划线法确定该博弈有几个纳什均衡。

（2）在实际问题中，若允许双方可以事先沟通，你会怎样和对方沟通？如果存在多个纳什均衡，你会选择哪一个策略？

7. 对于一个策略式表述博弈，请论证采用重复剔除严格劣策略方法，不能去除纳什均衡。

8. 对于两人博弈问题。每个人有两个策略：给我 100 元，给你 400 元。若两人同时选择"给我 100 元"，则两人分别获得 100 元；若一方选择"给我 100 元"而另一方选择"给你 400 元"，则一方获得 500 元，另一方无所获；若双方均选择"给你 400 元"，则分别获得 400 元。

请写出该博弈的双矩阵形式，并分析该博弈的纳什均衡。若实际中你真的参加了这个博弈，你会如何选择？分别考虑对手是你的熟人以及不熟悉的人的情况。

9. 旅行者困境问题。两个旅行者在一次航空旅行中，航空公司不小心弄丢了一件两人都以 100 元价格购买的物品，两人向航空公司进行索赔。两人被放置在不同房间，同时对丢失的物品进行索赔。限制价格在 80 ~ 200 元。航空公司决定以最低价格对两位旅行者进行赔偿，另外，为出价较低的参与者增加 R 元的奖励，对出价高的参与者减去 R 元的罚金。

请写出该博弈的策略式表述，判断双方什么样的策略才是纳什均衡？

实际问题中，你会如何选择？分别考虑 $R=5$、10 和 50 等情况，回答这个问题。

10. 请在网络上查询**强纳什均衡**的定义，并证明如果一个策略式博弈存在强纳什均衡，则该纳什均衡一定是纯策略纳什均衡。

11. 利用方程法和图解法，求解如图 3-52 所示的双矩阵博弈。

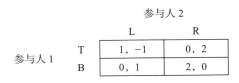

图 3-52   第 11 题博弈

12. 证明定理 3-4。

13. 请用图解法求解例 3-8 的缩减后的矩阵。

14. 针对性别战博弈，请给出一个相关均衡的建议。

15. 证明对于有限策略式博弈，对于任何一个参与人 i，他的任意一个纳什均衡 σ^* 均满足 $u_i(\sigma^*) \geq \underline{v}_i$，$\underline{v}_i$ 是参与人 i 的安全水平。

16. 一个城市有两家汽车 4S 店销售同一品牌汽车。假设进货成本均为 15 万元，它们之间在价格上存在这样的竞争：售价低者获得整个市场，价格相等则平分市场。请论述为什么唯一的纳什均衡是双方都要价 15 万元，平分市场且利润都是 0。

假设汽车的垄断售价（此价格使两个卖方的利润总和最大）是 16 万元，现在假设其中一家 4S 店做广告说只要在自家店购买的汽车（价格定为 16 万元）比另外一家贵，则全额退还差价。假设另外一家也这样承诺，请证明现在的纳什均衡是双方的要价都是 16 万元。并讨论，看似有利于消费者的营销策略实质上是商家获益。

17. 烟草的需求函数为 $q = 100\ 000\ (10-p)$，其中 p 代表每磅[⊖]烟草的价格，政府为烟草制订了价格支持计划来保证其价格不会低于 0.25 美元每磅。三个种植烟草的农场主都收获了 600 000 磅烟草，每个人自行决定提供多少给市场以及丢弃多少。证明该博弈有两个纳什均衡，一个均衡是每个农场主将全部烟草供应给市场，另一个均衡是每个农场主将 250 000 磅供应给市场，而将剩下的 350 000 磅丢弃。还有其他纳什均衡吗？

18. 回答第 3.9.2 小节教子博弈中最后的设问。

⊖　1 磅 = 0.453 59 千克。

第 4 章
CHAPTER 4

扩展式表述博弈

4.1 扩展式的表述

4.1.1 从 21 面旗博弈谈起

美国哥伦比亚广播公司（CBS）的《幸存者》节目，是具有强烈竞争性的大型真人秀节目，16 名来自美国各地的选手在与外界隔绝的情况下，通过游戏不断被淘汰，最终剩下一个人赢得百万美元奖金。除了身体技能竞赛，里面同样有许多策略竞争环节，可以用博弈论进行分析。这里列举《幸存者》第五季泰国一集中的一场游戏——21 面旗问题。

当时有两个部落在对抗：Sook Jai 和 Chuay Gahn。地面上插着 21 面旗子，两个部落轮流移走这些旗。每个部落在轮到自己时，可以选择移走 1 面旗、2 面旗或者 3 面旗。放弃移旗，或是一次移走 4 面及 4 面以上的旗子都是不允许的。最后拿走旗子的部落获胜。

双方经过协调确定 Sook Jai 先行动，他们一开始拿走了 2 面旗，于是地面上还剩下 19 面旗。Sook Jai 的拿法对吗？接下来该怎么选择？

在这个游戏开始前，每个部落都有几分钟时间让成员讨论。在 Chuay Gahn 部落的讨论过程中，其中一个成员 Ted Rogers——一个非裔美国软件开发人员指出："最后一轮时，我们必须留给他们 4 面旗。"这是正确的：如果 Sook Jai 部落面临着 4 面旗，他们只能移走 1 面、2 面或是 3 面旗，与此相对应，Chuay Gahn 部落在最后一轮中分别移走剩下的 3 面旗或 2 面旗或 1 面旗，从而取得胜利。

沿着这个思路反推，怎样才能在最后一轮给对方留下 4 面旗呢？方法是在前一轮中给对方留下 8 面旗！当对方在 8 面旗中移走 3 面、2 面或是 1 面旗时，接下来轮到另一方，再移走 1 面、2 面或 3 面旗，就可以给对方留下 4 面旗。

还可以再倒推一步。为了给对方部落留下 8 面旗，必须在前一轮给对方留下 12 面旗；要达到这个目的，就必须在再前一轮给对方留下 16 面旗，在再前一轮的前一轮给对方留下 20 面旗。

所以，最开始，Sook Jai 本应该拿走 1 面旗，这样地面上剩下 20 面旗，不管对方怎样拿，接下来只要让地面上的旗子数目是 4 的倍数，对方必败。反过来，既然 Sook Jai 拿走了 2 面旗，Chuay Gahn 应该取走 3 面旗，给 Sook Jai 剩下 16 面旗（必败状态），他们就可以踏上必胜之路了。

这个博弈与第 3 章介绍的博弈有些不同。在第 3 章的博弈中，参与人行动即使有先后，但后行动者无法看到先行动者的行动，所有参与人可看成是同时行动的。而在 21 面旗博弈中，参与人的行动有先后顺序，而且后行动者在自己行动前能观测到先行动者的行动。参与人同时行动的博弈，称为**静态博弈**（static games）或同时进行的博弈，而强调参与人有先后顺序的博弈被称为**动态博弈**（dynamic games）。

博弈的策略式表述无法描述动态博弈中各参与人的先后行动顺序，以及参与人在每个决策阶段决策时对已经发生的"历史"的感知，扩展式表述则能够反映博弈的这些特征，更适用于表述动态博弈。

4.1.2　扩展式表述要素

与策略式表述相比，扩展式表述博弈除了体现参与人、策略集及支付函数等博弈基本要素外，还增加了诸如行动顺序、信息集等要素。

一个博弈的扩展式表述包含以下要素：

（1）参与人集合 N，$i \in N$。

（2）参与人的**行动顺序**（the order of moves）。

（3）参与人的**信息集**（information sets）。信息集是对博弈过去发生历史的描述，表示参与人在做行动选择时，对过去已经发生事实的了解。记参与人 i 的某个信息集为 $h_i^{k_i}$，$k_i = 1, \cdots, K_i$，参与人 i 的信息集构成的集合为 H_i，$h_i^{k_i} \in H_i$。

（4）参与人的**行动空间**（action sets）。参与人 i 的行动空间是定义在其信息集上的可选行动集合，记为 $A_i^{k_i}(h_i^{k_i})$，在信息集 $h_i^{k_i}$ 上的一个具体行动，记为 $a_i^{k_i} \in A_i^{k_i}(h_i^{k_i})$，$k_i = 1, \cdots, K_i$。

（5）参与人 i 的策略。参与人 i 的策略是参与人 i 在其所属的每个信息集上都给出一个行动方案所构成的行动序列，记为 $s_i = (a_i^1, a_i^2, \cdots, a_i^{k_i})$，$a_k \in A_i^{k_i}$，$k_i = 1, \cdots, K_i$。

如果允许参与人在行动选择时随机化其行动，则行动空间由 $A_i^{k_i}(h_i^{k_i})$ 拓展为 $\Delta(A_i^{k_i})$，$\Delta(A_i^{k_i})$ 表示定义在行动集 $A_i^{k_i}$ 上的概率分布集合，在信息集 $h_i^{k_i}$ 上的随机行动可记为 $\sigma_{k_i}(h_i^{k_i})$。参与人 i 在每个信息集上的随机行动构成的行动序列称为参与人 i 的**行为策略**（behavioral strategies）。

（6）参与人的支付函数。支付函数用来描述博弈结束后各参与人的支付水平。

（7）外生事件的概率分布。在存在不完全信息的情况下，外生事件的概率分布可用来描述虚拟参与人"自然"机会选择的概率分布。

下面通过一个市场进入博弈例子描述博弈的扩展式表述，有关博弈要素如下。

（1）参与人集合：在位者和进入者。

（2）行动次序、可选行动及相应支付情况：进入者先行动，在位者看到进入者行动后再选择自己的行动。进入者有两个行动："观望"和"进入"。如果选择"观望"，博弈结束，进入者支付为 0，在位者支付为 5。如果进入者选择"进入"，轮到在位者行动，在位者有两个行动："容忍"和"斗争"。如果选择"容忍"，双方支付分别为 2，如果选择"斗争"，双方支付均为 -1。

可用一个树状图清晰直观地表述上述博弈，如图 4-1 所示，我们称之为**博弈树**（game tree）。其中，终止节点处支付向量的第一个数字对应进入者的支付，第二个数字对应在位者的支付。

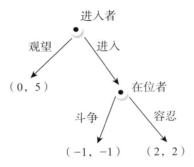

图 4-1   市场进入博弈

该博弈的理性结局是什么呢？这里我们采用逆向归纳法。假设博弈已经到达了第二阶段，即在位者的决策节点，他选择"斗争"对应的支付为 -1，选择"容忍"对应的支付为 2，按照理性假设，在位者应该选择"容忍"。

逆推到第一阶段。进入者选择"观望"支付为 0，选择"进入"的支付情况取决于在位者接下来的选择。因为博弈假设"理性是共同知识"，因此进入者知道在位者是理性的，故他能预见到在位者接下来会选择"容忍"，并获得支付 2。由于 2 > 0。故进入者在第一阶段会选择"进入"。

图 4-2 描述了这个博弈分析过程，其中理性行动选择用加粗的"树枝"标出。博弈的理性分析结果为：进入者在第一阶段选择"进入"，在位者在第二阶段选择"容忍"，双方博弈支付均为 2。

上述分析方法就是动态博弈分析的"前向展望，后向推理"逻辑的体现。具体地说，前向展望是博弈树建模的过程，即按照时空逻辑展开博弈树的过程；后向推理则是博弈树的分析过程，从最后阶段逐步逆推，确定博弈中间的每一阶段直到博弈开始的理性行动过程。

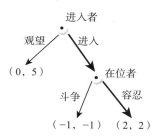

图 4-2　逆向归纳分析

4.1.3　博弈树

博弈树是借助图论中树的结构，用有向树图表示有限（参与人数、博弈的阶段数及每个参与人可能的行动数均为有限数）扩展式博弈的工具。它是（单人）决策树向（多人）博弈论的拓展。

博弈树由节点和枝组成，博弈的初始节点，我们叫**树根**（root），终点节被称为**树叶**（leaves）。根据图论知识，从树根到每个树叶，有且仅有一条路径，它表示的是博弈从开始到结束的一个完整历程。树叶对应一个支付向量，表示在对应博弈结束点各参与人的支付情况。任何非树叶的节点，表示要进行一个**机会行动**（如投掷一枚硬币）或对应的某参与人要进行一个确定行动。任何机会行动节点对应一个由该节点发出的树枝上的一个概率分布，表示机会行动的可能选择。

需要说明的是，"博弈树"从结构上看一定要符合"树"的定义，不能有"圈"，不能出现"多对一"场合，同时各节点彼此联通（见图 4-3）。

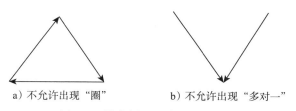

a）不允许出现"圈"　　　　b）不允许出现"多对一"

图 4-3　博弈树不允许出现的情形

为表述具有不完美信息下的博弈，可借助博弈树表述具有不完美信息的信息集，即在博弈某阶段中，不能确定自己具体处在哪一个决策节点的状况。若博弈树上所有信息集都是单节点的，则称这样的博弈为**完美信息博弈**（games of perfect information），否则就被称为**不完美信息博弈**（games of imperfect information），为表示若干节点同属于一个信息集，通常用虚线将这些节点彼此相连，或者用封闭的曲线将这些节点围起来。

每个信息集上对应参与人的一个行动集，参与人在信息集上的每个决策节点有多少个行动选择，就对应多少个"树枝"。属于同一个信息集但从不同决策节点发出的行动树枝彼此要一致，或者说，对应的行动集完全相同，否则就表明该参与人能够区分这些不同节点。

　　参与人 i 在其每一个信息集上都要从相应的备选行动集中确定一个行动，由这些行动构成的一个行动序列，就构成了参与人 i 的一个策略。比如，在图 4-4 中，参与人 1 的"上"和"下"，参与人 2 的"左"和"右"等，都是在决策节点上需要给出的一个具体行动，但策略必须是参与人在博弈中的完整的行动方案。或者说，参与人的策略是该参与人若干行动的一个序列，它规定了该参与人在每一个信息集上的一个行动。

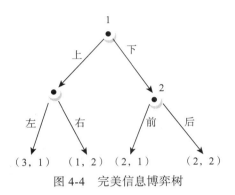

图 4-4　完美信息博弈树

　　从树根到树叶的一个路径被称为博弈的一个**结果**。如果博弈没有机会行动，则所有参与人的策略组合决定了博弈树唯一的一个结果；若博弈存在机会行动，则策略组合确定了在可能结果集上的一个概率分布。

　　在如图 4-4 所示的博弈树中，参与人有两个：参与人 1 和参与人 2。参与人 1 有一个信息集，在该信息集上有两个行动选择："上"和"下"。参与人 2 有两个信息集，在其左边的信息集中，有两个可选行动，即"左"和"右"，在右边信息集中也有两个可选行动，即"前"和"后"。该博弈是完美信息博弈，所有信息集都是单结点的。

　　图 4-5 是指不完美信息博弈树的情况。参与人 1 在其信息集上有 3 个行动选择：{L，M，R}。如果他选择 R，博弈结束，双方支付分别为 1 和 3。如果他选择行动 L 或 M，参与人 2 不知道参与人 1 具体选择了 L 还是 M，因此将参与人 1 的行动由 L 和 M 发出的两个决策节点用虚线连接，表明参与人 2 的信息集包含两个决策节点。

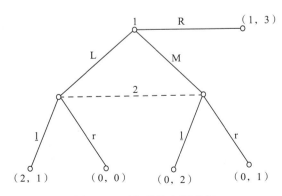

图 4-5　不完美信息博弈树

注：为避免混淆，l（left）加下划线，代表行动选择，与 r 相对。

囚徒困境也可以表述为扩展式博弈形式，如图 4-6 所示。囚徒 2 在被审问时并不知道囚徒 1 选择了"坦白"还是"沉默"，虽然囚徒 1 先行动，但囚徒 1 的选择囚徒 2 看不到，因此他无法确定自己是在信息集的左边节点还是右边节点。

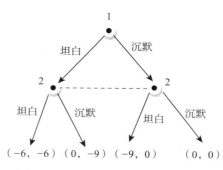

图 4-6 囚徒困境博弈的博弈树表示

图 4-7 描述了一个"奇怪"的博弈，即参与人 1 做了行动选择后，随即忘记了自己在上一阶段的行动选择（无法区分自己是在第二个信息集上的左节点还是右节点）。我们称这样的博弈为**不具有完美回忆的博弈**（games without perfect recall）。

通常假设博弈树的所有参数，包括博弈树结构、各信息集上的策略、支付等，均为参与人的共同知识，博弈也都具有完美回忆。

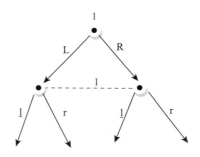

图 4-7 不具有完美回忆的博弈

注：为避免混淆，l（left）加下划线，代表行动选择，与 r 相对。

4.1.4 以房地产开发为例的博弈树表示

本小节结合两个房地产企业的博弈，给出博弈树的表示例子。

在房地产市场中，有开发商 1 和开发商 2，两者分别对项目是否开发进行决策，每人都面临"开发"或"不开发"的选择。市场状况有需求量大的时候，也有需求量小的时候。

为描述市场的机会选择，引入"虚拟参与人"N，N 以一定的概率选择市场需求的两个行动"大"和"小"。开发商 1 选择"开发"还是"不开发"后，开发商 2 看

到市场容量和开发商 1 的行动，再决定自己选择"开发"还是"不开发"，如图 4-8
所示。

　　如果开发商 1 不了解市场需求情况，而开发商 2 了解市场需求且能看到开发商 1
的行动选择，那么，博弈树可表示为如图 4-9 的形式。

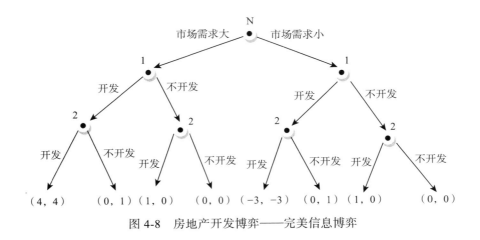

图 4-8　房地产开发博弈——完美信息博弈

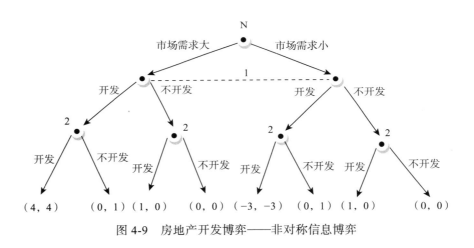

图 4-9　房地产开发博弈——非对称信息博弈

　　在该博弈中，开发商 1 和开发商 2 对市场的信息存在着不对称性，开发商 2 知道
市场需求情况，开发商 1 则不知道，故又称这样的博弈为非对称信息博弈。

4.2　扩展式转化为策略式：方法及讨论

　　在第 4.1 节博弈扩展式表述分析中，我们说明了参与人的策略需要给出参与人在
各自信息集上的行动选择，而且一旦确定了参与人各自的策略，若博弈没有机会行

动，则可确定唯一一个结果（自树根到树叶的一个博弈树路径）。如果存在机会行动，则确定了一个定义在若干结果集上的概率分布，于是可以建立策略组合与支付向量的对应。

按照上述逻辑，可以将扩展式博弈转化为策略式表述博弈。先以一个例题进行说明。

【例4-1】将图4-10的房地产开发博弈树转化为策略式表述形式。

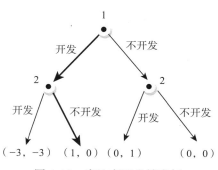

图 4-10　房地产开发博弈树

首先，开发商 1 有一个信息集，他选择"开发"和"不开发"。因此他有两个策略，记为 S_1={ 开发，不开发 }。开发商 2 有两个信息集，其策略应该明确具体在哪一个信息集上他的行动是什么。按照博弈树中开发商 2 信息集从左向右的排列顺序，策略"在左边信息集选择'开发'，在右边信息集选择'不开发'"就可以简单记为（开发，不开发），分别表示如果开发商 1 选择"开发"开发商 2 的选择及如果开发商 1 选择"不开发"开发商 2 的选择。

由于开发商 2 有两个信息集，每个信息集对应两个行动，因此开发商 2 的策略集为 S_2={(开发，开发)，(开发，不开发)，(不开发，开发)，(不开发，不开发)}}，共有 4 个策略。

这样，我们写出了博弈参与人各自的策略集。下面确定不同策略组合下各参与人的支付。如果开发商 1 选择"开发"而开发商 2 选择"（不开发，开发）"，由于没有机会行动，该策略组合确定了博弈树唯一的路径：开发商 1 在博弈开始时选择"开发"，且他的行动开发商 2 能够看到，然后开发商 2 选择"不开发"，对应博弈的唯一结果如图4-10粗线标注的路径，对应的支付为（1，0）。同理，可以写出所有可能策略组合下双方各自的支付。

借助两人策略式博弈的双矩阵表述，可以得到如图 4-11 的策略式表述。

		开发商 2			
		（开发，开发）	（开发，不开发）	（不开发，开发）	（不开发，不开发）
开发商 1	开发	–3，–3	–3，–3	<u>1</u>，<u>0</u>	<u>1</u>，<u>0</u>
	不开发	<u>0</u>，<u>1</u>	<u>0</u>，<u>0</u>	0，<u>1</u>	0，0

图 4-11　房地产开发博弈的策略式表述

利用划线法，在上面策略式表述的博弈中寻找纳什均衡，可以发现三个纯纳什均衡，分别是（开发，（不开发，开发））、（开发，（不开发，不开发））及（不开发，（开发，开发））。

将扩展式博弈转换成策略式博弈，定义**扩展式博弈的纳什均衡**是它对应的策略式博弈的纳什均衡。这里所说的纳什均衡包括混合策略纳什均衡。本章除非特别说明，多数指纯策略纳什均衡。

回到房地产开发博弈。如果将这三个纳什均衡在博弈树上描绘出来，会发现，（开发，（不开发，开发）），（开发，（不开发，不开发））的路径都是 1→开发→2→不开发→（1，0）。这表明两个不同的均衡路径和收益都是相同的。再分析（不开发，（开发，开发））这个均衡，开发商 2 的策略是（开发，开发），即不管开发商 1 选择"开发"还是"不开发"，开发商 2 都选择"开发"。但是，一旦开发商 1 真的选择"开发"，开发商 2 接下来真的会选择"开发"吗？

在静态博弈中，参与人一旦选定行动后，就不会改变了。但在动态博弈中，参与人在博弈开始前声明的策略可能在博弈开始后会进行调整，不一定完全按照原计划实施。也就是说事前的最优策略在事中或事后不一定是最优的。开发商 1 一旦选择了"开发"，对于开发商 2 来说，最优行动是"不开发"，而不是事先威胁的"开发"。这种情况就说明开发商 2 之前的宣称"不论开发商 1 选择'开发'还是'不开发'，他都选择'开发'"的威胁是不可信的。这是一个令人难以置信的威胁。

下面再举一个具有机会选择的博弈树如何转换成策略式博弈的例子。

【例 4-2】一个简单的扑克牌游戏。一副扑克牌，参与人 1 先洗牌，拿起一张后，看是什么颜色的牌，然后选择"摊牌"或"加注"。如果选择"摊牌"，若是红色牌，参与人 1 赢 1 元，参与人 2 输 1 元；若是黑色牌，参与人 1 输 1 元，参与人 2 赢 1 元。

如果参与人 1 选择"加注"，接下来参与人 2 开始选择。若选择"加注"，然后参与人 1 亮牌：若牌是红色，参与人 1 赢 2 元，参与人 2 输 2 元；若是黑色，参与人 2 赢 2 元，参与人 1 输 2 元。如果看到参与人 1 选择"加注"后，参与人 2 选择"放弃"，则参与人 1 赢 1 元，参与人 2 输 1 元。

此时有一个虚拟参与人，用 0 表示。它以等概率选择牌的颜色，"红色"或"黑色"。根据题设，可以绘制该博弈的博弈树，如图 4-12 所示。

在该博弈中，参与人 1 有两个信息集，每个信息集有两个行动，因而共有 4 个策略，记为 {Rr，Rf，Fr，Ff}。下面说明一下这种记法的含义。比如策略 Rf，表明当参与人 1 摸到红色牌时，选择"加注"，摸到黑色牌时选择"摊牌"。参与人 2 有一个信息集，对应两个行动，因而有 2 个策略，记为 {M，P}。

现在看不同策略组合下的支付情况。由于存在机会选择，参与人的策略组合对应随机结果。以（Rf，M）为例，该策略组合对应两个可能结果（从树根到树叶的一个路径），如图 4-12 加粗的部分所示。其中，参与人 1 在摸到黑色牌时选择"摊牌"，博弈此时达不到参与人 2 的信息集。两个博弈结果发生的概率按照条件概率计算，分别为

0.5, 对应的支付向量分别为（1, −1）和（−1, 1）, 故期望支付为 0.5×（1, −1）+ 0.5 ×（−1, 1）=（0, 0）。其他策略组合计算方法与此类似。故可以写出博弈的策略式表述, 如图 4-13 所示。

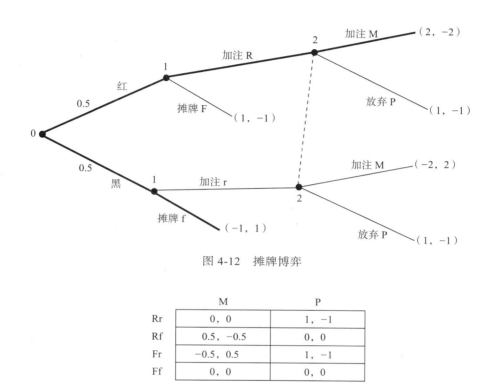

图 4-12　摊牌博弈

	M	P
Rr	0, 0	1, −1
Rf	0.5, −0.5	0, 0
Fr	−0.5, 0.5	1, −1
Ff	0, 0	0, 0

图 4-13　摊牌博弈的策略式表述

4.3　威胁、承诺与可信性

威胁是现实生活中经常存在的问题。恋爱中的男女一旦闹矛盾, 总有一方喜欢提出分手。其实 TA 并不是真的想分手, 而是想通过"分手"威胁对方, 让对方更加重视 TA, 以巩固 TA 在对方心目中的地位。儿女择偶不合自己的心意, 父母有时也会以"断绝父子（母女）关系"来要挟。在企业里, 员工有时会以辞职来威胁老板给其加薪。总之, 威胁的含义是"如果你不答应我做某事, 我将如何如何报复"的一个事先声明。

承诺是另外一类的事先声明, 即"如果你答应做某事, 我将如何如何给你好处"。比如妈妈经常和孩子说："如果你听话, 妈妈就给你奖励。"一方缺乏资金, 会对他人承诺："如果你借给我钱, 到期后我会还你高额利息。"老板为鼓励员工勤奋工作, 会做出承诺："如果绩效上来了, 就给你升职！"但企业如果真的绩效提升了, 员工一定会升职吗？

在生活中，威胁与承诺的界限非常模糊。威胁性的声明与承诺性的声明是可以互相转变的。比如"如果你不答应做某事，我就会如何如何"可以变为"要是你答应做某事，我就会如何如何"。比如家长管教孩子，可以说："要是你不好好学习，我就扣你的零花钱。"也可以说："要是你好好学习，那我就增加你的零花钱。"

威胁与承诺有两个重要特点。①清晰性。假如对方并不清楚地知道你的承诺或威胁，那也谈不上让对方按照你的意愿去行动了。②可信性。假如你做出了威胁，那么你一定要让对方确信你的威胁在他不遵照要求行动时就一定会实现。如果你的威胁在最后是不可实现的，那么这就成为一个不可置信威胁，这样对方就会无视你的威胁。同样，如果你对对方做出了承诺，那么也一定要让对方知道，如果你不遵守承诺，你一定会受到惩罚。所以不论是威胁还是承诺，一定要可实现才行。

以前面的房地产开发博弈为例，通过划线法，求出开发商 1 和开发商 2 的纳什均衡有三个：（开发，（不开发，开发））、（开发，（不开发，不开发））及（不开发，（开发，开发））。

前面已经分析了，开发商 2 宣称："不论开发商 1 选择'开发'还是'不开发'，他都会选择'开发'"的威胁是难以置信的。因为开发商 1 一旦选择"开发"，开发商 2 若按照事先威胁的那样选择"开发"，他仅能获得 −3 的收益，要少于"不开发"对应的收益"0"。因此，通过转化的策略式博弈找到的纳什均衡解，是可能存在不可置信威胁的。为什么会这样呢？这是因为在扩展式博弈中，纳什均衡只是对以正概率到达的信息集上的行动实现了最优化，对于 0 概率到达的信息集上的行动，纳什均衡无法进行最优化判断（按照均衡策略进行博弈，博弈不能到达该信息集，参与人的任何行动选择对应的结果均相同）。

因此，策略式博弈的纳什均衡不能简单地应用到扩展式博弈中，需要引入更强的理性概念，剔除掉"不可信"的纳什均衡。

4.4 逆向归纳和子博弈完美

4.4.1 逆向归纳法

先举一个例子说明逆向归纳法。

【例 4-3】奢侈品店进店人数限制博弈

一家销售某奢侈品的商店要决定是否在店门前设立进店人数限制。是否限制进店人数，需要权衡不同选择下目标顾客会有怎样的反应。通过营销分析，确定不同行动及目标顾客的可能行为情况，如图 4-14 所示。

按照第 4.2 节扩展式转化为策略式的方法，该博弈可以表示为如图 4-15 的形式。

该博弈有两个纯策略纳什均衡：（限制，（停留，离开））和（不限制，（离开，离开）），对应双方支付向量分别为（80，10）和（75，0）。按照扩展式博弈纳什均衡的定义，这两个纳什均衡也是图 4-14 的博弈树的纳什均衡。

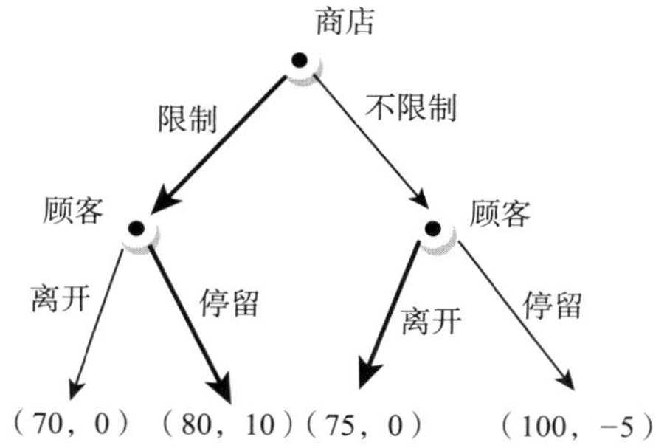

图 4-14　奢侈品商店“限制”与“不限制”博弈

		顾客			
		（离开，离开）	（离开，停留）	（停留，离开）	（停留，停留）
商店	限制	70，0	70，0	80，10	80，10
	不限制	75，0	100，−5	75，0	100，−5

图 4-15　“限制”与“不限制”顾客博弈的策略式表示

若按照逆向归纳的逻辑，当博弈到达最后一个阶段时，顾客在左边的信息集的最优行动是选择“停留”，右边信息集则选择“离开”。再逆推到前一个阶段，商店若选择“限制”，随后商店会预测到顾客会选择“停留”，商店相应获得支付值 80；若选择“不限制”，随后商店会预见到顾客选择“离开”，商店获得支付值 75。两利相权取其重，故商店在第一阶段选择“限制”。但如果按照策略式表述形式得到的第二个纳什均衡进行博弈的话，顾客的第一个信息集不能到达，无法对顾客此时的理性行动给出合理的方案。因此，对于扩展式博弈问题，单纯考虑纳什均衡有时候并不充分。

我们再举一个例子，如图 4-16 所示的房地产开发博弈，纳什均衡有三个：(开发，(不开发，开发))、(开发，(不开发，不开发)) 及 (不开发，(开发，开发))，若按照逆向归纳方法，只有第一个均衡结果与逆向归纳分析方法一致，如图 4-16 所示。

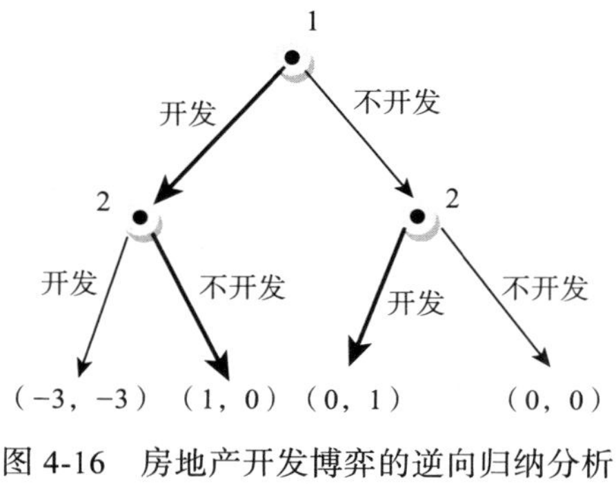

图 4-16　房地产开发博弈的逆向归纳分析

因此，对于扩展式博弈的均衡分析，仅仅考虑纳什均衡是不够的，还需要进一步剔除那些"不合理"的均衡。其中，子博弈完美是重要的方法。

4.4.2　子博弈完美

子博弈（subgame）完美思想是由泽尔腾提出的，其逻辑是忽略沉没成本的思想在扩展式博弈分析中的具体体现。先明确子博弈的概念，可从以下几个角度来理解。

（1）子博弈是整个博弈树的一部分。

（2）子博弈必须从单节点信息集开始才可以构成子博弈，它从该单节点出发，一直延续到树叶，包括延伸过程中涉及的所有节点和枝，以及树叶对应的支付部分。

（3）子博弈和整个博弈树唯一连接的部分只有子博弈开始的节点。

子博弈本身可以被视为一个独立的博弈，它对整个博弈树的影响完全由自身决定。从子博弈的定义看，整个博弈树是该博弈树天然的子博弈，但通常来说，一个博弈的子博弈往往不包含整个博弈树。

为进一步理解子博弈的概念，以第4.1.4小节中给出的房地产开发博弈为例进行说明。

该博弈有6个子博弈，其中两个由参与人1的2信息集出发，包括节点及树枝构成的部分，另外4个则由参与人2的四个信息集出发，包括各节点与树枝构成的部分。图4-17列出了其中的两个。

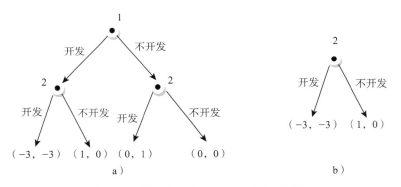

图4-17　房地产开发博弈中的两个子博弈

有了子博弈的概念，可以给出子博弈完美均衡的概念。如果一个博弈树的纳什均衡在任何子博弈中也是纳什均衡，则称它是**子博弈完美均衡**（subgame perfect equilibrium）。因为整个博弈也可以看成是一个子博弈，因此子博弈完美均衡一定是扩展式博弈的纳什均衡。

对于完美信息博弈，逆向归纳均衡和子博弈完美均衡完全一致。因此，对于一个完美信息扩展式博弈，可以用逆向归纳法求出子博弈的完美均衡。

【例4-4】用逆向归纳法求出图4-18的子博弈完美均衡。

首先，在原博弈树上找出包含终点节的所有最小子博弈，如图4-19所示，共有三个。

图 4-19a 是参与人 1 的单人决策问题，他的行动最优选择是 R，见图中粗线部分；同理，图 4-19b 也是参与人 1 的单人决策，最优行动是 L；图 4-19c 是参与人 2 的单人决策，其最优行动是 D。

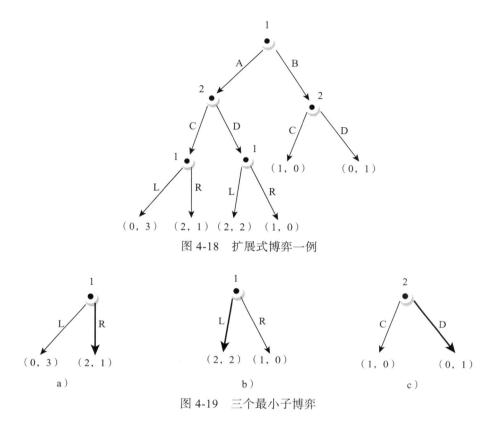

图 4-18 扩展式博弈一例

图 4-19 三个最小子博弈

再向前一个阶段进行逆推，图 4-19a、图 4-19b 所示的博弈隶属于图 4-20 所示的博弈。

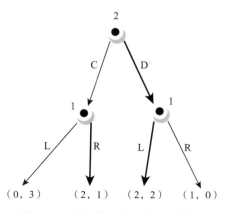

图 4-20 距离终点节 2 步的子博弈

在如图 4-20 所示的博弈中，参与人 2 进行行动选择。如果他选择 C，参与人 1

之后会选择 R，则参与人 2 获得的收益为 1；如果参与人 2 选择 D，参与人 1 之后会选择 L，则参与人 2 获得 2 单位收益。参与人 2 希望获得更多的收益，因此参与人 2 选择 D，如图中粗线所示。

再向博弈开始阶段逆推，轮到参与人 1 进行行动选择。参与人 1 可以选择 A，之后参与人 2 会选择 D，再轮到参与人 1 选择 L，这时参与人 1 获得 2 单位收益。如果参与人 1 选择 B，则接下来参与人 2 选择 D，这时参与人 1 的收益为 0。因此参与人 1 会选择 A，如图 4-21 中粗线所示。

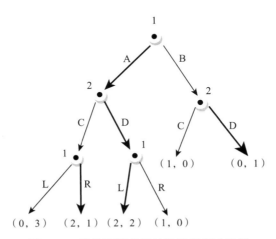

图 4-21　逆推到博弈开始阶段的行动选择

对上述分析汇总，我们找到了博弈树的均衡解。该策略组合确定了博弈的一个路径，A→D→L，我们称之为**均衡路径**（equilibrium path），（A，D，L）被称为博弈的逆向归纳解。

可以验证采用上述方法确定的均衡解（（A，R，L），（D，D）），它既是整个博弈的均衡，同时也是每个子博弈的纳什均衡，因而是子博弈完美均衡。

逆向归纳不仅适合完美信息博弈分析，对于存在不对称信息的博弈，有时也可以进行分析。比如如图 4-22 所示的博弈。

该博弈有一个从参与人 2 出发的子博弈，可以看成是一个由参与人 2 和参与人 3 同时进行的博弈，支付矩阵如图 4-23 所示。

该博弈的实质是性别战博弈。若只考虑纯策略，那么有两个纯策略均衡：（L，$\underline{l}$⊖）和（R，r）。因此子博弈完美要求子博弈中要有这两个均衡解。如果子博弈均衡（L，$\underline{l}$）发生，那么参与人 1 一定要选择 A，这样他的支付为 3，优于选择 B 获得的支付 2，因此（A，L，$\underline{l}$）是子博弈完美均衡。如果子博弈均衡（R，r）发生，那么参与人 1 不能选择 A，否则参与人 1 的支付为 1，劣于选择 B 获得的支付 2。因此另一个子博弈完美均衡是（B，R，r）。

另一种方法是转化为策略式表述，用三维数组方式，如图 4-24 所示。

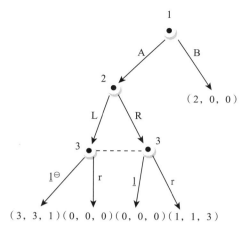

图 4-22　具有不对称信息的三人博弈

参与人 3

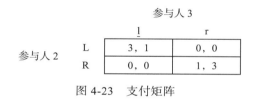

图 4-23　支付矩阵

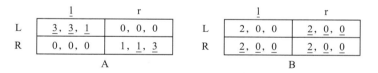

图 4-24　三人博弈的策略式表述

参与人 1 选择三维数组的"页"，参与人 2 选择数组的行，参与人 3 选择数组的列。通过划线法确定各参与人关于对手（此时对手为 2 人）可能策略组合的最优反应，得到四个纳什均衡，对应的策略组合分别为（A，L，$\underline{1}$）、（B，L，r）、（B，R，$\underline{1}$）和（B，R，r）。其中满足子博弈完美要求上述均衡组合在子博弈中存在能以（L，$\underline{1}$）和（R，r）为均衡的解，就是（A，L，$\underline{1}$）和（B，R，r）。这与逆向归纳法得出的结论完全一致。

4.5　扩展式博弈的几点讨论

4.5.1　蜈蚣博弈

逆向归纳要求博弈满足理性是共同知识的假设。但实际问题中，如果博弈树步骤过

　　㊀　为避免混淆，1（left）加下划线，代表行动选择，与 r 相对。

多，人们是不是一定按照逆向归纳逻辑，确定子博弈完美均衡解？下面来看蜈蚣博弈。

在蜈蚣博弈中，参与人只有两个，但每个参与人有多个决策节点，其博弈树如图 4-25 所示。

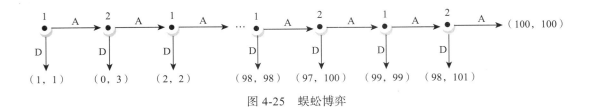

图 4-25　蜈蚣博弈

对于这样的博弈，你（在每一个决策节点）的策略是什么？

按照逆向归纳法，当参与人 2 处于最后一个子博弈时，会选择 D，而参与人 1 考虑到参与人 2 会选择 D，他在倒数第二步时就会选择 D……以此类推，在初始节点上，参与人 1 会选 D，博弈结束，每个参与人获得的支付为 1。

一些来自蜈蚣博弈的实验数据表明，多数实验者在开始若干阶段会选择倾向于"合作"的行动 A，但不会一直到最后一个阶段，而是在中间某个地带选择偏离行动 D。

对于上述蜈蚣博弈，用逆向归纳法得到的子博弈均衡是一个非合作均衡。不难看出，如果双方合作，每人的收益都可以达到 100。这不禁让人想起前面提到的"囚徒困境"博弈，它可以被看作策略式中有可能产生无效率的典型例子，而蜈蚣博弈可以被看作扩展式中有可能产生无效率的典型例子。

4.5.2　海盗分金

海盗分金是这样的一个故事。传说在船上有 5 个海盗，他们共同决定如何分配 100 枚金币。分配规则是这样的：海盗们通过抽签结果依次提出分配方案。先由 1 号海盗提出方案，然后所有海盗每人一票投票表决。如果一半以上的海盗同意该方案，则按该方案分配；否则就要把提出方案的海盗丢到海里喂鲨鱼。然后由下一位海盗提出分配方案，以此类推。

在这里，每枚金币是不可分割的，每名海盗都有超强的推理能力，他们之间不存在合作，同时都希望尽可能多地得到金币，但绝不希望因此而被丢到海里喂鲨鱼，但每名海盗在不损害自己利益的情况下，都乐于看到别的海盗被丢到海里喂鲨鱼。

在这些前提下，海盗们会如何分金币呢？

从后向前推理，如果 1、2、3 号强盗都被喂了鲨鱼，只剩 4 号和 5 号的话，5 号一定投反对票让 4 号喂鲨鱼，以独吞全部金币。所以，4 号唯有支持 3 号才能保命。

3 号知道这一点，就会提出"100，0，0"的分配方案，对 4 号、5 号一毛不拔而将全部金币归为己有，因为他知道 4 号一无所获但还是会投赞成票，再加上自己的一票，他的方案即可通过。

不过，2 号推知 3 号的方案，就会提出（98，0，1，1）的方案，即放弃 3 号，而给予 4 号和 5 号各 1 枚金币。由于该方案对于 4 号和 5 号来说比由 3 号分配更为有利，他们将支持 2 号而不希望他出局而由 3 号来分配。这样，2 号将拿走 98 枚金币。

　　同样，2 号的方案也会被 1 号所洞悉，1 号将提出（97，0，1，2，0）或（97，0，1，0，2）的方案，即放弃 2 号，而给 3 号 1 枚金币，同时给 4 号（或 5 号）2 枚金币。由于 1 号的这一方案对于 3 号和 4 号（或 5 号）来说，相比由 2 号分配更优，他们将投 1 号的赞成票，再加上 1 号自己的票，1 号的方案可获通过，97 枚金币可轻松落入 1 号囊中。这无疑是 1 号能够获取的最大收益方案了！答案是：1 号强盗分给 3 号 1 枚金币，分给 4 号或 5 号强盗 2 枚，自己独得 97 枚。分配方案可写成（97，0，1，2，0）或（97，0，1，0，2）。

　　1 号看起来最有可能喂鲨鱼，但他牢牢地把握住先发优势，结果不但消除了死亡威胁，收益还最大。

　　海盗分金这个故事用到的一种博弈思想就是"前向展望，后向推理"。如果直接从第一步入手，问自己第一个海盗应该怎样分配金币？这往往会让我们无从下手。但是倒推法的思维让我们从最后的情形出发向前推理，这样我们就可以知道在最后一步中做出什么选择对自己才最有利。

　　但现实中肯定不会是人人都"绝对理性"。回到"海盗分金"的模型中，只要 3 号、4 号或 5 号中有一个人偏离了绝对聪明的假设，那 1 号海盗无论怎样分都可能会被扔到海里。所以，1 号首先要考虑的就是其他海盗的聪明和理性究竟靠得住靠不住，否则先分者倒霉。

　　在博弈课堂上曾经以上课学生为对象做过海盗分金实验。实验结果和理论分析结果往往并不一致。多次不同对象，实验结果虽然各有不同，但如下几个特征往往具有共性，这些共性特征也许对现实中的类似情景有启发意义。

　　（1）按照逆向归纳逻辑得到的基于参与人绝对理性的结果，往往并不容易引起认同。其中反应最强烈的是 2 号海盗，因为若 1 号海盗被"喂鱼"，无疑最大可能受益者就是 2 号海盗了。而且，2 号海盗会通过对 4 号、5 号海盗许以利诱方式，让他们支持自己——拉拢职位相对较低但基数较大比例的人群支持，是组织权力博弈的一个常用手段。

　　（2）处于相对靠后位置的小弟，往往看不清局势，拼命反对先前看上去"不公平"的分配方式，等到老大、老二相继被"喂鱼"，才发现现在的"大哥"比早先被投海喂鱼的大哥还要吝啬，悔之晚矣。

　　（3）在"海盗分金"博弈多次实验后，参与人会从自己或他人的实验中渐渐了解如何判断理性策略，理论分析结果可能在多次反复学习中稳定存在。这说明社会的理性选择可能最开始不会被接受，但总会被慢慢接受。

4.5.3　最后通牒和独裁者博弈

　　最后通牒博弈（ultimatum game）可以这样表述：两人决定分割一定金额的钱，比如分割 10 元。参与人 1 提出分配方案，记为 $(x, 10-x)$，其中 x 表示自己占据的份

额；参与人 2 决定接受还是拒绝，如果拒绝，两人一无所获，若接受则按照参与人 1
的提议分割 10 元。

　　图 4-26 是最后通牒博弈的"博弈树"表示。由于参与人 1 的行动集是一个连续
区间，因此用扇形表示他的可选策略。如果参与人支付函数关于货币数量是增函数，
且假定参与人在接受和拒绝之间无差异的时候总是选择接受，那么按照逆向归纳法，
子博弈完美均衡是参与人 1 留给自己全部 10 元，参与人 2 无条件接受。

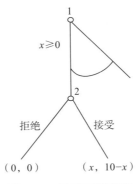

图 4-26　最后通牒博弈

　　但是实验数据表明，扮演参与人 1 角色的实验者，选择分给参与人 2 的钱数介于
41% ～ 50% 之间的人数超过了 40%，有些甚至高达 80% 的比例。而且，当参与人 1
给参与人 2 金钱的份额过低时，参与人 2 往往拒绝，宁可自己一无所获。

　　独裁者博弈（dictator game）则是干脆取消了参与人 2 的行动选择，参与人 1 提议
一个金钱分割方案，博弈结束。若按照逆向归纳原则，参与人 1 应该拿走全部金钱，
且由于参与人 2 没有决策权，不会出现由于参与人 2 拒绝而导致自己一无所获的情况。
但实验数据依然表明，参与人 1 多数会选择将不少于 20% 的奖金总额分配给参与人 2。

　　为什么理论和实际数据有如此大的差异呢？

　　多数学者认为，真实社会里的人在博弈过程中，除了具有追求自我利益最大化的
偏好，还有诸如对"公平性""利他性"的偏好。所以多数人倾向于公平，与博弈伙
伴分割最后通牒博弈的钱。而且，当参与人 1 留给参与人 2 的钱数过低时，参与人 2
宁可选择"拒绝"，让自己一无所获，同时让对方也一无所获，以此"报复"对方的
"贪婪"。甚至一些实验，留给参与人 2 的钱数足以让他有一笔看起来还不错的收入，
但他也由于对手留给自己的比例过低而选择"拒绝"。

　　但是也有一个"颠覆"上述实验结果的实验。有学者做过这样的关于独裁者的实
验。两个人被放在一个彼此看不见对方的亭子里。实验采用"双盲"方式，实验结束
后，各自离开，以至于每个实验者不知道对手做了什么，不知道对手是谁。同时，扮
演参与人 1 的实验者被组织者给了 10 张 1 美元面额的金钱，10 张空白但与 1 美元大
小和手感一致的纸张，以及一个没有任何标记的信封。每个实验者被告知可以在信封
里放入 10 张东西，可以是美元或像美元的纸张，然后交给对方。

实验结果是超过 60% 的人拿走了全部 10 美元，那些选择留钱给对方的，几乎都只留了 1 ～ 2 美元！

4.5.4　前向归纳法

Kohlberg 和 Mertens（1986）认为，逆向归纳逻辑要求在每个阶段，每个参与人只是考虑博弈接下来如何发展，对博弈如何到达该阶段毫不关心。然而，如何到达博弈树当前信息集的事实，传递了其他参与人的行为信息，这些信息对博弈接下来的发展会产生什么影响应该被加以考虑。

比如，在蜈蚣博弈中，如果博弈到达了第二阶段，参与人 1 一定是偏离了均衡策略。既然他在第一阶段偏离了均衡策略，那么在接下来的奇数阶段，他还会偏离均衡策略吗？这种从博弈的历史追踪某些"信息"的分析逻辑，叫**前向归纳法**（forward induction）。

这里不试图给出前向归纳法的精确定义，仅通过几个例子进行说明。

【例 4-5】烧钱博弈

参与人 1 可以选择退出，博弈直接结束，参与人 1 和参与人 2 分别获得 2 单位及 0 单位的支付；或者参与一个性别战博弈，如图 4-27 所示。

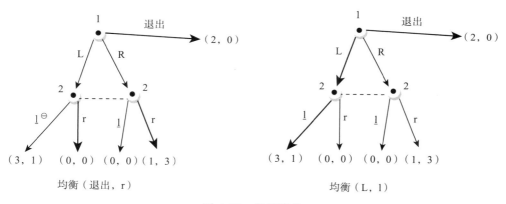

图 4-27　烧钱博弈

容易验证，该博弈有两个纯策略均衡：（退出，r），对应支付为（2，0）；（L，$\underline{l}$），对应支付为（3，1）。

由于该博弈除了整个博弈树外没有其他子博弈，因此这两个均衡也是子博弈完美均衡。但均衡解（退出，r）是有道理的吗？一旦进入了参与人 2 的信息集，参与人 2 会选择均衡行动 r 吗？

如果按照前向归纳逻辑，博弈进入了参与人 2 的信息集，这意味着参与人 1 放弃了获得支付 2 的机会，这个信息传递给参与人 2 的是，参与人在接下来的博弈中追求的收益不会低于 2 单位支付。那么在接下来的性别战博弈中，只有纯策略纳什均衡

⊖　为避免混淆，l（left）加下划线，代表行动选择，与 r 相对。

（L，$\underline{1}^{\ominus}$）才能满足。那么，若博弈到达了性别战博弈阶段，参与人 2 会选择 $\underline{1}$。

　　这个博弈又被大家称为"烧钱博弈"。参与人 1 放弃了可以自主行动就能获得的 2 单位支付，相当于烧了一笔钱。随后参与人 1 的行动自然会追求比放弃利益更大的支付。商家做广告，除了宣传商品，也有一定的烧钱效应。在谋求职位晋升中如果采用不正当手段花了高昂的"升迁成本"，很难想象他一旦获得更高的职位，是否会通过极端甚至铤而走险的手段，攫取更多利益。这些都是前向归纳逻辑得出的启示。

　　前向归纳还"挑战"了博弈论"理性是共同知识"的假设。如果参与人历史行动暴露了他的非理性属性，那么当博弈到达自己的信息集时，还应该假设对方是一个理性人吗？请看下面一个例题。

　　【例 4-6】前向归纳判断对手是不是理性人的例子，如图 4-28 所示。

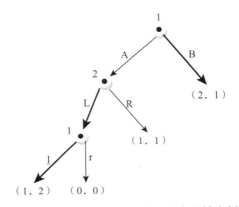

图 4-28　仅有一个子博弈完美均衡的博弈树

　　该博弈仅有一个子博弈完美均衡，表示为图 4-28 的加粗行动序列，这也是按照逆向归纳逻辑得出的均衡解。但是，一旦轮到参与人 2 做决策时，他会"惊讶地"发现，参与人 1 竟然在第一阶段放弃了子博弈完美均衡行动 B。由此带来的信息是：参与人 1 究竟是理性的还是非理性的？答案自然是非理性的。那如果参与人 1 是非理性的，又怎么能保证参与人 2 选择 L 后，参与人 1 一定会选择 $\underline{1}$ 呢？万一参与人 1 选择了非理性行动 r，参与人 2 获得的收益就不是 2 而是 0。

　　因此，参与人 2 需要权衡的问题是：参与人 1 有多大的概率是理性的，参与人 1 过去的不理性是否会延续到未来的不理性。如果参与人 2 对这些判断偏于悲观，那么他选择 R 也是有一定合理性的。

4.5.5　复杂博弈树的分析处理

　　从理论上说，任何有限博弈问题都可以表示为博弈树的形式。但是随着问题规模

　　$\ominus$　为避免混淆，1（left）加下划线，代表行动选择，与 r 相对。

的扩大，博弈树的复杂度将呈指数增长。对于一个硕大的博弈树，能否在有限时间里绘制出来都是问题，更遑论采用逆向归纳等方法进行分析。

比如国际象棋，如图 4-29 所示，从博弈分类看，属于博弈模型相对简单的类别：有限完美信息动态博弈。因此，理论上可用逆向归纳法找到博弈双方的子博弈完美均衡解。但是，如果真的试图绘制博弈树，现有技术是无法实现的。首先，第一步白棋就有 20 种开局方法，然后黑棋对应 20 种开局方法。这样前两阶段博弈树就已经有了 400 个枝了。而每个枝连接的节点又延伸出更多的枝，估计总的可行走法约 10^{120} 种。因此，对于类似于象棋对弈的博弈，直接采用逆向归纳法求得博弈的均衡解在实践中不可行，即便是计算机技术和大数据十分发达的今天，也是如此。

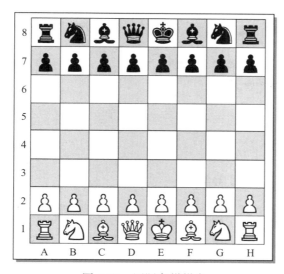

图 4-29　国际象棋棋盘

1997 年 5 月，名为深蓝二代的计算机与卡斯帕罗夫进行了较量（六盘四胜）并获得胜利。2016 年 3 月，在远比国际象棋更为复杂的围棋对弈中，人工智能 AlphaGo 以 4∶1 战胜了世界围棋冠军李世石，表明人工智能达到了新高度。但是无论深蓝还是 AlphaGo，它们强大的算法背后，都不是直接采用对各个可能的博弈树全局展开后再进行分析。它们的共同点是：在软硬件允许的计算深度范围内，将分析博弈树推展到若干步骤后，虽然此时博弈树尚未结束，但通过某种价值判断（棋子效能分值判断、基于过去海量棋局的机器学习判断等），对当前尚未结束的棋局进行局面评估，并佐以分枝和剪枝策略，就可以将硕大的博弈树简化为计算机可以分析处理的博弈树，从而进行策略选择。

因此，对于复杂的博弈树，分析方法并非完全将博弈树展开，然后在树叶部分进行估值，而是在博弈树中间节点就进行估值评分。这种对博弈树中间节点进行估值评分的规则被称为**中间评估函数**（intermediate valuation function）。

　　图 4-30 是发表在《科学》杂志上介绍 AlphaGo 算法原理的图。该对弈系统的核心架构是价值网络和策略网络。首先，选择（select）一个备选下法，然后对该步下法进行扩展和评价（expand and evaluate），即价值网络对从当前局面向前延伸的博弈树中间节点（对应围棋对弈推演的某个局面）进行评估，然后采用逆向归纳法，进行"回滚"（backup），确定当前局面下的最佳应对。当然在价值网络和策略网络的背后涉及深度神经网络、蒙特卡罗树搜索等技术，这也表明现代技术手段为博弈论解决实际问题提供了强大的动力。

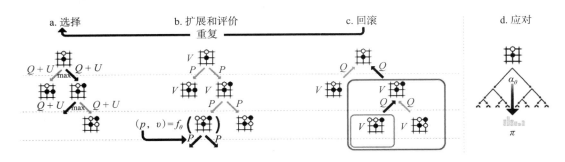

图 4-30　AlphaGo 算法原理示意图

4.6　多阶段同时进行的博弈

　　前面介绍的博弈树，每个决策阶段的行动选择是单人的。如果在某些决策阶段的行动选择存在多人交互，那么就是多阶段同时进行的博弈。或者说，多阶段同时进行的博弈可看成同时行动与序贯行动并存的博弈。

　　以城市房地产开发为例进行说明。第一阶段，假设主要品牌开发商同时决定在城市的哪个区域进行房地产开发；第二阶段，具有住房需求的居民决定在哪里购买房地产。又如，具有业务往来的两家国际贸易企业，有时它们的商务行为可以看成两阶段同时进行的博弈：首先是两国政府之间就商贸问题进行相关政策、配额、税率等方面的博弈，一旦确定了相关政策，两家企业再决定各自的最优行动，博弈结束。类似地，商业中的很多决策行为，如体育竞技项目等，都可以看成是多阶段同时进行的博弈。

　　对多阶段同时进行的博弈的分析，可将策略式表述博弈分析方法及博弈树分析方法（如逆向归纳法）相结合。唯一不同之处在于随着互动行为数量的增加，分析会变得更加复杂。

　　这里通过一个简化的例子，说明多阶段同时进行的博弈。

　　【例 4-7】有两家可能成为电信巨头的企业 A 和 B。它们面临的博弈问题是，是否为电信产业进行基础投资（如基站、光纤电缆设施等）。如果双方均不做投资，博弈结束，收益均为 0。如果只有一方投资，市场进入垄断状态，投资一方获得 14 单位收益，另外一方收益为 0，记该阶段的博弈为 G_1。如果双方决定同时投资，博弈进入第二阶段：两家企业进行一个策略式博弈 G_2，两家企业同时决定各自的价格：高价还是低价。有关博弈情况如图 4-31 所示。

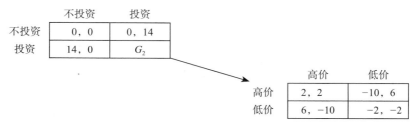

图 4-31　企业两阶段同时进行的博弈

单纯从博弈开始分析，由于无法确定第一阶段（投资，投资）行动组合的收益，因此不能直接确定双方各自的最优行动。但按照子博弈的思想，假设博弈到了第二阶段，可以看到该阶段的博弈为一个同时进行的博弈，存在唯一的占优均衡（低价，低价），对应的支付向量为（−2，−2）。将该阶段均衡支付代入阶段 1 中的 G_2，于是得到了每个策略组合都存在支付的策略式博弈，如图 4-32 所示。

	不投资	投资
不投资	0，0	0，14
投资	14，0	−2，−2

图 4-32　策略式博弈

此时存在两个纯策略纳什均衡（胆小鬼博弈），分别为（不投资，投资）和（投资，不投资），以及一个混合策略均衡——1/8 的概率选择"不投资"，7/8 的概率选择"投资"。

4.7　扩展式博弈应用

4.7.1　新产品发布时机博弈

当今信息时代，产品更迭速度加快，领先企业无不想在这个过程中力争抢占先机。比如智能手机产品，几乎每年至少发布一次。成功的新产品发布，一方面宣传了企业形象，为新产品营销造势，另一方面也从竞争对手那里抢夺了更大的市场份额。那么企业什么时候发布产品才是理性的呢？

我们借助"枪手决斗博弈"来分析产品发布博弈。

有两个枪手，各自都有一发子弹（类似于各自都有一个新产品）。他们分别站在决斗场的两端，轮流行动。在每一轮中，枪手可以选择开枪或向前走一步。如果命中对方，博弈结束。如果没有命中，博弈继续进行。两人的最佳策略应该如何呢？

进一步做出如下假设：

（1）两个枪手的射击能力是已知的，分别用两个概率函数表示为 $P_i(d)$，$i=1,2$，$P_i(d)$ 为彼此相距 d 时命中对方的概率。当两人相距 0 时，命中概率为 1。命中概率是距离 d 的减函数，如图 4-33 所示。

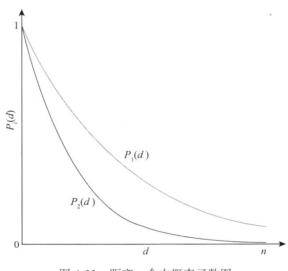

图 4-33　距离 – 命中概率函数图

（2）初始距离为 $d_0 = n$。

上述所有信息均为共同知识。

如何分析该博弈呢？采用逆向归纳法分析，步骤如下：

1）假设 2 人距离为 0，且轮到枪手 2 开枪时，那么枪手 2 必须开枪。

2）再考虑两人相距为 1。枪手 1 知道对方在最后时刻肯定开枪，自己会百分百死掉，那么在相距为 1 的时候，枪手 1 肯定开枪。打死枪手 2 的概率为 $P_1(1)$，这也是他存活的概率，自己死掉的概率为 $1-P_1(1)$。

3）若两人相距为 2。枪手 2 若开枪，杀掉枪手 1 的概率为 $P_2(2)$，这也是自己生存的概率。如果不开枪，枪手 2 预测到枪手 1 下一轮肯定开枪，自己生存的概率为 $1-P_1(1)$。因此如果 $P_2(2)>1-P_1(1)$，枪手 2 就开枪，否则就前进一步。

4）一般地，当两人相距为 k 时，$1<k\leqslant n$，若轮到参与人 i 行动，他若开枪，命中对方的概率为 $P_i(k)$，也是自己存活的概率。因为如果自己没有命中对手，对手会一直前进到距离为 0，然后杀死自己。

因此枪手 i 要做权衡。如果他认为对手下一步不会开枪，那么他会前进一步。如果对手下一步会开枪，但失手的概率大于此轮自己开枪命中的概率，那么他仍然放弃开枪继续前进一步……这个状态一直持续，只要下式成立：

$$P_i(k) < 1 - P_j(k-1) \tag{4-1}$$

直到有一个关键的 k^*，刚刚满足

$$P_i(k^*) > 1 - P_j(k^*-1) \tag{4-2}$$

时，枪手 i 选择开枪。

因此枪手 i 的开枪点满足

$$\max\left\{k \mid P_i(k) > 1 - P_j(k-1)\right\} \tag{4-3}$$

或

$$\max\left\{k \mid P_i(k) + P_j(k-1) > 1\right\} \tag{4-4}$$

因此枪手决斗的子博弈完美均衡解为 $\{\max k_1, \max k_2\}$，其中 $(k_1, k_2) \in A$

$$A = \left\{k_1, \ k_2 \mid P_1(k_1) + P_2(k_1-1) > 1 \ \text{且} \ P_2(k_2) + P_1(k_2-1) > 1\right\} \tag{4-5}$$

作为一个例证，我们列举具体数据实际计算一下。枪手决斗的射击概率函数如表 4-1 所示。

表 4-1　枪手决斗的射击概率函数

枪手射中概率 ＼ 距离	0	1	2	3	4	5	6
枪手 1	1	0.95	0.82	0.71	0.50	0.35	0.26
枪手 2	1	0.74	0.54	0.40	0.30	0.22	0.16
$P_1(k) + P_2(k-1)$			**1.25**	0.90	0.65	0.48	
$P_2(k) + P_1(k-1)$				1.22	**1.01**	0.72	0.51

按照式（4-4），依次从右向左，计算如表 4-1 所示的虚线相连的两个数的和，列在 $P_1(k) + P_2(k-1)$ 对应的行。可以看到，当两个枪手相距为 3 的时候，对应的两数之和开始大于 1。于是枪手 1 在彼此相距为 3 的时候开枪。

为判断枪手 2 何时开枪合适，则从右向左，计算表 4-1 中实线连接的两个数之和，列在 $P_2(k) + P_1(k-1)$ 对应的行。在两个枪手相距为 4 的时候，对应的两数之和开始大于 1。于是枪手 2 在彼此相距为 4 的时候开枪。图 4-34 标注了均衡解情况。

所以，针对具体数据示例的枪手决斗问题，枪手 2 在彼此间隔为 4 的时候首先开枪，击中对方的概率为 0.3，这也是自己生存的概率，失手的概率为 0.7。倘若枪手 2 此时不开枪，枪手 1 接下来开枪，击中枪手 2 的概率为 0.71，枪手 2 存活的概率为 0.29。这表明当间隔为 4 的时候，枪手 2 开枪是有利的。

如果两个人的步伐相对整个距离 n 来说足够小，那么可以求解方程

$$P_i(d) + P_j(d) = 1 \tag{4-6}$$

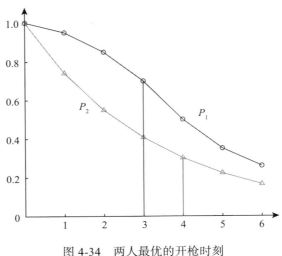

图 4-34　两人最优的开枪时刻

计算出两个枪手开枪的所在位置（此时两人同时开枪，在误差范围内，为什么？）。

　　回到新产品发布问题。若两个地位相当的竞争对手预期发布彼此可以替代的商品，这在一定程度上与枪手决斗问题类似。哈佛商学院的两位教授斯奈德（Joan Schneider）和豪尔（Julie Hall）研究了新产品发布的情况，特别总结了 40 条产品发布失败的原因以及取得成功的因素。充分研发、培育用户、精准营销、定位清晰……都是发布成功的决定因素，而重研发轻营销，几乎将所有的预算和时间都用在新产品研发和制造，用于培育顾客、市场推广等方面的钱和时间缺乏，是新产品发布失败的主因。此外，产品充满缺陷就推向市场、缺乏对消费趋势和技术趋势的准确把握，也是新产品发布失败的原因。

　　当初在手机市场称雄的诺基亚，在不到短短一年的时间，在触摸屏智能手机的强烈冲击下，迅速萎缩，濒临出局境地。2008 年是诺基亚最辉煌的时候，苹果刚刚发布 iPhone 3，安卓手机联盟还未组建，此时诺基亚占据世界 75% 的份额。诺基亚的失败在于它对手机的操作系统新趋势估计不足，对触摸屏的便利操作缺乏准确预测，以至于在苹果公司和安卓联盟的群狼战术中败下阵来。

　　斯奈德和豪尔特别提到为了私密通话而发布的新产品 Cell Zone。20 世纪 60 年代，保密官员 Maxwell 和他的老板进行私人会晤时，有一个私人谈话装置，只需按下一个按钮，就会从天花板上降下一个锥形透明罩，构成安全谈话的私密空间。40 年后，Anthony Ferranti 设计了一个真实的安静仓，用于公共场所，给打电话的人一个私人空间，避免对话打扰到周边的人。2006 年，他创立了一个原型机 Cell Zone 并于当年发布，引起了轰动。

　　但当产品被正式推入市场时，几乎没有人花 3 500 美元订购一件这样的产品。饭店认为它占空间，夜店对它没兴趣，因为多数人与他人交流的方式，已经不是传统意义上的电话，而是借助 App 进行文字信息传送。该产品还在电话亭发布了广告，也失败了。最终只卖了不到 300 部，其中 100 部在大学图书馆。公司损失超过 65 万美元。对于一个小企业家来说，发布新产品之前不了解市场的"学费"过于高昂了。

2007 年微软发布的 Vista，这是一个充满缺陷的操作系统，以至于微软的忠实用户对此也充满了抱怨。微软强有力的竞争对手苹果公司适时"补刀"，推广自己的新系统。很多用户放弃微软阵营加入到苹果系统中。在这一回合的"枪手决斗"中，苹果公司获得了胜利。如果这个事情发生在今天，情况会更为严峻。因为 Twitter、Facebook 等对消息的快速传播，足以让微软遭受到更大的创伤。

进入当今大数据时代，产品更新速度快，推动着企业不断推出新品。在信息传播快速迅捷、波及范围无障碍的今天，产品的成功和失败的助推力与杀伤力，杠杆效应更为明显。决斗博弈是从生死零和博弈探究新品发布的最佳策略，在现实中也有很强的启示意义：在各个环节提升产品的竞争力，注重"开枪"的时机，对企业新品发布策略的制定具有重要意义。

4.7.2　是否要创建忠诚顾客

我们经常听到"果粉"（苹果产品的忠诚顾客）、"索尼大法好"（索尼产品的忠诚顾客）等说法。商家通过明星代言、老顾客优惠、提升产品服务水平、提升产品与其他产品的彰显度等方式，在创建自己品牌的忠诚顾客的同时，也确保了产品在市场上的占有率。

对这个问题这里不过多地从营销学、市场学的角度进行讨论。我们通过构建一个创建忠诚顾客场景，说明扩展式博弈分析在商界策略分析中的应用。

假设有两个企业，它们提供相似的产品，争夺 100 个顾客。为便于分析，假设产品具有 0 边际成本。策略制定主要有如下两个阶段。

第一阶段：是否投资创建忠诚顾客。假设一旦有了忠诚顾客，不管价格多少，他们都会购买自己的产品。该阶段每个企业有两个选择：不投资创建忠诚顾客，花费为 0；投资创建忠诚顾客，需要投资 250 元，但可以获得 30 个忠诚顾客。

第二阶段：企业宣布自家的产品价格。假设有两种选择：降价、保持原来的价格。可选择的价格选项为 50 元、40 元、30 元、20 元、10 元。两家持续报价，直到一家价格不再变化。随后，顾客开始购买，博弈结束。

从博弈过程看，该博弈可以看成两阶段同时进行的博弈。

商家首先需要确定价格然后才可以销售。顾客的购买行为如下。

（1）如果两家企业把价格都设定为 50 元，那么非忠诚顾客在两家企业之间平分。如果设为其他价格，顾客不平分。

市场首先确定一家大企业。成为大企业的条件是：自家产品价格低于对方；或与对方产品价格一致，但自家首先宣布产品价格。

（2）大企业可以获得 100 或 70 个顾客（如果对手有忠诚顾客的话）。

（3）小企业可以获得 0 或 30 个顾客（如果该企业有忠诚顾客的话）。

企业追求的是货币化净收入的最大值。支付 = 收入 - 创建忠诚顾客的成本。

那么，企业究竟要不要在第一阶段投资创建忠诚顾客呢？

我们来分析这个看上去有点"大"但很接近实际的例题。这是一个完全信息动态博弈，可以构建博弈的扩展式模型。先采用"前向展望"构建事件发展的动态过程。第一阶段两个企业决定是否投资创建忠诚顾客，用 N 表示不投资，L 表示投资，那么形成了四种情境：（L，N），（L，L），（N，N），（N，L）。然后博弈进入第二阶段，两个企业确定价格，如图 4-35 所示。

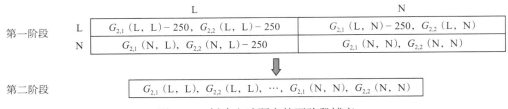

图 4-35　创建忠诚顾客的两阶段博弈

其中，$G_{2,1}$（L，L）表示两个企业都采用投资创建忠诚顾客策略，在第二阶段均衡解下企业 1 的收益，其他表示方法与此类似。

现在采用"后向推理"——逆向归纳法分析该博弈。

在第二阶段，已经形成了四种情境：（L，N），（L，L），（N，N），（N，L）。分别结合每种情境，分析两个企业的均衡行动。

情境 1：（N，N）状况。

假设两个企业都选定价格 50 元，这是一个集体理性策略，如果价格都不再变化，博弈结束，双方各自收益为 2 500 元。

下面判断该行动组合是否为第二阶段的均衡解。给定企业 1 定价 50 元，企业 2 也保持 50 元，收益为 2 500 元。这个状态是不是均衡状态呢？假设企业只有 1 步推理能力，如果企业 2 降价到 40 元，企业 1 随即会降价到 30 元，企业 2 接着降价到 20 元，企业 1 降价到 10 元。那么具有完全理性的企业 1 会一步到位降价到 10 元，此时企业 1 占领整个市场，收益为 1 000 元，企业 2 的收益则为 0 元……除非企业 2 直接降价到 10 元，获得 1 000 元，否则企业 1 将首先宣布价格为 10 元，获得整个市场，收益为 1 000 元。

一旦双方开始定价 50 元，任何一方只要是理性的，都会坚守定价 50 元这个行动，双方支付水平分别为 2 500 元。如果两个企业开始不是从（50，50）状态出发，任何不采用创建忠诚顾客的企业一定最开始就定最低价，获得 1 000 元。由于两家企业处于均势地位，可以认为双方在此阶段采用最佳行动，期望支付为 500 元。

因此该情境下，第二阶段（子博弈）均衡行动有两个：均衡（50，50），对应支付为（2 500，2 500）；均衡（10，10），对应支付为（500，500）。

情境 2：（L，N）或（N，L）状况。

此时第一阶段创建忠诚顾客的企业花费的 250 元已经成为沉没成本，不在此阶段行动选择中考虑。

假设采用 L 策略的企业定价为 50 元，没有采用忠诚顾客策略的企业 2 若也定价

50 元，此时非忠诚顾客数目为 70，在两个企业之间平分，各自拥有非忠诚顾客 35
人，企业 2 的收益为 35 × 50 = 1 750（元）。但如果企业 2 要价 40 元，若企业 1 还保
持 50 元，企业 2 的收益为 70 × 40 = 2 800（元）。因此给定企业 1 坚守价格 50 元，企
业 2 的最优反应行动是报价 40 元。

给定企业 2 报价为 40 元，企业 1 会坚守 50 元吗？我们判断一下。

（1）企业 1 坚守价格 50 元，收益来自忠诚顾客，为 1 500 元。

（2）若企业 1 要价 40 元，企业 2 可以保留 40 元，两个企业价格相同，但企业 2
先宣布价格，处于大企业地位，非忠诚顾客选择大企业购买，企业 1 仅有忠诚顾客光
顾，收益为 1 200 元。

（3）若企业 1 要价 30 元，企业 2 如果要价 20 元，然后企业 1 会继续降价到 10
元（此时收入为 1 000 元），企业 2 收益为 0。因此，企业 2 会直接降价到 10 元，企业
1 仍然只有忠诚顾客，收益为 900 元。

（4）若企业 1 要价 20 元，企业 2 会接着降价 10 元。企业 1 的收益为 20 × 30 =
600（元）。

（5）若企业 1 要价 10 元，博弈结束。企业 1 的收益为 1 000 元。

综上分析，没有采用忠诚顾客策略的企业一定要比采用忠诚顾客策略的企业价格
低，采用忠诚顾客策略的企业要价 50 元。没有采用忠诚顾客策略的企业会占据更大
的份额，且不担心会有价格战。

此时双方的均衡行动是采用 L 策略的企业宣布价格 50 元，采用 N 策略的企业宣
布价格 40 元，对应的收入为（1 500，2 800）。

情境 3：（L，L）状况。

如果企业 2 从 40 元要价开始，企业 1 将做何反应呢（可以验证，本题从其他价
格开始，结果也是一样）？

（1）企业 1 要价 50 元。博弈结束，企业 1 收入 1 500 元。企业 2 没有动机改变，
企业 2 的收益为 40 × 70 = 2 800（元）。

（2）企业 1 要价 40 元。由于企业 2 先宣布价格，故企业 2 是大企业，企业 1 收
入为 40 × 30 = 1 200（元）。

（3）企业 1 要价 30 元。可以验证，企业 2 会选择 20 元，企业 1 则没有进一步压
低价格的欲望（30 × 30 > 70 × 10）。企业 1 的收入为 900 元。

（4）企业 1 要价 20 元。可以验证，企业 2 仍会停留在 40 元。企业 1 的收入为 1 400 元。

（5）企业 1 要价 10 元。博弈结束，企业 1 收入为 700 元。

可见，此情境下的均衡行动为：后行动者要价 50 元，收益为 1 500 元。第一个
有机会要价的企业要价 40 元，获得收益 2 800 元。由于两家企业处于同等地位，故
此情境下的收入期望为（2 150，2 150）。

综上，可以得到第二阶段在不同情境下企业 1 和企业 2 的可能支付，如图 4-36
所示。

回滚到第一阶段，可知在不同情境下，企业的可能支付如图 4-37、图 4-38 所示，
分别表示在情境（N，N）下，对应均衡行动分别为（50，50）和（10，10）的情况下，

逆推到第一阶段对应不同情境下的支付情况。

图 4-36　不同情境下第二阶段企业定价均衡行动下的收益

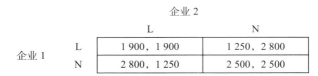

图 4-37　不同情境下第一阶段企业定价均衡行动下的收益（一）

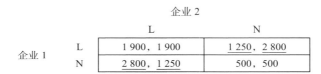

图 4-38　不同情境下第一阶段企业定价均衡行动下的收益（二）

　　从图 4-37 中可以看到，在第一阶段，两个企业分别选 N 策略是各自的占优策略。因此，（N，N）为双方第一阶段的均衡行动。一旦进入第二阶段，两个企业默契地宣布价格为 50 元。一旦有企业宣布低于 50 元的价格，另一个企业则快速直接率先报价 10 元。

　　在图 4-38 中，对应情境（N，N）场合，企业有"恶意搅局者"，或者对未来有悲观预期，使得均衡行动组合（50，50）处于容易瓦解的状态，一旦预测到这一点，企业在第一阶段均衡为（L，N）或（N，L）（在纯策略意义下）。究竟哪一个会出现，则结合具体情况而定。如果一家企业一定会在第一阶段采用 L 策略，那么另外一家企业将采用 N 策略，且在第二阶段定价比采用 L 策略的企业价格下拉一个档位。

习题

1. 证明在枪手决斗博弈中，若用 k_1、k_2 分别表示在之前对手没有开枪的前提下自己的最佳开枪点（开枪时两人相距的步数），那么必然有 $|k_1 - k_2| \leqslant 1$。
2. 在市场进入博弈中，博弈树如图 4-39 所示。

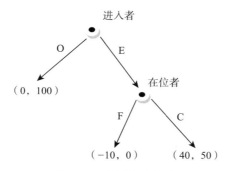

图 4-39 市场进入博弈

（1）请写出它的博弈策略式表述。

（2）请确定该博弈的纯策略均衡解。

（3）请回答哪一个是子博弈完美均衡，为什么另外一个均衡是"不可信威胁"？

3. 请观察如图 4-40 所示的博弈。

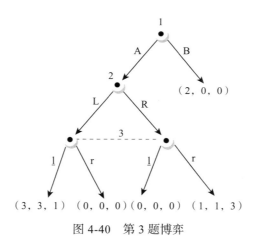

图 4-40 第 3 题博弈

（1）请问该博弈有多少个子博弈？

（2）请将该博弈转化为策略式表述形式（注意：是三人博弈，可用三维数组表示对应的策略式博弈）。

4. 在海盗分金博弈中，如果提议被通过的条件是达到半数支持即可，那么均衡解是什么？

5. 如图 4-41 所示的博弈，请写出该博弈的策略式表述，并说明有哪些子博弈。

6. 丈夫与妻子必须独立决定出门郊游时是否带雨伞。他们都知道下雨的概率是 50%。每个人的收益如下：如果只有一人带伞，下雨时带伞者的效用为 −3，不带伞者（沾光者）的效用为 −4；不下雨时带伞者的效用为 −1，不带伞者效用为 0；如果两个人都带伞，下雨时每人的效用为 −2，不下雨时每人的效用为 −1；如果两人都不带伞，下雨时每人的效用为 −5，不下雨时每人的效用为 0。试就下面三种情况给出博弈的扩展式表述和策略式表述。

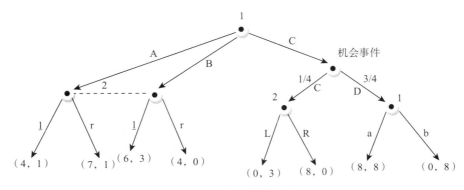

图 4-41　第 5 题博弈树

（1）两人出门前都不知道是否会下雨，并且两人同时决定是否带伞（即每一方在决策时都不知道对方的决策）。

（2）两人出门前都不知道是否会下雨，但丈夫先决策，妻子在观察到丈夫是否带伞后再决定自己是否带伞。

（3）丈夫出门前知道是否会下雨，妻子不知道。但丈夫先决策，妻子后决策。

7. 如图 4-42 所示的博弈树表示一个动态博弈。

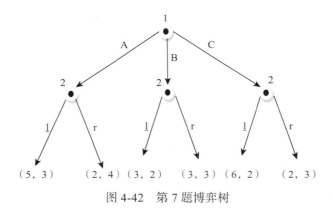

图 4-42　第 7 题博弈树

（1）分别写出参与人 1 和参与人 2 的策略空间。

（2）写出此博弈的策略式表述，并找出纳什均衡。

（3）如果将图中参与人 2 的三个决策节点用虚线连接起来，也就是参与人 2 只有一个信息集，写出此时参与人 2 的策略空间，并找出纳什均衡。

8. 如图 4-43 所示是一个两人三阶段动态博弈。

（1）设 $a=100$，$b=150$，试用逆向归纳法求此博弈的子博弈完美纳什均衡。

（2）要使参与人 2 获得不低于 300 的收益，a，b 应满足什么条件？

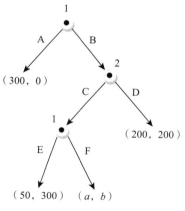

图 4-43　两人三阶段博弈

9. 运用逆向归纳法的思想，求如图 4-44 所示的扩展式表述博弈的子博弈完美纳什均衡（写出各阶段均衡策略与均衡收益）。

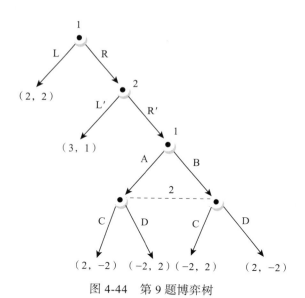

图 4-44　第 9 题博弈树

10. 父与子。如果儿子不淘气，父子两人相安无事，各得效用 1。如果儿子淘气，那么父亲可以选择是否对其进行惩罚。如果不惩罚，则儿子得逞，得效用 2，而父亲得效用 0；如果惩罚，那么"打在儿身，痛在父心"，两人各得效用 −1。

（1）请画出该博弈的扩展式表述。

（2）请问这个博弈的纯策略纳什均衡是什么？子博弈完美纳什均衡是什么？父亲事先宣称，如果儿子淘气，就要对其惩罚，此威胁是可信的吗？通过这个博弈，你是否明白了为什么孩子会被宠坏？

第 5 章
CHAPTER 5

重复博弈

前面各章介绍的博弈模型，都是基于一次博弈角度考虑的。如果博弈可以重复多次甚至无穷多次，策略的交互将会发生变化。如果博弈重复多次，各参与人在行动的时候，不仅要考虑本次博弈的支付水平，同时还要考虑当前的阶段博弈对未来博弈的影响。我们会发现重复博弈的策略交互、均衡分析等并不是单次博弈的简单重复。如果参与人足够有耐心，且当前行为对未来有着显著的影响，那么对未来的期许可能会导致当前博弈选择"不那么理性"的行动。

第 5.1 节从连锁店悖论引入重复博弈，并对有限阶段的重复博弈给出标准的分析方法。第 5.2 节通过对无穷阶段重复博弈的分析，说明即便是囚徒困境那样具有唯一低效率纳什均衡的情况，在无穷阶段重复博弈中也会出现彼此合作的均衡解。第 5.3 节介绍了民间定理。第 5.4 节结合实际情况，给出了重复博弈在实际博弈分析中的应用。

5.1 有限阶段的重复博弈

5.1.1 连锁店悖论

泽尔腾从子博弈完美角度，提出了著名的"**连锁店悖论**"（chain-store paradox）。假设有一家公司，我们称之为在位者，这家公司有 20 家利润丰厚的连锁店，分设在不同地区。一个市场潜在进入者准备陆续进入这 20 个市场以分得一杯羹。现在进入者开始尝试进入第一个市场，那么在位者会如何反应呢？

进入者一旦进入某个市场，其和在位者之间的博弈可以简化为如图 5-1 所示的两人博弈形式。

图 5-1　连锁店悖论的阶段博弈

		在位者	
		斗争	默许
进入者	进入	0, 0	2, 2
	不进入	1, 5	1, 5

图 5-1　连锁店悖论的阶段博弈

20 个市场的博弈可看成如图 5-1 所示的博弈重复 20 次的过程。一般来说，如果一个博弈 G 被重复若干次，则博弈 G 被称为**阶段博弈**（stage game）。那么在进入者要进入第一个市场的时候，在位者应该怎么做呢？

若采用逆向归纳逻辑，假设前 19 个市场已被进入，那么最后一个市场，即第 20 个市场，在位者若选择"斗争"获得支付 0，选择"默许"则获得支付 2，故选择"默许"。继续向前逆推一步，假设前 18 个市场已经被进入，在第 19 个市场的博弈过程中，双方都知道无论第 19 个市场发生什么，第 20 个市场中在位者肯定选择"默许"，那么在第 19 个市场，给定进入者选择"进入"，在位者选择"斗争"劣于选择"默许"。逐次逆推，在第一阶段，在位者应选择"默许"，进入者选择"进入"。于是双方在每个市场都收获 2 单位效用，双方分别获得 40 单位总效用。

按照上述分析，在位者事先对潜在进入者的威胁变得似乎不那么可信，最终每个市场在位者丧失垄断地位，与进入者平分市场。但在现实中，若在位者在市场上占据优势地位，进入者往往不敢轻易"杀入"，可口可乐和百事可乐长期占据软饮料市场优势地位，其他企业很少敢进入与之分庭抗礼。理论分析和真实博弈的矛盾，如何解决呢？

首先可以考虑的是引入"非对称信息"。关于非对称信息博弈将在第 6 章再做分析，这里不展开讨论。假设在位者有两个类型："正常型""强硬型"。其中与正常型在位者博弈，双方支付如图 5-1 所示。若在位者是"强硬型"，双方策略选择及相应支付情况如图 5-2 所示。

		在位者	
		斗争	默许
进入者	进入	-1, 4	4, 2
	不进入	1, 7	1, 5

图 5-2　连锁店悖论的阶段博弈（强硬型）

若在位者是"强硬型"，博弈的均衡为进入者"不进入"，在位者选择"斗争"（进入），这是一个纳什均衡。因此，若在位者属于"强硬型"的概率为 p，那么进入者选择"进入"与"不进入"的临界点，由下式确定：

$$2（1-p）-p =1$$

求出 $p = 1/3$，也就是说，在单次博弈中，只要进入者认为在位者属于"强硬型"的概率不小于 1/3，他将选择"不进入"。一旦进入，"正常型"在位者选择"默许"，"强硬型"在位者选择"斗争"。

回到"连锁店悖论"问题，若存在不对称信息，对于重复 20 次的市场进入博弈，即便是"正常型"在位者，在早期的阶段博弈中，也会选择"斗争"。假设前 5 个市场在位者都选择了"斗争"，那么它的获益为 0，但由此造成的"强硬型"声誉变得可信，随后进入者不敢进入。在位者的总支付值为

$$5 \times 0 + 15 \times 5 = 75$$

支付总水平优于按照子博弈完美逻辑推导出的"每个市场均默许"策略。通过引入不同类型的在位者，从非对称信息博弈角度，解开了"连锁店悖论"。

5.1.2　有限阶段重复博弈的表述

设 $T = \{0, 1, \cdots, n\}$ 为阶段集，假设每个时刻 $t \in T$ 参与人都需要进行"阶段博弈" G，且知道在过去的博弈中每个人都做了什么。假定参与人重复博弈的支付就是各阶段博弈支付的和，那么重复博弈可以记为 G^T。

重复博弈在各阶段记住的是在每个阶段每个参与人在过去各阶段都做了什么。于是重复博弈的策略就是在每一个时刻 t，知道在过去的时刻 $0, \cdots, t-1$ 已经发生什么事情的情况下，应做如何选择的函数。为此首先引入如下定义。

定义 5-1　历史。重复博弈 G^T 在 t 时刻的"历史"，是阶段博弈 G 在 $0, 1, \cdots, t-1$ 时刻各参与人的行动组合序列 $(a_0, \cdots, a_{t-1})$。

因此，若记阶段博弈 G 的纯行动组合集为 S，那么对于任意的阶段 $t \geq 0$，对应的历史构成的集合 $H(t)$ 可以定义为 t 个 S 的卡氏积

$$H(t) := S^t = \underbrace{S \times S \times \cdots \times S}_{t \uparrow S}$$

当 $t = 0$ 时，定义 $H(0) = \varnothing$。

定义 5-2　重复博弈的策略。重复博弈的策略是对每一个时刻 t，针对该时刻所有可能的历史 $(a_0, \cdots, a_{t-1})$，确定 t 时刻阶段博弈行动的一个函数。

从上述定义可知，重复博弈的策略随着阶段数量的增加将会变得十分复杂和庞大。以经典的囚徒困境为例进行说明。对于一个囚徒困境博弈问题

$$G = \begin{array}{c} \\ C \\ D \end{array} \begin{array}{cc} C & D \\ \begin{pmatrix} 5, 5 & 0, 6 \\ 6, 0 & 1, 1 \end{pmatrix} \end{array}$$

存在唯一的纳什均衡（D，D），同时，（D，D）也是占优均衡。

若囚徒困境博弈重复两次，那么 $T = \{0, 1\}$，阶段博弈为 G。若用扩展式博弈表述，如图 5-3 所示。

在 $t = 1$ 时刻，"历史"为囚徒困境博弈在开始阶段的可能行动组合（为区别策略组合，行动组合直接用行动代表的字母表示），即 CC、CD、DC 和 DD。$t = 1$ 时刻，参与人 i 的策略则是要表述在 $t = 0$ 时要做什么，以及在 $t = 1$ 的历史下参与人 i 在 $t = 1$

时还要做什么。以参与人 1 为例，参与人 1 的完成策略是第一阶段博弈的选择（选 C 还是选 D），以及在第二阶段每个历史上（第二阶段的 4 个信息集）确定相应的选择，每个历史均对应 2 个选择。因此参与人 1 的策略个数为 $2 \times 2 \times 4 = 16$ 个。同理，参与人 2 的策略个数也为 16 个。

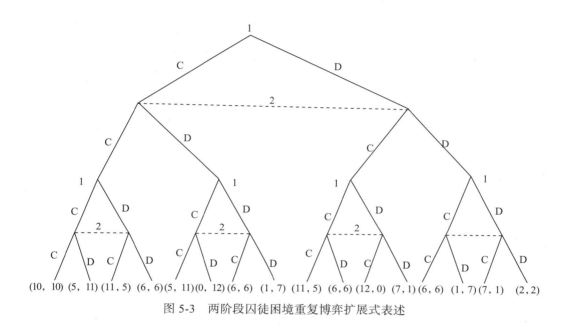

图 5-3　两阶段囚徒困境重复博弈扩展式表述

现考虑上面两阶段重复囚徒困境的子博弈完美均衡。该博弈有四个子博弈，对应第二轮囚徒困境博弈。比如，在第一轮历史 CC 结束后，子博弈相当于在阶段博弈支付的基础上，支付值增加了 5。我们知道，博弈的支付矩阵加一个常数不会改变博弈的偏好，因此博弈的均衡与原始的囚徒困境博弈完全一致，即对应的子博弈的均衡解为（D，D）。其他子博弈分析与之类似，对应的子博弈的均衡解均为（D，D）。因此两阶段重复囚徒困境博弈的子博弈完美均衡是每阶段都选择 D。

当阶段数大于 2 时，结论也是这样的，只需要用数学归纳法验证即可。一般地，有如下定理。

定理 5-1　设重复博弈 G^T，$T < +\infty$。若阶段博弈 G 只有一个子博弈完美均衡 s^*，那么博弈 G^T 仅有唯一的子博弈完美均衡，即 s^* 在每个时刻都被选择，而与过去博弈的历史无关。

根据定理 5-1，市场进入博弈的阶段博弈若写成扩展式，则子博弈完美均衡是进入者选择"进入"，在位者选择"默许"。对于有限次重复市场进入博弈，唯一的子博弈完美均衡就是每一个市场进入者都选择"进入"，在位者都选择"默许"。

注意，若阶段博弈有多个纳什均衡，那么重复博弈会有多个子博弈完美均衡，而且，在某些阶段，参与人会选择在单次阶段博弈中不会选择的非均衡策略。这是因为，下一阶段要选择的均衡行动是基于过去各阶段的行动选择（历史）决定的。这里举出一个例子进行说明。

【例 5-1】设 $T = \{0, 1\}$，阶段博弈如图 5-4 所示。

		L	M	R
	A	1, 1	5, 0	0, 0
参与人 1	B	0, 5	4, 4	0, 0
	C	0, 0	0, 0	3, 3

参与人 2（表头：L、M、R）

图 5-4　阶段博弈

观察该博弈可以发现两个纯策略纳什均衡（A，L）和（C，R），分别对应的支付为（1，1）和（3，3）。同时也可以注意到策略组合（B，M）是博弈中的帕累托占优策略组合（与两个均衡相比），但不是纳什均衡。

现考虑该博弈重复两次。在重复博弈中，每个参与人的策略是，在 $t = 0$ 时刻他会怎样做，以及在 $t = 1$ 时刻，给定每个可能的历史，他又会如何选择。$t = 1$ 时的可能历史情况共有 9 个，对应开始阶段的可能行动组合，如（A，L）和（B，R）等。参与人 1 的策略则是在开始时的 $t = 0$ 阶段，他要决定在行动集中三选一，即在 {A，B，C} 中选择一个行动，然后在 $t = 1$ 的时候根据过去的 9 个历史选择行动。

注意，当进行到第二次博弈时，博弈结束，大家不会合作，此时可以好聚好散，选择（C，R），双方各获得 3 单位收益；也可以不欢而散，选择（A，L），双方仅能获得 1 单位收益。那么在第一次博弈时，双方会实现合作吗？

考虑双方如下策略组合。

参与人 1：在 $t = 0$ 时，选择 B；在 $t = 1$ 时，若历史（即 $t = 0$ 时双方的行动选择）为（B，M），则选 C，否则选 A。

参与人 2：在 $t = 0$ 时，选择 M；在 $t = 1$ 时，若历史为（B，M）则选 R，否则选 L。

这一策略的直观含义是，在两次重复博弈中，各参与人都会先选择合作，如果对方也选择合作，即（B，M），那么到了第二次博弈时，由于博弈至此结束，大家不会再合作，此时可以选择（C，R），双方好聚好散；若对方在第一次博弈中没有合作，那么第二次博弈则选择（A，L），双方不欢而散。

我们验证一下上述策略组合是纳什均衡。给定参与人 1 的策略，参与人 2 按照上述策略进行，重复博弈的支付为 $4 + 3 = 7$。若在 $t = 0$ 时刻，参与人 2 选择 L（阶段博弈的最优反应），将获得第一阶段机会主义收益 5，但随后参与人 1 会选择 A，那么参与人 2 只能选择 L（针对 A 的最优反应），重复博弈的支付水平为 $5 + 1 = 6$。

因此，参与人 2 的策略是针对参与人 1 策略的最优反应。同理，亦可验证参与人 1 的上述策略也是关于参与人 2 策略的最优反应。按照纳什均衡的定义，上述策略组合是一个纳什均衡。

也可以根据逆向归纳逻辑进行分析。在第二阶段，即 $t = 1$ 时刻，此阶段博弈在纯策略意义上仅有两个纳什均衡，即（A，L）和（C，R）。回溯到 $t = 0$ 阶段。按照之前预设的策略，将第二阶段博弈按照预设的策略获得的支付水平结果与第一阶段博弈支付相加，即在（B，M）位置，在阶段博弈的支付基础上加 3，因为第一阶段的行动组合会触发高效率的第二阶段的阶段博弈均衡（C，R）出现。而在其他位置则加 1，因为第一阶段其他行动组合会触发低效率的阶段博弈的均衡（A，L）出现。于是得到博弈的简化形式，如图 5-5 所示。

参与人 2

		L	M	R
	A	2, 2	6, 1	1, 1
参与人 1	B	1, 6	7, 7	1, 1
	C	1, 1	1, 1	4, 4

图 5-5　博弈简化形式（一）

显然，在简化的博弈中，（B，M）是纳什均衡，表明上述策略是子博弈完美均衡策略。

我们看到，重复博弈给出了与单次博弈不一样的分析结果，即在中间阶段，阶段博弈的非均衡行动组合可以在重复博弈的阶段博弈中出现。

有趣的是，当阶段博弈存在多个子博弈完美均衡时，即便是重复博弈只有两个阶段，子博弈完美纳什均衡也会有多个。这里随意组合若干策略讨论。

（1）（（B，M），（B，M））可能是子博弈完美均衡吗？当然不是。因为子博弈完美均衡必须在每一个子博弈上也对应纳什均衡。在最后一个阶段博弈中，（B，M）不是纳什均衡，故（（B，M），（B，M））不会是重复博弈的子博弈完美均衡。

（2）（（B，M），（A，L））是否可能是子博弈完美均衡？首先验证最后一个阶段的阶段博弈行动组合。由于（A，L）是纳什均衡，该行动组合不能得出否定结论。在该策略组合下，参与人 1 的支付为 4+1 = 5。但针对第一阶段参与人 2 的 M 策略，参与人 1 的最优反应应该是 A，重复博弈的支付为 5 + 1= 6。由此得出该组合不符合纳什均衡的定义，故不是子博弈完美均衡。

（3）（（B，L），（C，R））是不是子博弈完美均衡？假设只有第一阶段出现了行动组合（B，L），第二阶段的高效率纳什均衡（C，R）才会出现，那么按照逆向归纳逻辑，在阶段博弈双矩阵支付表中，在（B，L）位置上加 3，其他位置加 1，可将两阶段重复博弈简化为在第一阶段的如图 5-6 所示的博弈分析。

参与人 2

		L	M	R
	A	2, 2	6, 1	1, 1
参与人 1	B	3, 8	5, 5	1, 1
	C	1, 1	1, 1	4, 4

图 5-6　博弈简化形式（二）

此时（B，L）为均衡解，故下列策略组合为子博弈完美均衡：第一阶段选择（B，L），第二阶段，若第一阶段（B，L）出现就选择（C，R），否则选择（A，L）。

5.2　可观测行动的无限阶段重复博弈

5.2.1　无限阶段博弈支付现值和平均支付

考虑一个无限阶段的重复博弈，在每一阶段博弈 G 开始时，过去的行动是共同知识。时间序列为 $T = \{0，1，2，\cdots\}$。假设阶段博弈中各参与人的纯策略个数为有限数，无限阶段重复博弈可记为 $G^{+\infty}$。

由于阶段博弈是无限阶段进行的，重复博弈的支付将是一个无穷项的和。因此，假设参与人最大化具有折现因子的和，那么给定一个支付流 $\pi = (\pi_0，\pi_1，\cdots，\pi_t，\cdots)$，重复博弈**支付现值**由式（5-1）表示。

$$\mathrm{PV}\,(\pi，\ \delta) = \sum\nolimits_{t=0}^{+\infty}(\delta^t \pi_t) = \pi_0 + \delta\pi_1 + \cdots + \delta^t\pi_t + \cdots \tag{5-1}$$

其中 $\delta \in (0，1)$，为折现因子。

定义无限阶段博弈的**平均支付**为

$$(1-\delta)\,\mathrm{PV}\,(\pi，\ \delta) = (1-\delta)\sum\nolimits_{t=0}^{+\infty}(\delta^t \pi_t) \tag{5-2}$$

即支付现值乘以系数 $(1-\delta)$，其含义是与无穷阶段常数支付流现值相等对应的那个常数。

重复博弈支付现值和平均支付可以从某个给定的时刻 t 开始，记

$$\mathrm{PV}_t(\pi，\ \delta) = \sum\nolimits_{s=t}^{+\infty}(\delta^{s-t}\pi_s) = \pi_t + \delta\pi_{t+1} + \cdots + \delta^k\pi_{t+k} + \cdots \tag{5-3}$$

平均支付则可通过式（5-3）乘以系数（1-δ）得出。显然有

$$\mathrm{PV}(\pi，\ \delta) = \pi_0 + \delta\pi_1 + \cdots + \delta^{t-1}\pi_{t-1} + \delta^t\mathrm{PV}_t(\pi，\ \delta) \tag{5-4}$$

假定重复博弈中每个参与人希望最大化阶段博弈获得的支付流的现值，或者是最大化平均支付值。

5.2.2　重复博弈的历史和策略

在重复博弈中，t 时刻开始的"历史"是博弈在时刻 $0，\cdots，t-1$ 阶段博弈的结果序列。例如，在连锁店博弈中，阶段博弈可能的结果有三种：不进入，用 X 表示；（进入，默许），用 EA 表示；（进入，斗争）用 EF 表示。那么 t 时刻的历史可用一个 t 元组表示为

$$X，X，EA，X，EF，X，X，EA\cdots$$

的形式，表示 $t = 0$，1，$\cdots$，$t-1$ 时刻，参与人的行动组合情况。

类似地，在重复囚徒困境博弈中，阶段博弈的可能结果有四种，分别为（C，C），（C，D），（D，C）和（D，D）。t 时刻的历史可表示为一个 t 元组，形如 CC，CC，CD，DD，$\cdots$，DC。

记 t 时刻的历史为 $h_t = (a_0，\cdots，a_{t-1})$，$a_i$ 是 t 时刻的阶段博弈双方的行动组合。当 $t = 0$ 时，对应的历史 h_0 为空集。

重复博弈的策略是确定在每个时刻 t，针对可能的历史，给出阶段博弈行动的一个映射。由于重复博弈的策略数随着 t 的增加而快速增加，因此人们在分析重复博弈时往往考察一些简单的策略。比如对于囚徒困境重复博弈，可能的策略如下。

（1）**冷酷策略**（grim strategy）：在博弈开始即 $t = 0$ 阶段，每个人都选择 C，随后，若各方一直选择 C，随后大家在每个阶段博弈中都选择 C，否则永远选择 D。

（2）**永远宽容策略**（always for giving strategy）：不管过去发生了什么，在每个阶段博弈中都选择 C。

（3）**针锋相对策略**（tit-for-tat）：在 $t = 0$ 阶段选择 C，随后在每个 $t > 0$ 阶段，选择对手在 $t-1$ 阶段选择的行动。

若博弈双方都采用上述三个策略，博弈的结局均为每个阶段都选择 C，虽然结果相同，但策略显然不同。

定义 5-3 扩张阶段博弈（augmented stage game）。设策略组合 $s^* = (s_1^*，s_2^*，\cdots，s_n^*)$ 是重复博弈的策略组合。对于任意时刻 t 和相应历史 $h_t = (a_0，\cdots，a_{t-1})$，对应的扩张阶段博弈是指除了阶段博弈的行动选择 z 外，其他阶段博弈均与策略组合确定的阶段博弈结果相同的重复博弈。对应的支付可记为

$$U_i(z|s^*，h_t) = u_i(z) + \delta PV_{i,t+1}(h_t，z，s^*) \tag{5-5}$$

式中，δ 为折现因子；$u_i(z)$ 为阶段博弈中行动组合为 z 时，参与人 i 在 t 时刻的阶段支付；$PV_{i,t+1}(h_t，z，s^*)$ 为在 $t+1$ 时刻，历史为 $(h_t，z)$，策略组合为 s^* 的情况下，参与人 i 在重复博弈 $t+1$ 时刻的支付现值。

引入扩张阶段博弈，有如下定理。

定理 5-2 单方偏离原理。策略组合 s^* 是重复博弈的子博弈完美均衡，当且仅当 $(s_1^*(h)，s_2^*(h)，\cdots，s_n^*(h))$ 是任一时刻 t 和策略 s^* 及对应历史 h_t 的扩张阶段博弈子博弈完美均衡。

考虑无限阶段重复连锁店博弈问题。假定阶段博弈如下：

$$G = \begin{array}{c} \\ E \\ X \end{array} \begin{array}{cc} C & F \\ \begin{pmatrix} 1,\ 1 & -1,\ -1 \\ 0,\ 2 & 0,\ 2 \end{pmatrix} \end{array}$$

其中，E 表示进入者选择"进入"，X 表示进入者选择"不进入"，C 表示在位者选择"默许"，F 表示在位者选择"斗争"。显然阶段博弈的唯一纳什均衡是（E，C）。

考虑如下策略组合：

在任何给定的阶段，只有在位者在过去选择了默许，进入者才进入市场。在位者只有在过去选择了默许，在位者在随后的阶段才会选择默许。

我们论述的上述策略组合在折现因子较大的时候是一个子博弈完美纳什均衡。该策略组合会导致历史分为两类：

（1）所有的历史都包含 EC。

（2）所有的历史都不包含 EC。

首先对于任意时刻 t 和对应的历史 $h_t = (a_0, \cdots, a_{t-1})$，若在位者选择默许，则按照上述的策略组合，随后阶段博弈结果永远为 EC。每个参与人获得常数为 1 的支付流。在 $t+1$ 时刻，记对应的支付折现为 $V_C = 1/(1-\delta)$。则在 t 时刻，任一阶段博弈可能结果 $z \in \{X, EC, EF\}$，关于历史 $h_t = (a_0, \cdots, a_{t-1})$ 和策略组合 s^* 的扩张阶段博弈如图 5-7 所示。

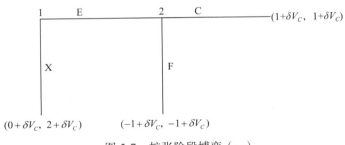

图 5-7　扩张阶段博弈（一）

根据策略组合 s^*，t 时刻在 h_t 的行动组合为 EC，由图 5-7 所示的扩张阶段博弈，在该场合构成了子博弈完美纳什均衡。

现考虑第二种历史场合，即所有的历史都不含有 EC。也就是在位者在过去一直与进入者对抗。那么在某时刻 t，按照博弈的历史、策略组合，扩张阶段博弈如图 5-8 所示。

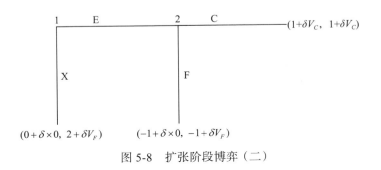

图 5-8　扩张阶段博弈（二）

其中参与人 2（在位者）选择 C，按照前面的预设策略，随后 2 一直采取默许行动，故博弈在 t +1 时刻的现值为 V_C。若 2 在 t 时刻选择斗争，随后进入者永不进入，t +1 时刻进入者的现值为 0，在位者的现值为 $V_F = 2/(1-\delta)$，因为随后在位者一直享有垄断市场中的常数支付流 2。

为使 F 在扩张阶段博弈中成为理性选择，应有

$$-1+\ \delta V_F \geq 1+\ \delta V_C \tag{5-6}$$

将 $V_C = 1/(1-\delta)$ 和 $V_F = 2/(1-\delta)$ 代入式（5-6），求出折现因子的取值范围为 $\delta \geq 2/3$。这表明若双方对将来的支付具有足够的耐心，那么在位者在每个阶段斗争，进入者选择不进入，构成了无限阶段重复博弈的子博弈完美纳什均衡。

类似的分析方法可用来分析无限阶段囚徒困境重复博弈。极端情况，若绝对无耐心，即 $\delta = 0$，则永远背叛将成为均衡策略，此时重复博弈退化为阶段博弈。

考虑无穷阶段的囚徒困境重复博弈。假设阶段博弈 G 为

$$G = \begin{array}{c} \\ \text{C} \\ \text{D} \end{array} \begin{array}{cc} \text{C} & \text{D} \\ \begin{pmatrix} 5, & 5 & 0, & 6 \\ 6, & 0 & 1, & 1 \end{pmatrix} \end{array}$$

考虑双方采用冷酷策略，在何种条件下会成为子博弈完美均衡。

若采用冷酷策略，可能的历史有两类：

（1）双方一直选择合作 C。

（2）某一阶段开始出现 D。

针对情况（1），我们任选一个阶段 t，若双方均选择合作 C，那么从 t +1 时刻开始，任一参与人一直将 C 进行到底，于是得到每个参与人在 t +1 时刻的支付现值为

$$V_C(t+1) = 5+5\delta+5\delta^2+\cdots = 5/(1-\delta) \tag{5-7}$$

若选择背叛，随后冷酷策略将触发双方在随后的每个阶段博弈采用 D 行动，那么 t +1 时刻每个参与人的支付现值为

$$V_D(t+1) = 1+\delta+\delta^2+\cdots = 1/(1-\delta) \tag{5-8}$$

现在，在 t 时刻，若双方均选择 C，那么扩展阶段博弈的支付水平，双方均为 $5+\delta V_C(t+1)$，如果参与人 1 选择 D 而参与人 2 选择 C，则参与人 1 在 t 时刻的阶段博弈支付为 6，但他的机会主义随后导致后续博弈的支付现值为 $\delta V_D(t+1)$，参与人 2 则获得 $0+-\delta V_D(t+1)$。于是扩张阶段博弈如图 5-9 所示。

参与人 2

		C	D
参与人 1	C	$5+\delta V_C(t+1),\ 5+\delta V_C(t+1)$	$0+\delta V_D(t+1),\ 6+\delta V_D(t+1)$
	D	$6+\delta V_D(t+1),\ 0+\delta V_D(t+1)$	$1+\delta V_D(t+1),\ 1+\delta V_D(t+1)$

图 5-9　扩张阶段博弈

若（C，C）是纳什均衡，则根据纳什均衡的定义，可以列出表达式

$$5 + \delta V_C(t+1) \geq 6 + \delta V_D(t+1) \tag{5-9}$$

从而得出 $\delta \geq 1/5$。

针对情况（2），按照冷酷策略，在某个时刻 t，因为之前历史有参与人在某阶段博弈选择 D，所以不管 t 时刻发生什么，双方会一直选择 D，若记从 $t+1$ 开始一直选 D 的支付现值为 $V_D(t+1)$，则 t 时刻的扩张阶段博弈的支付为阶段博弈的囚徒困境支付矩阵加常数 $\delta V_D(t+1)$，从而得到扩张阶段博弈的双矩阵形式，如图 5-10 所示。

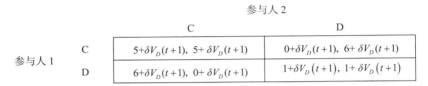

图 5-10 扩张阶段博弈的双矩阵形式

我们知道，博弈的支付函数加上一个常数 $\delta V_D(t+1)$，不会改变均衡解，故此时的纳什均衡为（D，D），即一旦历史的阶段博弈出现了背叛，给定对方坚守冷酷策略，则随后策略是双方一直背叛下去。

5.3 民间定理

研究重复博弈的一个主要目标是研究短期激励和长期激励的关系。前面的分析表明，若参与人有足够的耐心，则长期激励会起作用。那么重复博弈的可能结果会怎样？**民间定理**（folk theorem）给出了理论上的结果。

本节假定阶段博弈为有限同时进行的博弈，记为 $G = \{N, S, u\}$，$S = (S_i, S_{-i})$，$u = (u_i, u_{-i})$，$i \in N$。

5.3.1 可行支付

若参与人对阶段博弈的策略组合 $s \in S$ 进行任意随机化，可能的支付结果是一个 n 维向量集 V，满足

$$V = \left\{ v | v = \sum_{s \in S} p(s) \, (u_1(s), \ u_2(s), \cdots, \ u_n(s)), \ p \in \Delta(S) \right\} \tag{5-10}$$

其中，$S = (S_i, S_{-i})$，$i \in N$，为所有参与人在阶段博弈的所有纯策略组合空间。概率函数 p 为定义在 S 上的概率分布。称式（5-10）支付向量 v 为无限阶段重复博弈的可行支付。

　　显然，从式（5-10）可知，无限阶段重复博弈的可行支付为所有阶段博弈纯策略组合对应支付向量的凸包。图 5-11 即为无限阶段囚徒困境博弈的可行支付区域，即四边形 *ABDF* 围成的区域。

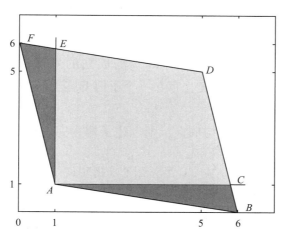

图 5-11　无限阶段囚徒困境博弈的可行支付区域

5.3.2　个体理性：minimax 支付

　　在无限阶段重复博弈均衡中每个参与人的平均支付值都有下限。例如在无限阶段重复囚徒困境博弈中，若每个参与人不管如何一直选择背叛行动 D，则每阶段至少获得支付水平 1，即获得 1 或更高的平均支付。因此，在无限阶段重复囚徒困境中，纳什均衡策略保证他至少获得平均支付水平 1。

　　为求出纯策略纳什均衡的支付下界，可求解最小最大化模型：

$$m_i = \min_{s_{-i} \in S_{-i}} \max_{s_i \in S_i} u_i(s_i, \ s_{-i}) \tag{5-11}$$

在囚徒困境中，每个参与人的最小最大化支付 $m_i = 1$。

　　对于阶段博弈为有限策略式的博弈，在任何纯策略纳什均衡解 s^* 中，参与人 i 的平均支付至少为 m_i。为说明这一点，对于任一历史 h，因为 s^* 是均衡解，根据纳什均衡的定义，应有 $s_i^*(h) \in r_i(s_{-i}^*(h)) = \arg\max u_i(s_i, \ s_{-i}^*(h))$，$s_i \in S_i$，即若其他参与人坚守均衡策略，参与人 i 的策略 $s_i^*(h)$ 是关于对手均衡策略 $s_{-i}^*(h)$ 的最优反应。

　　又由于 $m_i = \min_{s_{-i} \in S_{-i}} \max_{s_i \in S_i} u_i(s_i, \ s_{-i}(h)) \leqslant \max_{s_i \in S_i} u_i(s_i, \ s_{-i}^*(h))$，故命题成立。

　　类似地，无限阶段重复博弈混合策略纳什均衡的下限由如下的最小最大化目标定义：

$$\mu_i = \min_{\alpha_j, \ j \neq i} \max_{s_i \in S_i} \sum_{s_{-i} \in S_{-i}} \prod_{j \neq i} \alpha_j(s_j) u_i(s_i, \ s_{-i}) \tag{5-12}$$

　　记无限阶段重复博弈的可行支付向量为 *v*，若对于任一参与人 i，若可行支付 v_i

还满足 $v_i \geqslant \mu_i$，$v = (v_i, v_{-i})$，则称支付向量 v 满足个体理性。针对囚徒困境博弈，满足个体理性的可行支付向量集为图 5-11 中四边形 $ACDE$ 围成的区域。

5.3.3　民间定理的解释

关于无限阶段重复博弈，存在如下的民间定理　对于无限阶段的重复博弈 $G^{+\infty}$，设 $v \in V$，且满足 $v_i > \mu_i$，是对于任何 $i \in N$ 均成立的可行支付向量，必存在一个 $\bar{\delta} \in (0, 1)$，使得对于任一 $\delta > \bar{\delta}$，存在一个子博弈完美均衡，参与人 i 的平均支付等于 v_i。其中 δ 为折现因子。

若 $v_i > m_i$ 对于任一 $i \in N$ 均成立，则上述子博弈完美均衡还存在纯策略子博弈完美均衡。

民间定理说明的是，在参与人有足够耐心（折现因子足够大）的情况下，严格个体理性的可行支付向量可通过某子博弈完美纳什均衡得到。

以无限阶段重复囚徒困境博弈为例，满足个体理性的平均支付区域为图 5-11 中 $ACDE$ 所围成的区域。结合民间定理，在该区域内任一点对应的可行支付，均有一个纯策略均衡的子博弈完美策略与之对应。

民间定理严格证明从略。这里结合囚徒困境重复博弈对民间定理进行理解与分析。在囚徒困境博弈中，阶段博弈行动组合 CC 得到阶段支付向量 $v_1 = (5, 5)$，DD 行动组合的阶段支付向量为 $v_2 = (1, 1)$。在重复囚徒困境博弈中，考虑下面两个策略组合 s^*：

（1）双方一直选择行动 CC，若有参与人偏离该策略，随后选择 DD。

（2）双方一直选择行动 DD。

按照纳什均衡的定义，无论（1）还是（2），双方参与人在无穷阶段重复博弈中的策略彼此都是关于对方收益的最优反应，只要折现因子足够大（具体过程从略）。此时重复博弈的平均支付分别为 5 和 1，对于每个参与人来说都是如此。

对于可行支付中处于可行区域内部的点，即支付向量 v 处于若干纯策略组合对应的支付连线上，如何分析呢？注意到可行支付集是那些纯策略组合的凸包，因此其上任意一点可表示为若干顶点（对应那些纯策略组合所对应的支付向量）的连线形式。比如考虑可行支付（2，2），可表示为顶点（5，5）和（1，1）的连线形式

$$(2, 2) = \frac{1}{4}(5, 5) + \frac{3}{4}(1, 1)$$

那么可以构造不同的策略重复模式，其平均支付向量在（2，2）附近。比如策略 CC，DD，DD，DD，CC，DD，DD，DD，…，即 CC，DD，DD，DD 周期性重复无穷次，那么每个人的平均支付为

$$1 + \frac{1 - \delta}{1 - \delta^4} \times 4 = 1 + \frac{4}{1 + \delta + \delta^2 + \delta^3}$$

当 $\delta \to 1$ 时，上式趋于 2。还有很多种趋于（2，2）的方式。上述思路表明，可行支付集合中任意一点，都可以构建一系列纳什均衡策略，设定折现因子的临界值，使其平均支付收敛于任一可行支付点。

5.4　应用举例：无限阶段重复古诺模型

下面来看一个无限阶段重复博弈的古诺模型。阶段博弈为：n 个企业，边际成本为 $c \in (0，1)$，每个企业 i 同时选择产量为 q_i 的单位物品，市场出清价格由 $P = \max\{1 - Q，0\}$ 确定，$Q = \sum_{i \in N} q_i$。

重复博弈中，所有过去的历史产量各企业均可以观察到。每个企业具有相同的折现因子 δ。于是得到企业 i 的支付现值，为

$$u_i = \sum_{t=0}^{+\infty} \delta^t q_{i,\,t} (P(q_{1,\,t} + \cdots + q_{n,\,t}) - c)$$

其中 $q_{i,\,t}$ 是 t 时刻企业 i 的产量。

企业 i 的平均支付水平为 $(1 - \delta) u_i$。

5.4.1　阶段博弈的一些分析结果

对于任一 q，记

$$f(q) = q(P(nq) - c) = q(\max\{1 - nq，0\} - c)$$

计算一阶极值条件，若所有企业阶段博弈的产量相同，可以求出在单次阶段博弈中，各企业最优产量为

$$q = \frac{1 - c}{n + 1}$$

对应的古诺利润为

$$f(q^{\text{NE}}) = \frac{(1 - c)^2}{(n + 1)^2}$$

若其他 $n - 1$ 个企业产量均为 q，在单次阶段博弈中，通过计算一阶极值条件，经计算，某企业的最优产量为

$$p = \begin{cases} \dfrac{1 - (n-1)q - c}{2} & 1 - (n-1)q \geqslant 0 \\ 0 & \text{其他情况} \end{cases}$$

于是可求出每个企业在其他企业产量为 q 时的最优利润水平，为

$$g(q) = \max_{q'}(P(q'+(n-1)q)-c) = \begin{cases} (1-(n-1)q-c)^2/4 & (n-1)q \leq 1 \\ 0 & \text{其他情况} \end{cases}$$

5.4.2 具有足够耐心的垄断产量

容易计算，古诺模型的垄断产量为 $Q^M=(1-c)/2$。若企业结盟，垄断产量在 n 个企业中平分，那么单个企业的垄断产量为

$$q^M = \frac{Q^M}{n} = \frac{1-c}{2n}$$

根据民间定理，若折现因子足够大，则垄断产量结果会成为一个子博弈完美均衡。这里构建一个古诺模型的触发策略如下：

在无限阶段的古诺模型中，每个阶段各企业均生产垄断产量 q^M，否则随后生产阶段博弈的古诺均衡产量 $q=\dfrac{1-c}{n+1}$。

下面我们验证在上述策略为子博弈完美均衡策略的情况下，折现因子的取值范围。在某时刻，若各参与方一直坚守上述策略，则各企业在重复博弈中的平均支付为阶段博弈采取垄断产量的收益，为

$$V_C = f(q^M) = \frac{(1-c)^2}{4n}$$

若某阶段某个企业开始偏离约定垄断产量，如产量为 q，其他企业仍坚持约定的垄断产量 q^M，则其平均收益为

$$V_D(q) = (1-\delta)q\left(1-\frac{n-1}{2n}-q-c\right) + \delta f(q^{NE})$$

其最佳偏离的收益为

$$V_D^* = \max V_D(q) = (1-\delta)g(q^M) + \delta f(q^{NE})$$

这里 $g(q^M) = \left(\dfrac{n+1-2nc}{4n}\right)^2$ 为在其他企业坚持垄断产量的情况下，某企业在时刻 t 的阶段博弈中的最佳偏离收益。于是激励古诺模型"触发策略"的条件是

$$V_C \geq V_D^*$$

根据前述各式，得到临界的折现因子条件为

$$\delta \geq \bar{\bar{\delta}} = \frac{g(q^M)-f(q^M)}{g(q^M)-f(q^{NE})}$$

若取 $c=0$，上述折现因子临界值与企业数量 n 的关系可用图 5-12 来表示。

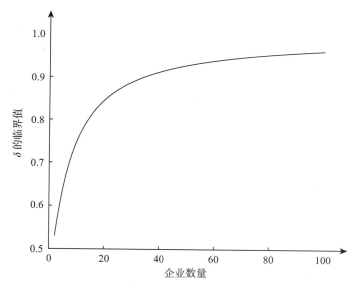

图 5-12　不同企业数量下无穷阶段重复的古诺博弈垄断产量折现因子临界值变化图

习题

1. 在例 5-1 中，请判断策略组合（（C，L），（C，R））或（（C，L），（B，M），（C，R））是否为子博弈完美均衡（对应的两阶段及三阶段重复博弈场合）。
2. 计算在三阶段囚徒困境博弈中，可能的历史有多少个，每个参与人可能的策略（纯策略意义下）有多少个。
3. 针对无限阶段重复囚徒困境博弈

$$
\begin{array}{cc}
 & \begin{array}{cc} C & \quad D \end{array} \\
\begin{array}{c} C \\ D \end{array} &
\begin{pmatrix} 5,\ 5 & 0,\ 6 \\ 6,\ 0 & 1,\ 1 \end{pmatrix}
\end{array}
$$

请论述针锋相对策略在多数场合不是子博弈完美纳什均衡（只有在特定折现因子下是纳什均衡）。
4. 结合连锁店悖论重复博弈，具体解释民间定理。

第 6 章
CHAPTER 6

非对称信息博弈

非对称信息博弈（games with asymmetric information）是指在一个博弈系统中，某些参与人比其他参与人具有更多的信息，或者说博弈一方知道一些信息，而其他一些博弈方不知道。比如，某参与人不知道其他参与人的支付函数，而该参与人知道自己的支付函数，通常人们所说的"买的没有卖的精"等，都是非对称信息博弈的一个具体体现。这种少数参与人知道而其他参与人不知道的信息，又被称为私人信息（private information）。

按照"海萨尼转换"，非对称信息博弈首先引入一个"虚拟参与人"自然，自然按照某概率分布确定各参与人具有多少个类型。

2001 年诺贝尔经济学奖授予了乔治·阿克洛夫、迈克尔·斯宾塞和约瑟夫·斯蒂格利茨三位学者，因为他们研究了"具有非对称信息的市场"。非对称信息博弈论是其中的核心方法。从应用层面看，非对称信息博弈的应用研究比较重要的分支主要有机制设计、委托代理模型等。

第 6.1 节论述了非对称信息博弈相关的基本概念。第 6.2 节给出了贝叶斯博弈的数学表述，并对均衡解概念进行了论述。第 6.3 节就非均衡信息集信念设定、信念和策略的一致性等相关问题进行了论述，并给出了完美贝叶斯均衡的概念。第 6.4 节给出了非均衡信息集信念设定的常用策略。第 6.5 节论述了非对称信息博弈的一些应用。

6.1 基本概念

6.1.1 贝叶斯公式

记随机事件 H_i 和 E 的概率分别为 $P(H_i)$ 和 $P(E)$，若 $P(E) > 0$，则可定义条件概率为

$$P(H_i|E) = \frac{P(H_iE)}{P(E)}$$

描述的是在证据事件 E 发生的前提下，关注的事件 H_i 发生的概率。

将 $P(H_iE) = P(E|H_i)P(H_i)$ 代入上面的式子，就得到了贝叶斯公式通常采用的形式

$$P(H_i|E) = \frac{P(E|H_i)P(H_i)}{P(E)}$$

一般来说，约定俗成的相关名词如下。

（1）H_i 表示一个关注的假设事件。假设事件 H_i 的发生与证据 E 有关。通常还有与 H_i 竞争的其他假设事件，H_1，H_2，…，H_{i-1}，H_{i+1}，…，H_n，它们构成了全概率事件的一个彼此不交的分割，即 $P(\bigcup_{j=1}^{n}H_j) = 1$，且 $H_k \bigcap H_l = \varnothing$，$k \neq l$。

（2）$P(H_i)$ 为 H_i 的**先验概率**，即在证据事件 E 没有发生之前，事件 H_i 发生概率的估计。

（3）E 为证据事件，对应着尚未用于贝叶斯推理，但影响 H_i 发生概率的那些新信息或新数据。

（4）$P(H_i|E)$ 表示在证据 E 发生的情况下，H_i 发生的概率，又被称为 H_i 发生的**后验概率**。

（5）$P(E|H_i)$ 表示若事件 H_i 发生，证据 E 发生的条件概率。

（6）$P(E)$ 为证据 E 发生的先验概率。根据情况，有时候也会按照全概率公式，展开成全概率公式形式，即 $P(E) = \sum_{j=1}^{n} P(E|H_j)$。

贝叶斯公式无须死记硬背，推导几遍自然会记住，或者理解后，直接查有关资料即可。

为理解贝叶斯公式应用，这里举一个例子。

【例 6-1】换还是不换

有 A、B、C 三个盒子，其中只有一个藏有奖品。娱乐节目主持人邀请一位游戏参加者某君选一个盒子。某君选了盒子 B。这时主持人打开了盒子 C，展示给大家看，是一个空盒子。然后，主持人问某君："你愿意修改你的猜测吗？"

那么某君是否要更改他的猜测呢？主持人已经打开了一个空盒子 C，还剩下 A、B 两个盒子，似乎奖品在两个剩余盒子中的概率各占一半，因此某君没有必要更改他之前的猜测。事实真的是这样吗？

为叙述简便，采用符号如下。

OC——打开 C 盒的事件；A——奖品在 A 盒；B——奖品在 B 盒；C——奖品在 C 盒；$P(A|OC)$——在打开 C 盒的情况下，奖品在 A 盒的概率；$P(OC|A)$——奖品在 A 盒的前提下打开 C 盒的概率；$P(OC|B)$——奖品在 B 盒的前提下打开 C 盒

的概率。

根据贝叶斯公式，在打开 C 盒、奖品在 A 盒的后验概率 $P(A|OC)$ 为

$$P(A|OC) = \frac{P(OC|A)P(A)}{P(OC|A)P(A) + P(OC|B)P(B)}$$

首先容易知道先验概率 $P(A) = P(B) = 1/3$。此外，若 A 盒有奖品，主持人只能打开 C 盒（注意此时 B 盒是某君猜测的，A 盒本身就藏有宝物，按照规则这两个盒子都不能打开），故 $P(OC|A) = 1$。若宝物在 B 盒内，主持人打开 A 盒和 C 盒均可，自然有 $P(OC|B) = 1/2$。将这些数值代入，可以求出 $P(A|OC) = 2/3$。因此，某君在主持人打开 C 盒后，应该改变自己的原来猜测。

6.1.2 类型

类型是非对称信息博弈的一个重要概念。若参与人集合为 N，$i \in N$，记参与人 i 的**类型**为 t_i，参与人 i 所有可能类型构成的集合记为 T_i，$t_i \in T_i$。所有参与人类型的卡氏积记为 $T = T_1 \times T_2 \times \cdots \times T_n$，即 $T = \{(t_1, t_2, \cdots, t_n) | t_1 \in T_1, t_2 \in T_2, \cdots, t_n \in T_n) = (T_i, T_{-i})$。

假设每个参与人知道自己的类型，却不一定知道其他参与人的类型，但知道所有其他参与人类型组合的条件概率 p_i，给定自己类型为 t_i 的情况下，即知道概率函数 $p_i(t_{-i}|t_i)$，且该概率函数是所有参与人之间的共同知识。其中 $t_{-i} = (t_1, t_2, \cdots, t_{i-1}, t_{i+1}, \cdots, t_n)$，$t_{-i} \in T_{-i}$。

根据贝叶斯公式，条件概率 $p_i(t_{-i}|t_i)$ 可表示为（离散类型概率分布情况下）

$$p_i(t_{-i}|t_i) = \frac{p(t_{-i}, t_i)}{\sum_{t'_{-i} \in T_{-i}} (t'_{-i}, t_i)} \tag{6-1}$$

对于所有可能的 $t'_{-i} \in T_{-i}$，若博弈中至少存在一个参与人的类型集为非平凡的（类型集包含两个或两个以上的元素），则该博弈为非对称信息博弈。

以古诺模型为例进行说明。假设厂商 1 的成本为 c_1，厂商 2 存在两个可能成本：高成本 c_{2H}；低成本 c_{2L}。那么厂商 1 的类型集为 $T_1 = \{c_1\}$，厂商 2 的类型集为 $T_2 = \{c_{2H}, c_{2L}\}$，厂商 2 知道自己的具体类型，但厂商 1 不知道厂商 2 是高成本还是低成本。若厂商 1 估计厂商 2 属于高成本的概率为 p，低成本的概率为 $1 - p$，则相应概率函数可表示为 $p_1(c_{2H}) = p$，$p_1(c_{2L}) = 1 - p$，且该概率函数为共同知识。

6.1.3 海萨尼转换

对于具有私人信息的博弈，有若干不同的表达形式。比如，某参与人的支付水平依赖于该参与人的不同类型，如具有不同成本类型的古诺产量模型；不同类型的参与

人会影响其他参与人的支付，如在竞争相对激烈的市场中，强硬的对手对自己的伤害会强于软弱的对手等。

针对非对称信息的建模，海萨尼提出了"海萨尼转换"（Harsanyi transformation）方法：引入虚拟参与人"自然"，自然首先行动，确定每个参与人的类型。对于参与人存在多个类型的情形，海萨尼将参与人的多个类型表述为一个"自然"的随机选择，表示为定义在类型集上的某个概率分布，且该概率分布是共同知识。然后，根据博弈实际情况，余下的博弈树在"自然"的行动后展开，构成具有非平凡信息集的博弈树。该博弈树结构也是共同知识。

以第 6.1.2 小节中提出的具有非对称信息的古诺模型为例进行说明。根据海萨尼转换，"自然"首先选择厂商 2 的类型，厂商 2 以概率 p 具有成本 c_{2H}，以 $1-p$ 概率具有成本 c_{2L}，厂商 2 知道自己具体为哪个成本，但厂商 1 只能对厂商 2 的成本进行概率推断，且该概率为厂商 1 和厂商 2 的共同知识。

采用海萨尼转换，通过引入"自然"，可以将不完全信息博弈通过非平凡信息集的博弈树表示，在此基础上进行相应分析。此外，海萨尼转换中的"自然"，由于本身对博弈结局并不具有主观偏好，而是为分析非对称信息人为引入的，因此，又被称为"虚拟参与人"（pseudo player）。

6.2 贝叶斯博弈

若参与人集合为 N，$i \in N$，参与人 i 的行动集为 A_i，$a_i \in A_i$，为参与人 i 的某个行动。所有参与人的行动组合记为 $a = (a_i, a_{-i}) \in A$。按照海萨尼转换，自然首先选择某个类型组合 $t = (t_i, t_{-i}) \in T$，其中参与人 i 的类型集为 T_i，$t_i \in T_i$，$T = (T_i, T_{-i})$。参与人 i 知道自己的类型，对其他参与人的类型组合 t_{-i} 的概率估计，表示为一个条件概率函数 $p_i (t_{-i}|t_i)$。

参与人 i 的策略为从参与人 i 的类型集 T_i 到其行动集 A_i 的一个映射 $s_i (t_i)$：$T_i \rightarrow A_i$。参与人 i 的支付函数 u_i 是一个映射 $u_i (a, t)$：$A \times T \rightarrow \mathbf{R}$。

假定上述信息是共同知识，一个贝叶斯博弈的策略式表示为

$$\Gamma^b = \{N, A_i, T_i, p_i, u_i\}, i \in N$$

称策略组合 $s^* = (s_i^*, s_{-i}^*)$ 为（纯策略）贝叶斯纳什均衡（Bayesian Nash equilibrium），当且仅当

$$s_i^*(t_i) \in \text{argmax}\left\{\sum_{t_{-i} \in T_{-i}} u_i(s_{-i}^*(t_{-i}), a_i, t)p_i(t_{-i}|t_i), a_i \in A_i\right\} \quad (6\text{-}2)$$

对于任意的 $i \in N$ 均成立，其中 argmax 表述的是使式子达到最大值、类型为 t_i 的参与人 i 的行动集。换言之，对于每个参与人来说，贝叶斯均衡中的每个参与人的策略均是关于其他参与人策略组合的最优反应。因此，贝叶斯均衡可看成纳什均衡概念向非对称信息博弈的拓展。

可将纯策略贝叶斯纳什均衡概率拓展到混合策略情况中，具体论述从略。

可以证明，对于一个有限的贝叶斯博弈（参与人集是有限集，各参与人的行动集和类型集均为有限集），一定存在一个贝叶斯纳什均衡（若允许混合策略存在）。这里只给出结论，具体证明从略。

【例6-2】具有单方不对称信息的性别战博弈。丈夫不知道是和 A 类型还是 B 类型的妻子进行博弈，但知道两种类型的概率相同，且该概率信息是共同知识，妻子知道自己的类型。丈夫与不同类型的妻子博弈，收益矩阵如表 6-1 所示。

表 6-1　丈夫和不同类型的妻子性别战博弈的收益矩阵

丈夫	A 类型妻子		B 类型妻子	
	足球	芭蕾	足球	芭蕾
足球	2, 1	0, 0	2, 0	0, 2
芭蕾	0, 0	1, 2	0, 1	1, 0

引入"虚拟参与人"自然，分别用 S、B 表示双方选择"足球"和"芭蕾"两个行动，则可将不完全信息博弈表述为博弈树的形式，如图 6-1 所示。

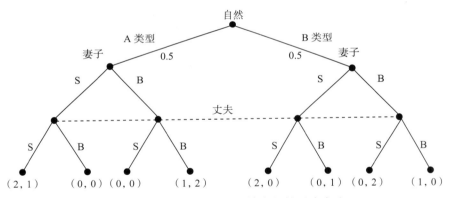

图 6-1　不完全信息性别战博弈的扩展式表述

在该博弈中，丈夫有一个类型，妻子有两个类型。按照贝叶斯博弈的数学表述，丈夫有两个策略，选 S，选 B；妻子则有四个策略：属于 A 类型选择 S 或 B，属于 B 类型选择 S 或 B，分别记为 SS、SB、BS 和 BB。于是得到博弈的策略式表述，如图 6-2 所示。

$$
\begin{array}{ccccc}
 & SS & SB & BS & BB \\
S & (2^*, 0.5 & 1^*, 1.5^* & 1^*, 0 & 0, 1 \\
B & 0, 0.5 & 0.5, 0 & 0.5, 1.5^* & 1^*, 1)
\end{array}
$$

图 6-2　具有非对称信息性别战的策略式表示

采用标号法，可以得出该策略式表述的纯策略纳什均衡（S，SB），即丈夫去看足球，妻子若是 A 类型的去看足球，B 类型的去看芭蕾。

【例6-3】具有单边非对称信息的古诺模型。假设市场存在线性需求函数 $P(Q)=a-Q$，其中 $Q=q_1+q_2$ 为市场中某商品的总供应量。厂商 1 的边际成本 c 是共同知识，厂商 2 的边际成本为私人信息，以概率 p 具有高边际成本 c_H，以 $1-p$ 概率具有低边际成本 c_L，其中 $c_L < c_H$。每个厂商的目标是期望利润最大化。那么贝叶斯纳什均衡是什么呢？

厂商 2 有两个类型，不同类型的边际成本将选择不同的行动，记为 $\{q_2(c_L),q_2(c_H)\}$。若厂商 2 是高成本类型，那么给定厂商 1 产量为 q_1^*，厂商 2 求解如下最优化问题

$$\max_{q_2}(P(Q)-c_H)q_2=[a-q_1-q_2-c_H]q_2$$

即高成本的厂商 2 关于 q_1^* 的最优反应为

$$q_2^*(c_H)=\frac{a-q_1^*-c_H}{2}$$

同理，对于低成本类型的厂商 2，针对对手产量 q_1^* 的最优反应是

$$q_2^*(c_L)=\frac{a-q_1^*-c_L}{2}$$

厂商 1 只有一个类型，它要求解的问题为

$$\max_{q_1}\left\{p[a-q_1-q_2^*(c_H)-c]q_1+(1-p)[a-q_1-q_2^*(c_L)-c]q_1\right\}$$

即

$$q_1^*=\frac{p(a-q_2^*(c_H)-c)+(1-p)(a-q_2^*(c_L)-c)}{2}$$

联立上述各式，得到贝叶斯纳什均衡解为

$$q_2^*(c_H)=\frac{a-2c_H+c}{3}+\frac{(1-p)(c_H-c_L)}{6}$$

$$q_2^*(c_L)=\frac{a-2c_L+c}{3}-\frac{p\ (c_H-c_L)}{6}$$

$$q_1^*=\frac{a-2c+pc_H+(1-p)c_L}{3}$$

6.3　具有非对称信息的扩展式博弈

在扩展式博弈模型均衡解分析中，子博弈完美思想表述了一个合理的均衡：不仅在整个博弈树上是均衡，同时在每一个子博弈上也是均衡。对于具有非对称信息的扩展式博弈，子博弈完美是不是很充分了呢？

6.3.1　仅有子博弈完美是不够的

先看如图 6-3 所示的博弈，对应的策略式表述如图 6-4 所示。

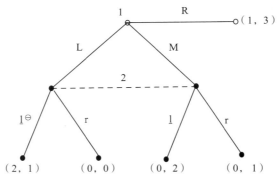

图 6-3　具有不对称信息的博弈树

		参与人 2	
		$\underline{l}$	r
参与人 1	L	2, 1	0, 0
	M	0, 2	0, 1
	R	1, 3	1, 3

图 6-4　图 6-3 博弈树的策略式表述

由图 6-4 容易得出，该博弈存在两个纯策略纳什均衡（L，$\underline{l}$）和（R，r）。按照子博弈的定义，该博弈树只有一个子博弈，即整个博弈树本身。因而（L，$\underline{l}$）和（R，r）均为子博弈完美纳什均衡。

但是（R，r）明显是一个不那么可信的威胁：如果轮到参与人 2 行动，2 的行动 $\underline{l}$ 帕累托优于 r，于是参与人 1 就不会因为参与人 2 威胁他在其后的行动中选择 r，在博弈的第一阶段选择 R。

因此，对于具有非对称信息的博弈树，仅有子博弈完美是不够的，还需要进一步"完美化"。若将子博弈完美思想由单节点信息集拓展到多节点信息集，就得到了完美贝叶斯均衡。本节余下部分对此进行论述。

⊖　为避免混淆，l（left）加下划线，代表行动选择，与 r 相对。

6.3.2　信念与序贯理性

参与人在某个信息集的**信念**是指参与人对该信息集上的节点概率分布的推断。比如，对于如图 6-3 所示的博弈，参与人 2 需要设定他在自己的信息集上两个节点的概率。对于包含有限节点的信息集，信念可以直接标记在博弈树上，用中括号 [] 括起来，如图 6-5 所示。

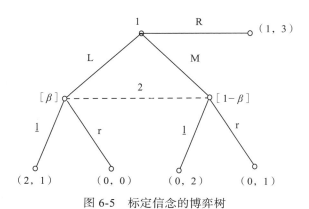

图 6-5　标定信念的博弈树

一旦确定了各参与人的"信念"，该参与人的行动选择要满足"**序贯理性**"（sequential rationality）要求。所谓"序贯理性"，是指任何一个参与人，一旦给定了他的信念，他在每个信息集上的行动选择要实现期望效用最大化。因此，序贯理性是子博弈完美思想由单节点信息集向多节点信息集的拓展。这里通过一个例子进行说明。

考察如图 6-6 所示的博弈树。

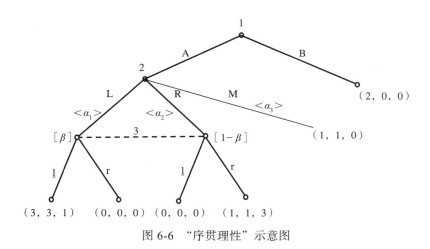

图 6-6　"序贯理性"示意图

在图 6-6 中，参与人 2 在其行动集上的随机行动是，他以 α_1 的概率选择 L，以 α_2 的概率选择 R，以 α_3 的概率选择 M。如果某参与人在其信息集上可以选择随机化的行动，那么这样的策略被称为**行为策略**（behavioral strategies）。

　　参与人 3 的信念是，他认为在信息集左边结点的概率为 β，在右边结点的概率为 $1-\beta$。给定了参与人 3 的信念，"序贯理性"要求参与人 3 选择期望效用最大化的行动。若参与人 3 选择 $\underline{1}$，期望收益为 $1 \times \beta + 0 \times (1-\beta) = \beta$，若选择 r，期望收益为 $0 \times \beta + 3 \times (1-\beta) = 3 - 3\beta$。因此，当 $\beta \geqslant 3/4$ 时，参与人 3 选择 $\underline{1}$，当 $\beta \leqslant 3/4$ 时，参与人 3 选择 r。

6.3.3　信念、策略的一致性

　　"序贯理性"需要设定参与人在非平凡信息集上关于其所含节点的概率分布，即设定信念。但信念的设定不是随意的，需要满足信念和策略的一致性。

　　所谓信念和策略的一致性，是指信念的设定要符合贝叶斯概率公式，即信念的概率分布是参与人策略组合下相应概率的合理导出结果。

　　将贝叶斯公式引入贝叶斯博弈的概率函数，应有如下公式成立（在分母不为 0 的情况下）

$$p_i(t_{-i} \mid t_i) = \frac{p(t_i, \ t_{-i})}{\sum_{\tau_{-i} \in T_{-i}} p(t_i, \ \tau_{-i})}$$

　　对于扩展式表述（有限博弈可用博弈树表示）博弈，需要确定在每一个非平凡信息集上各节点的概率分布（信念）。给定了某策略组合 s，称某参与人在其任一信息集 I 上的信念 b 与 s 满足**一致性**要求，若在可以应用贝叶斯概率公式的情形下（相应分母不等于 0），信念是通过贝叶斯公式确定的，即满足如下公式：

$$b(n \mid I) = \frac{\mathrm{Prob}(n \mid s)}{\sum_{n' \in I} \mathrm{Prob}(n' \mid s)}$$

　　式中，n 和 n' 为信息集 I 上的节点。

　　以图 6-6 为例进行说明。若参与人 2 以概率 α_1 选择行动 L，以概率 α_2 选择行动 R，以概率 α_3 选择 M，用 < > 表示，那么"一致性"要求参与人 3 的信念设定值（根据贝叶斯公式）有

$$\beta = \frac{\alpha_1}{\alpha_1 + \alpha_2}$$

即参与人 3 在其信息集上的概率设定为 $(\beta, 1-\beta)$，β 如上式所示。

　　在图 6-6 中，若参与人 2 在其信息集上选择 M，那么参与人 3 的信息集不能到达。此时贝叶斯概率更新公式不能使用，一般情况下，参与人 3 可在满足概率限制的前提下，任意设定其信念，即 $0 \leqslant \beta \leqslant 1$。

6.3.4　完美贝叶斯均衡

　　非对称信息扩展式博弈的**完美贝叶斯均衡**（perfect Bayesian equilibrium）是一个

策略组合 s^* 与所有非平凡信息集上的信念集 b^* 构成的二元组 $(s^*,\ b^*)$，满足如下两个条件：

（1）信念 b^* 与均衡策略组合 s^* 满足一致性要求。

（2）给定了信息集上的信念 b^*，参与人的策略 s^* 在该信息集上导出的行动符合序贯理性。

完美贝叶斯均衡就是一个同时满足"一致性"和"序贯理性"的策略、信念组合对，记为 $(s^*,\ b^*)$。

根据上述定义，完美贝叶斯均衡一定是子博弈完美均衡，同时也是纳什均衡。

寻求完美贝叶斯均衡的方法通常有两种：①尝试考虑完美贝叶斯均衡及生成满足一致性要求的信念，或者尝试用逆向归纳逻辑（不一定总是有效）；②先"猜测"一种策略组合、信念组合可能是完美贝叶斯均衡，再反复用一致性和序贯理性进行验证。

以如图 6-6 所示的博弈为例，判断策略组合、信念二元组 $\{(B,\ R,\ r),\ \beta = 0\}$ 是否为完美贝叶斯均衡，即参与人 1 在第一阶段选择 B，参与人 2 在第二阶段选择 R，参与人 3 在第三阶段选择 r，参与人 3 的概率信念为以概率 1 在信息集的右边节点，这个策略、信念组合是否为完美贝叶斯均衡。

给定了参与人 3 的信念，可验证参与人 3 选择 r 符合序贯理性要求。同时，参与人 2 选择了行动 R，必然得出 $\beta = 0$，信念设定满足一致性要求。因此，$\{(B,\ R,\ r),\ \beta = 0\}$ 为一个完美贝叶斯均衡。

该博弈还有另外一个完美贝叶斯均衡，即策略、信念组合 $\{(A,\ L,\ \underline{1}),\ \beta = 1\}$，通过重复验证一致性和序贯理性可证，具体过程从略。

【例 6-4】求解图 6-7 的完美贝叶斯均衡

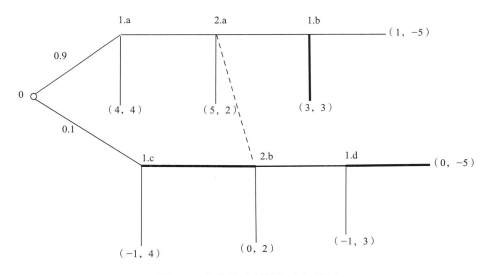

图 6-7　完美贝叶斯均衡求解算例

首先，按照序贯理性要求，参与人 1 在节点 1.b、1.c 和 1.d 处，应分别选择"向下""向右""向右"的行动，如图 6-7 中粗线标出的行动。

其次，参与人 1 在节点 1.a 处，必须随机选择"向下"和"向右"的行动。分析如下：假设参与人 1 在 1.a 选择"向下"，那么当博弈进入参与人 2 的信息集时，按照策略、信念的一致性，参与人 2 将知道自己在节点 2.b 处，此时若选择"向右"，随即博弈到达节点 1.d，参与人 1 将选择向右，参与人 2 获得收益 –5；若参与人 2 在 2.b 选择向下，收益为 2，故参与人 2 在 2.b 处应该选择"向下"。但参与人 1 在 1.a 处选择"向下"并不是关于参与人 2 策略（选择"向下"）的最优反应，因为选择"向右"与参与人 2 的策略博弈，参与人 1 的收益为 5，优于选择"向下"（收益为 4）。如果参与人 1 在 1.a 处选择"向右"，那么按照贝叶斯公式，参与人 2 的信念为：在 2.a 的概率为 0.9，在 2.b 的概率为 0.1。在这样的信念下，按照序贯理性要求，参与人 2 将选择"向右"（$2 < 3 \times 0.9 + (-5) \times 0.1 = 2.2$），但参与人 1 对该策略的最优反应是在 1.a 处选择"向下"（$4 > 3$）。因此，参与人 1 必然在 1.a 处随机化其行动选择。

同理，参与人 2 在其信息集上，也将随机化"向下"和"向右"的行动。

下面确定参与人 1 在 1.a、参与人 2 在其信息集处选择行动的概率。设参与人 1 在 1.a 处选择"向下"的概率为 α，参与人 2 在其信息集处选择"向下"的概率为 γ。为与信念表述相区分，用 <> 表示随机行动的概率。设参与人 2 在节点 2.a、2.b 的信念为 $(\beta, 1-\beta)$，用 [] 表示，如图 6-8 所示。

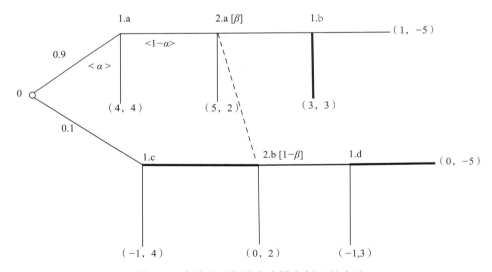

图 6-8　完美贝叶斯均衡在博弈树上的表述

在节点 1.a 处，参与人 1 选择"向下"的收益为 4，选择"向右"时，若参与人 2 的随机策略为以 γ 选择"向下"，那么参与人 1 的期望收益为 $5\gamma + 3(1-\gamma)$。参与人 1 乐于在节点 1.a 处行为随机化，必有 $4 = 5\gamma + 3(1-\gamma)$，得出 $\gamma = 1/2$。

参与人 2 在信息集上随机化其行动，选择"向下"和"向右"的期望收益必然相同。选择"向下"的收益为 2，选择"向右"的期望收益为 $3\beta + (-5) \times (1-\beta)$，二者收益相等，得出 $\beta=7/8$。

根据策略与信念的一致性要求，按照贝叶斯公式，应有

$$\beta = \frac{0.9 \times (1-\alpha)}{0.9 \times (1-\alpha) + 0.1} = \frac{7}{8}$$

从而求出 $\alpha =2/9$。最终完美贝叶斯均衡标注于图 6-9 中。

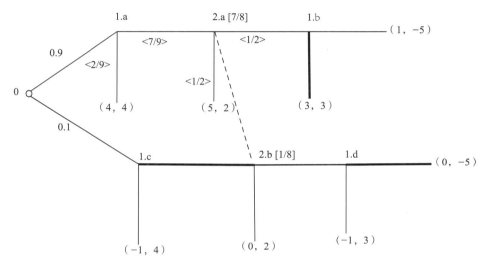

图 6-9　完美贝叶斯均衡解在博弈树上的标注

6.4　一些讨论

6.4.1　非均衡路径上信息集信念的设定

所谓非均衡路径上信息集，就是按照均衡解进行博弈推演，那些不能以正概率到达的信息集。完美贝叶斯均衡要求信念与策略满足一致性，但对于 0 概率到达的信息集，即非均衡行动对应信息集的信念推断，贝叶斯公式的应用条件不成立（后验事件发生概率为 0），无法应用贝叶斯概率更新公式。此时如何设定不在均衡路径上信息集的信念呢？常用的方法主要有如下三种。

（1）**被动推测**（passive conjectures）。对于不在均衡路径上的信息集信念的设定，直接采用对应事件先验概率设定，这样的方法被称为被动推测。

（2）**直觉准则**（intuitive criterion）。根据 Cho & Kreps（1987），对于某个类型的参与人，没有接收到后验信息的参与人不管如何设定信念，该类参与人采用某非均衡

行动都不能获益，那么对此种类型的参与人选择该非均衡行动的概率应设定为 0。

（3）**完全稳健性**（complete robustness）。对于所有可能的信念，均验证均衡策略的可能性。可表示为 Prob（type|action）= m，$0 \leqslant m \leqslant 1$。

【**例 6-5**】假设申请读博的学生中有 10% 的学生喜欢经济学，某经济学院对于收到的读博申请决定是接受或拒绝。学生知道自己是否喜欢经济学，但学院不知道。不同策略组合下博弈收益情况及博弈的过程如图 6-10 所示。

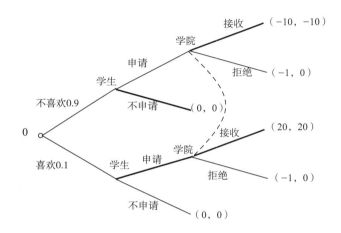

图 6-10　博士申请 - 接收博弈（分离均衡情况）

该博弈有几个完美贝叶斯均衡。首先，不同类型的学生选择不同的行动，如"不喜欢"类型的学生选择"不申请"，"喜欢"类型的学生选择"申请"。学院看到申请后，选择"接收"行动。在学院的信息集中，设定的信念为 p（不喜欢 | 申请）= 0，p（喜欢 |申请）= 1。根据完美贝叶斯均衡定义，可验证该策略、信念组合为完美贝叶斯均衡。

注意到在上述完美贝叶斯均衡中，不同类型的学生选择不同的行动。一般来说，在非对称信息博弈中，若不同类型的参与人在均衡解中选择不同的行动，则称该均衡为"**分离均衡**"（separating equilibrium）。

该博弈还有另外一个完美贝叶斯均衡，为

（1）学生策略："不喜欢"类型，不申请；"喜欢"类型，不申请。

（2）学院策略：拒绝。

（3）信念：按照该策略确定的博弈路径，学院的信息集不在均衡路径上，因此无法应用贝叶斯概率更新公式。但按照"被动推测"准则，确定学院在其信息集上的信念为 p（不喜欢 | 申请）= 0.9。可验证在这个信念下，学院和学生的策略彼此互为最优反应，因此信念、策略二元组是一个完美贝叶斯均衡，如图 6-11 所示。

在该均衡中，存在不同类型的参与人选择了相同的行动，称这样的均衡为"**混同均衡**"（pooling equilibrium）。

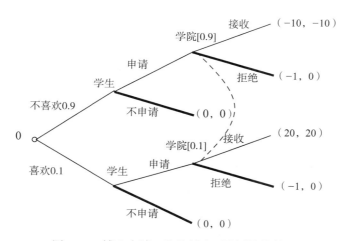

图 6-11　博士申请 – 接收博弈（混同均衡情况）

继续考虑在上述策略组合下，按照其他方法设定信念的情况。首先考虑"直觉准则"。按照"直觉准则"，不管学院如何设定信念，不喜欢经济学类型的学生均不会从"申请"行动中获益，因此博弈一旦进入学院的信息集，可设定信念为 p（不喜欢 | 申请）$= 0$。这样的信念不支持上述的混同均衡。

再考虑"完全稳健性"。按照"完全稳健性"，学院的信念设定为 p（不喜欢 | 申请）$= m$，$0 \leqslant m \leqslant 1$。对于两个端点的极端情况，$m = 0$ 情形对应分离均衡；$m = 1$ 时，表明学院认为凡是申请的都是不喜欢经济学的，给定这样的信念，学院的序贯理性是拒绝，两类学生的最优反应均为"不申请"；对于 $0 < m < 1$ 的一般性场合，结合 m 的不同取值范围，不断应用最优性和一致性准则，可得出所有可能的完美贝叶斯均衡。请读者自行计算分析，此处从略。

6.4.2　序贯均衡 *

对于一个策略、信念二元组（σ，b），除了满足完美贝叶斯均衡的一致性和序贯理性要求，若还满足如下条件（Kreps & Wilson，1982）：

对于博弈的任一信息集，无论是否在 σ 确定的路径上，都存在某个趋于 0 的完全混合策略（每个路径都以正概率选择，以便应用贝叶斯公式）的颤抖，相应的条件概率由贝叶斯公式导出，且收敛于（σ，b），即存在一个非退化混合策略、信念组（σ^m，b^m），满足以下条件：

（1）（σ^m，b^m）$\rightarrow$（σ，b）。

（2）对于每一个 m，σ^m 是完全的混合策略（对应每个行动的概率均为正）。

（3）b^m 根据贝叶斯公式，由 σ^m 导出。

那么（σ，b）为序贯均衡。

6.5 应用举例

6.5.1 非对称信息均衡极限与混合策略

在博弈模型中引入非对称信息，完全信息博弈的混合策略纳什均衡几乎总是可以解释为某种情况下纯策略贝叶斯纳什均衡的极限。这里以性别战博弈为例进行说明，如图 6-12 所示。

图 6-12　性别战博弈

在第 3 章中的性别战中，存在两个纯策略纳什均衡（芭蕾，芭蕾）和（足球，足球），以及一个混合策略均衡：妻子以 2/3 的概率选择芭蕾，丈夫以 2/3 的概率选择足球。

现假设妻子和丈夫对双方的支付存在着"微小程度"的不确定：如果双方都选择芭蕾，妻子的收益为 $2 + t_1$，其中 t_1 的值是妻子的私人信息，如果双方都去看足球比赛，丈夫的收益为 $2 + t_2$，t_2 为丈夫的私人信息。假设 t_1 和 t_2 互相独立，且服从 $[0, x]$ 上的均匀分布（x 是一个很小的正数）。那么这就是一个贝叶斯博弈，收益情况如图 6-13 所示。

丈夫

	芭蕾	足球
芭蕾	$2+t_1$, 1	0, 0
足球	0, 0	1, $2+t_2$

妻子

图 6-13　具有非对称信息的性别战博弈

构建非对称信息性别战博弈的纯策略贝叶斯纳什均衡：妻子在 t_1 超过某个临界值 c 时选择芭蕾，否则选择足球；丈夫则在 t_2 超过某临界值 p 时选择看足球，否则选择芭蕾。在该均衡中，妻子以 $(x - c)/x$ 的概率选择芭蕾，丈夫则以 $(x - p)/x$ 的概率选择足球。可以证明当 x 趋于 0 时，上述两个式子的极限都趋于 2/3。

对于给定的 x，可以求出符合贝叶斯纳什均衡条件下的临界值 c 和 p。

给定丈夫的策略，妻子选择芭蕾和足球的期望收益分别为

$$\frac{p}{x}(2+t_1) + \left(1 - \frac{p}{x}\right) \times 0 = \frac{p}{x}(2+t_1)$$

$$\frac{p}{x}\times 0+\left(1-\frac{p}{x}\right)\times 1=1-\frac{p}{x}$$

因此，当且仅当

$$t_1>\frac{x}{p}-3=c$$

时选择芭蕾是最优的。

同理，给定妻子的策略，丈夫选择足球是最优的条件为

$$t_2>\frac{x}{c}-3=p$$

联立几个方程，得到 $p=c$ 和 $p^2+3p-x=0$。于是可以计算妻子选择芭蕾的概率 $(x-c)/x$ 和丈夫选择足球的概率 $(x-p)/x$ 都等于

$$1-\frac{-3+\sqrt{9+4x}}{2x}$$

当 x 趋于 0 时，该式的值趋于 2/3。也就是说，随着非对称信息的消失，参与人在不完全信息下的纯策略贝叶斯纳什均衡行动趋于在完全信息下混合策略纳什均衡下的行动。

6.5.2　具有非对称信息的重复囚徒困境："四人帮模型"

在第 5 章的重复博弈中，论述了连锁店悖论和民间定理。其中针对重复囚徒困境问题，通过引入无穷阶段博弈和折现因子，得出了阶段博弈中双方均选择"抵赖"在某种程度上也可以构成子博弈完美均衡。此处引入非对称信息，分析阶段博弈为囚徒困境的重复博弈。

引入非对称信息的一个方式是假设多数参与人是非理性的，博弈一方不知道另一方是否为理性决策者，假设行参与人以很大的概率采用"针锋相对"策略，那么列参与人的最优策略将从开始一直快到重复博弈结束时（具体阶段与某些参数有关）均选择"抵赖"，然后一直选择"坦白"。

克里普斯（Kreps）、米格尔罗姆（Milgram）、罗伯茨（Roberts）和威尔逊（Wilson，1982）构建了一个"四人帮模型"（KMRW 模型）。在该模型中，一些参与人只采用"针锋相对"策略，其他参与人则伪装成自己也是这样的策略者。该模型的精彩之处在于，只需要引入少量的非对称信息，同时行参与人属于"针锋相对"策略类型的概率水平不需要很高。他们提出的"四人帮定理"如下：

"四人帮定理"（KMRW 定理）　考虑重复次数为 T 的重复囚徒困境博弈，存在不具有折现因子但有 γ 概率采用"针锋相对"的参与人。若 T 足够大，那么存在一个正整数 M，使得如下策略组合构成一个完美贝叶斯均衡：所有理性的参与人在 $t\leqslant M$ 时选择合作策略"抵赖"，在 $t>M$ 阶段博弈中采用不合作策略"坦白"，而且，非合作

阶段的数量 $T-M$ 仅与 γ 有关，与博弈的阶段数 T 无关。

具体证明此处从略。这里通过一个例子帮助读者理解"四人帮定理"。

假设阶段博弈为如图 6-14 所示的囚徒困境问题。

<table>
<tr><td></td><td></td><td colspan="2" align="center">B</td></tr>
<tr><td></td><td></td><td align="center">合作</td><td align="center">背叛</td></tr>
<tr><td rowspan="2">A</td><td>合作</td><td align="center">3，3</td><td align="center">−1，4</td></tr>
<tr><td>背叛</td><td align="center">4，−1</td><td align="center">0，0</td></tr>
</table>

图 6-14   囚徒困境博弈

其中，A 有两个类型：理性、非理性（采用"针锋相对"策略），B 只有一个类型：理性。设 A 为非理性的概率为 p，且这些信息为双方的共同知识。这是一个单方信息不对称的重复囚徒困境问题。

假设博弈只有两个阶段。在第二阶段（ $t=2$ 时刻），参与人 B 肯定选择"背叛"。在第一阶段，参与人 B 以概率 p 遇到非理性类型的参与人 A（tit-for-tat 的拥趸），以 $1-p$ 的概率遇到理性类型的参与人 A。那么不管 B 选择什么，理性类型的 A 都会选择"背叛"，因为 A 没有必要假扮自己是非理性类型的，A 知道不管此时他做什么，理性的 B 都会在下一阶段选择"背叛"。

因此，若 B 在第一阶段选择"合作"，那么非理性的 A 会在第一阶段和随后的第二阶段都选择"合作"，理性的 A 在两个阶段都选择"背叛"；若 B 在第一阶段选择"背叛"，那么非理性的 A 在第一阶段选择"合作"，随后在第二阶段选择"背叛"（按照 tit-for-tat 策略），理性类型的 A 在两个阶段都选择"背叛"（见表 6-2）。其中 X 可选择"合作"或"背叛"。

表 6-2   两阶段的非对称信息囚徒困境博弈

	针锋相对策略	$t=1$	$t=2$
A	非理性型 p	合作	X
	理性型 $1-p$	背叛	背叛
B		X	背叛

若 B 在第一阶段选择"背叛"，两阶段的收益之和为

$$4p+(1-p)\times 0+p\times 0+(1-p)\times 0=4p$$

若 B 在第一阶段选择"合作"，两阶段的收益之和为

$$3p+(1-p)\times(-1)+4p+(1-p)\times 0=8p-1$$

因此，B 在第一阶段选择"合作"的条件为

$$8p-1\geqslant 4p$$

从而得出 $p\geqslant 0.25$，即如果 B 对 A 非理性的概率判断大于或等于 0.25，B 就会先在

第一阶段选择"合作"，然后在第二阶段选择"背叛"。

若上述囚徒困境重复次数为 3，非理性类型的 A 的策略很简单，就是按照 tit-for-tat 策略进行各阶段的行动选择，所以我们只分析理性类型的 A 如何进行行动选择，并在不会引起混淆的前提下省略理性类型的说明。

如果 A 在第一阶段选择"背叛"，他马上就会暴露自己的类型为理性，那么理性的 B 在余下两个阶段会选择"背叛"。因此，A 需要权衡，若自身类型是理性的，是否在第一阶段就暴露自己的类型。如果 A 在第一阶段选择了"合作"，掩盖了自己的类型，那么 B 在做第二阶段的决策时就好像第一阶段没有发生一样，B 对 A 的先验判断没有任何改变。于是 B 在第二阶段继续选择合作，在 $p \geq 0.25$ 的条件下。此时三阶段囚徒困境重复博弈分析如表 6-3 所示。

表 6-3　三阶段的非对称信息囚徒困境博弈

	针锋相对策略	$t=1$	$t=2$	$t=3$
A	非理性型 p	合作	X	Y
	理性型 $1-p$	合作	背叛	背叛
B		X	Y	背叛

在最后一个阶段，理性的 B 肯定选择"背叛"。因此 B 将在如下四种组合中选择：（合作，合作，背叛）、（合作，背叛，背叛）、（背叛，背叛，背叛），（背叛，合作，背叛），分别表示 B 在第一、第二、第三阶段的行动选择。这四种选择的可能结局如表 6-4 所示。

表 6-4　三阶段的非对称信息囚徒困境博弈——B 的可能选择

	针锋相对策略	$t=1$	$t=2$	$t=3$	B 的总收益
A	非理性型 p	合作	$X_1=$ 合作	$X_2=$ 合作	
	理性型 $1-p$	合作	背叛	背叛	
B		$X_1=$ 合作	$X_2=$ 合作	背叛	$8p+2$
	B 在各阶段的收益	3	$3p+(-1)(1-p)$	$4p+0$	
A	非理性型 p	合作	$X_1=$ 合作	$X_2=$ 背叛	
	理性型 $1-p$	合作	背叛	背叛	
B		$X_1=$ 合作	$X_2=$ 背叛	背叛	$4p+3$
	B 在各阶段的收益	3	$4p+0$	0	
A	非理性型 p	合作	$X_1=$ 背叛	$X_2=$ 背叛	
	理性型 $1-p$	合作	背叛	背叛	
B		$X_1=$ 背叛	$X_2=$ 背叛	背叛	4
	B 在各阶段的收益	4	0	0	
A	非理性型 p	合作	$X_1=$ 背叛	$X_2=$ 合作	
	理性型 $1-p$	合作	背叛	背叛	
B		$X_1=$ 背叛	$X_2=$ 合作	背叛	$4p+3$
	B 在各阶段的收益	4	-1	$4p+0$	

可以验证，当 $p \geqslant 0.25$ 时，B 在不同行动选择下的总收益最大为 $8p+2$，因此理性类型的 A 的行动为（合作，背叛，背叛），理性的 B 的行动为（合作，合作，背叛）。一般地，如果博弈重复 T 次（$T \geqslant 3$），针对上述阶段博弈的囚徒困境问题，只要 $p \geqslant 0.25$，下列策略组合就构成一个完美贝叶斯均衡：理性类型的参与人 A 在首次至 $T-2$ 阶段选择"合作"，在剩余两个阶段选择背叛；B 则在首次至 $T-1$ 阶段选择"合作"，最后阶段选择"背叛"。

6.5.3　具有双边非对称信息的市场进入博弈

考虑如图 6-15 所示的市场进入博弈。

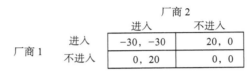

图 6-15　市场进入博弈

该博弈的两个纯策略纳什均衡为一个选择"进入"，另外一个选择"不进入"，以及一个混合策略均衡：2/5 的概率选择"进入"，3/5 的概率选择"不进入"。

现假定市场的垄断毛利为 50，如果两家厂商进入，由于竞争激烈，毛利为 0。进入该市场的成本为 c_i，为 [0，100] 上的均匀分布，随机变量 $i=1，2$。两个厂商独立选择自己的行动，且每个厂商只知道自己的类型（成本）。这时双方的策略应该如何制定呢？

该博弈的策略式表述如图 6-16 所示。

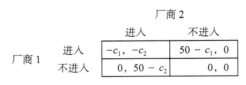

图 6-16　具有双边非对称信息的市场进入博弈

首先，若厂商的成本为 0，肯定进入该市场（只要对另一方进入市场的信念 < 1，选择进入是严格占优策略），同样，若厂商的成本超过 50，肯定不进入该市场。考虑到该博弈的对称性，肯定存在一个临界值 c^*，当 $0 < c_i \leqslant c^*$ 时，选择"进入"；当 $c_i > c_i^*$ 时，选择"不进入"。

对于厂商 i 来说，若厂商 j 进入的概率为 p_j，厂商 i 进入的期望收益为

$$u_i（\text{进入}，p_j）= - c_i + 50（1-p_j）$$

如果厂商 i 不进入，收益为 0。因此，只要上式不小于 0，厂商 i 就将选择进入。因此，临界值 c_i^* 是满足如下条件的解：

$$-c_i^* + 50\,(1-p_j) = 0$$

由于成本类型 c_j 服从 $[0，100]$ 上的均匀分布，因此 $p_j = c_j^*/100$。

联立上述各式，得到厂商 1 和厂商 2 的临界值点需要满足的条件为

$$-c_1^* + 50\,(1-c_2^*/100) = 0$$
$$-c_2^* + 50\,(1-c_1^*/100) = 0$$

从而得出 $c_1^* = c_2^* = 100/3$，各方进入的概率为 $p_1 = p_2 = 1/3$。各方的最优策略是，若市场进入成本小于 100/3 进入，否则选择不进入，进入的期望收益为 $E[u_i（进入）] = 100/3 - c_i$。可以看出这个策略是对称策略。

习题

1. 在例 6-1 的换还是不换问题中，若有 n（n 为大于 3 的整数）个盒子，其他条件与例 6-1 完全一致：某君猜奖品在 B 盒，然后主持人当场打开 C 盒，让大家看是空盒，并给了某君再次猜测的机会，某君是否要更换他的猜测呢？
2. 如图 6-17 所示的博弈，加粗的行动对应着一个策略组合，请回答如下问题：

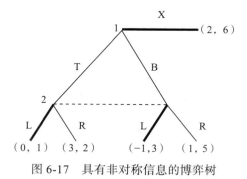

图 6-17　具有非对称信息的博弈树

（1）论述该策略组合是贝叶斯均衡。
（2）该博弈是否为子博弈完美均衡？
（3）请判断一下，该策略是否为完美贝叶斯均衡，若不是，求出该博弈的完美贝叶斯均衡。
3. 请判断第 6.2 节中具有非对称信息性别战博弈的策略组合（S，SB）是否为完美贝叶斯均衡。

4. 对于如图 6-18 所示的博弈，自然以概率 p 选择高素质的员工，以 $1-p$ 概率选择低素质的员工。员工知道自己的类型，但公司不知道。公司的行动是"雇用"和"不雇用"有员工的行动有两种类型为"勤奋"和"偷懒"。各种情况下的博弈结果如图 6-18 所示。请回答如下问题：

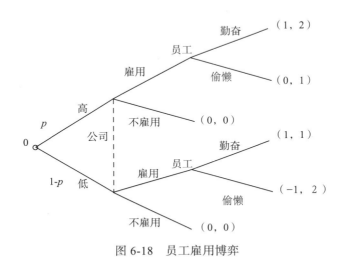

图 6-18　员工雇用博弈

（1）写出该博弈的贝叶斯博弈策略式表述。
（2）尝试给出纯策略意义下的贝叶斯均衡解。
（3）考虑贝叶斯均衡的完美化，给出完美贝叶斯均衡。

5. 分析第 6.4.1 小节中的博士申请博弈，按照完全稳健性，列出所有的完美贝叶斯均衡。

6. 考察如图 6-19 所示的"啤酒 – 蛋糕"博弈。自然选择两种类型（软弱型和强硬型）的参与人 1，相应概率分别为 0.1 和 0.9。不同情况的支付情况如图 6-19 所示。回答如下问题：
（1）验证两种类型的参与人 1 均选择"啤酒"，参与人 2 看到参与人 1 选择"啤酒"就选择"观望"，一旦看到对方选择了"蛋糕"，就选择"欺负"为完美贝叶斯均衡。并给出相应的信念。
（2）考虑到可能的"颤抖"：软弱型的参与人 1 以足够小的正数 ε 的概率偏离均衡行动，即以 ε 的概率选择"蛋糕"，而强硬型的参与人不会偏离均衡策略，那么如何设定此时参与人 2 在右边信息集的信念，以及满足序贯理性的行动？
（3）尝试找出另外一个完美贝叶斯均衡。

7. 公司合作问题。一家软件公司 S 和一家硬件公司 H 合作开发一个产品。采用的部件可能是有缺陷的，部件有缺陷的概率为 0.7，对于部件是否有缺陷，硬件公司是可以看到的，但软件公司看不到。上述信息是共同知识。

　　每家公司都可以有两种行动：努力和应付，对应的成本分别为 20 和 0。硬件公司 H 首先行动，但努力水平 S 看不到。合作收益两家公司平分。

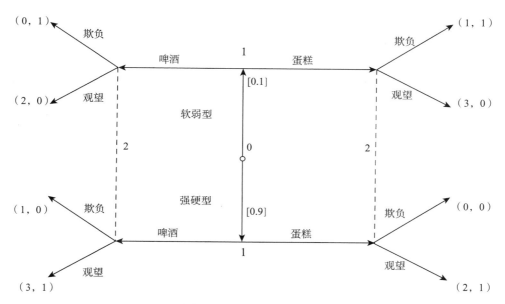

图 6-19　啤酒 – 蛋糕博弈

　　　有关收益为：若两家公司都采用"应付"，总利润为 100，若部件是有缺陷的，利润也是 100。若部件是无缺陷的，而且两家公司都选择"努力"，那么利润是 200，但若只有一家公司选择了"努力"，利润则有 0.9 的概率为 100，有 0.1 的概率为 200。回答如下问题：

（1）采用博弈树方法，给出该博弈的扩展式表述。

（2）写出该博弈的策略式表述。

（3）计算纯策略纳什均衡，问哪些是子博弈完美均衡，哪些是完美贝叶斯均衡（若存在的话）？

8. 针对如图 6-20 所示的非对称信息博弈树，求出该博弈的完美贝叶斯均衡。

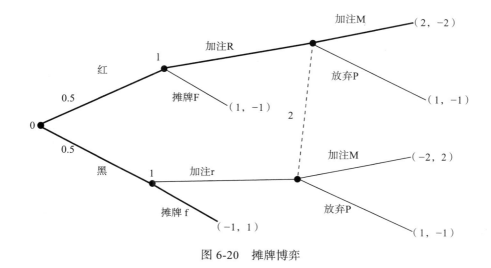

图 6-20　摊牌博弈

第 7 章
CHAPTER 7

信号博弈

信号博弈是非对称信息博弈中具有特定模式的博弈模型，也是不完全信息动态博弈研究中最主要的内容之一。

第 7.1 节引入了信号博弈的基本概念，阐述了信号博弈与完美贝叶斯均衡的关系；第 7.2 节论述了劳动力市场的信号博弈；第 7.3 节论述了股权投资中的信号博弈；第 7.4 节论述了边缘政策的信号博弈模型，这一节重点分析了据说有 30% 的概率导致第三次世界大战的古巴导弹危机事件。

7.1 信号博弈与完美贝叶斯均衡

在许多契约关系中，一方参与人比对方拥有更多某些相关变量的信息，为了获得更有利的博弈结果，信息优势方试图通过某一项行动或者策略将特定信息传递给另一方，这一类型的博弈可以称为**信号博弈**（signaling game）或者信号传递博弈，它是一类具有信息传递机制的动态贝叶斯博弈的总称，也是信息经济学的重要研究内容。

在过去的 30 余年中，经济学家尝试运用信号博弈模型来分析不同领域的相关问题，如金融市场、产业组织、公共经济学和公共政策，甚至一些其他学科领域，都已经在信号传递行为中找到了对特定现象的解释。

在劳动力市场中，劳动者的能力水平高低程度是私人信息，雇主如果不能有效地区分雇员的能力水平，就无法提供相应激励机制的劳动合约，高水平雇员无法得到与其能力匹配的薪酬而退出该市场，或者签约后产生道德风险问题。而二手车市场是一个典型的信息不对称的"柠檬市场"，如果没有有效的质量甄别机制，该市场必然会发生逆向选择从而导致市场消失。正如迈克尔·斯宾塞（1973）在其关于信号传递的开创性论文中提到的二手车市场困境："口头声明没有成本，因而是无用的，任何人都可以对他卖车的原因说谎。"因此，如何解决这类市场中的信息不对称问题，既是市场参与者面临的一个现实问题，也是研究者面临的一个挑战。

在市场中，解决该类问题一般采取两种方式：一种是信息甄别机制；另一种是本章要介绍的信号传递机制。两者的区别是信号传递机制是由信息优势方主动发出的，利用该机制传递自身的类型信息，从而获得有利的均衡结果。发送信息需要支付成本，不同类型的参与人信息成本不同，这也是信号传递机制能够产生作用的原因。

斯宾塞将信号引进劳动力市场博弈，把受教育水平程度作为劳动者生产能力高低的一个博弈信号，解释了如何利用信号机制有效甄别劳动力的类型，为有效设计劳动合约、提高劳动力资源的配置提供了对策建议。在现实中，二手车市场建立起一些易于识别的信号传递方式，使得购买方能够对不同质量的二手车做出区分，如有退款保证的交易机制、质量三包等相关手段，这类具有可信的承诺行为就是一种市场信号机制，高品质产品的卖方有效地向买方传递了商品高质量的信息，从而在一定程度上避免了逆向选择结果的发生。

信号博弈是不完全信息动态博弈，该模型的基本特征是两个博弈参与人，分别称为**信号发送者**（sender）和**信号接收者**（receiver），发送者具有私人信息，在接收者行动之前，发送者通过某项行动发送信息，接收者根据该信息判断对手的类型，再选择行动。

信号博弈属于动态贝叶斯博弈，可以通过海萨尼转换将其表示成完全但不完美信息动态博弈。通过引进虚拟的参与人"自然"，令自然先行动，它按照某种概率对信号发送者赋予某种类型，该类型为私人信息，即只有发送者知道而接收者不知道。发送者根据自己的类型在其可行信号空间中选择一个信号发送，接收者根据信号来判断发送者的类型，并选择相应最优行动。

根据以上过程，我们可以建立相应的信号博弈模型。以 S 表示信号发送者，R 表示信号接收者，T 为发送者的类型空间，即发送者可能的不同类型（在简化的劳动力市场中，类型是指雇员生产能力的高与低），B 是发送者可行的信号集（劳动力市场中雇员学历的高低），A 为接收者的行动集。博弈行动顺序如下。

（1）虚拟参与人（自然）根据特定的概率分布 $p(t_i)$，从可行的类型集 $T=\{t_1, \cdots, t_n\}$ 中选择某一类型 t_i 赋予发送者。这里对于所有的 i，$p(t_i)>0$，并且 $p(t_1)+\cdots+p(t_n)=1$。

（2）发送者获得赋予类型 t_i 后，从其可行的信号集 $B=\{b_1, \cdots, b_n\}$ 中选择一个发送信号 b_j。

（3）接收者观察到信号 b_j（无法观察到 t_i），根据信号对对手的类型（即 t_i）做出判断，再从其可行的行动集 $A=\{a_1, \cdots, a_k\}$ 中选择一个最佳行动。

（4）博弈参与人的支付分别以 $u_s(t_i, b_j, a_k)$ 与 $u_r(t_i, b_j, a_k)$ 表示。

注意，自然确定的特定概率分布 $p(t_i)$ 是公共信息，即信息接收者也了解这一先验概率。在实际问题的应用中，类型空间集 T、信号集 B 和行动集 A 可以为实数轴的区间，即可以是连续分布，也可以为离散分布。信号集依赖于自然赋予的类型，而行动集则依赖于发送者发送的信号类型。

上面我们建立的是一种抽象的信号博弈，根据具体研究对象的不同可以给此模型中的类型、信号与行动赋予相应的实际意义，从而建立起具体的博弈模型。为了加深对抽象信号博弈的理解，我们可以对该模型采取一种扩展式的表达，出于简化分析目的，将类型集、信号集与行动集都设为二值变量，即 $T=\{t_1, t_2\}$，$B=\{b_1, b_2\}$，$A=\{a_1, a_2\}$，而概率 $\text{Prob}\{t_1\}=p$。该扩展式博弈模型从博弈树中间自然的初始行动开始，以此展开至博弈树的两端。我们在前面的章节中介绍了博弈参与人的策略是其完整的行动计划，即策略规定了参与人在面对所有可能情况时的行动选择。因此，信号博弈中发送者的纯策略是函数 $b(t_i)$，该策略规定了发送者为自然赋予的不同类型时所采取的信号发送行动选择，而接收者的纯策略为函数 $a(m_j)$，规定了对发送者所有信号的应对行动。在图 7-1 中，发送者和接收者都有四个纯策略。

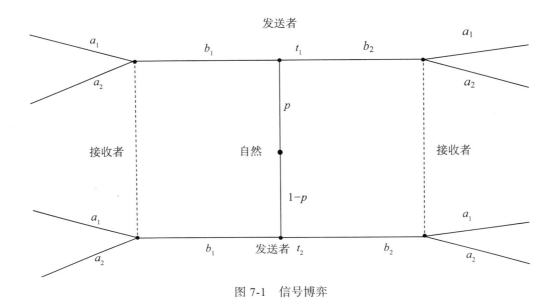

图 7-1   信号博弈

根据图 7-1，我们可以对博弈参与人的策略内容加以描述。以 s_s 表示发送者的策略，则有：

（1）s_s^1：当发送者被自然赋予类型 t_1 时，选择发送信号 b_1；被自然赋予类型 t_2 时，选择发送信号 b_1。

（2）s_s^2：当发送者被自然赋予类型 t_1 时，选择发送信号 b_1；被自然赋予类型 t_2 时，选择发送信号 b_2。

（3）s_s^3：当发送者被自然赋予类型 t_1 时，选择发送信号 b_2；被自然赋予类型 t_2 时，选择发送信号 b_1。

（4）s_s^4：当发送者被自然赋予类型 t_1 时，选择发送信号 b_2；被自然赋予类型 t_2 时，选择发送信号 b_2。

以 s_r 表示接收者的策略，则有：

（1）s_r^1：当发送者发送信号 b_1 时，选择行动 a_1；当发送者发送信号 b_2 时，选择

行动 a_1。

（2）s_r^2：当发送者发送信号 b_1 时，选择行动 a_1；当发送者发送信号 b_2 时，选择行动 a_2。

（3）s_r^3：当发送者发送信号 b_1 时，选择行动 a_2；当发送者发送信号 b_2 时，选择行动 a_1。

（4）s_r^4：当发送者发送信号 b_1 时，选择行动 a_2；当发送者发送信号 b_2 时，选择行动 a_2。

将发送者的策略 s_s^1 和 s_s^4 称为混同策略，因为在自然赋予不同类型时发送相同的信号。当发送者类型超过两类时，可能还存在部分混同策略，属于某特定类型集的类型发送相同的信号，而其余不同类型集发送不同的信号。

信号博弈属于动态贝叶斯博弈，因此可以应用完美贝叶斯均衡来进行求解。为了简化分析，这里先不考虑混合策略，只分析纯策略博弈。由于发送者在选择信号类型时了解博弈展开的整个过程，因此这一行为发生于单节点信息集（对于自然赋予的每一个类型都有一个信息集）。而接收者在不了解对手类型的情况下观察到其发送的信号，根据信号判断对手类型并做出最佳选择，因此，接收者的选择处于一个非单节的信息集。根据上述博弈特点，完美贝叶斯均衡的条件如下。

（1）接收者在观察到发送者类型集 B 中的任一信号 b_j 之后，必须对某一类型发送特定信号 b_j 做出概率判断。这一判断以概率分布 $u(t_i|b_j)$ 表示，其中对所求 T 中的 t_i，$u(t_i|b_j) \geq 0$，且

$$\sum_{t_i \in T} u(t_i|b_j) = 1$$

给定发送者的信号类型与接收者的概率判断，就能够对接收者的最优策略行动做出描述。

（2）对类型集 B 中的每一信号 b_j，并在给定哪些类型可能发送 b_j 的概率判断 $u(t_i|b_j)$ 条件下，接收者的行动 $a^*(b_j)$ 必须使接收者的期望效用最大化，即 $a^*(b_j)$ 为下式

$$\max U_R(t_i, \ b_j, \ a^*(b_j))$$

的解。此条件对发送者也成立，但是发送者具有私人信息，而且只在博弈开始时行动，因此要求也相对简单，满足对给定的接收者的策略选择发送者的策略是最佳反应即可。

（3）对于 T 集中的每一个 t_i，在给定接收者策略 $a^*(b_j)$ 的条件下发送者选择的信号 $b^*(t_i)$ 必须使发送者的效用最大化，即 $b^*(t_i)$ 为下式

$$\max U_S(t_i, \ b_j, \ a^*(b_j))$$

的解。对给定发送者的策略 $b^*(t_i)$，令 T_j 为表示选择发送者信号 b_j 的类型计划，即 $b^*(t_i) = b_j$，t_i 为 T_j 中的元素。如果 T_j 不是空集，则对应于信号 b_j 的信息集就处于均

衡路径之上。否则，任何类型都不选择 b_j，其对应的信息集处于均衡路径之外。对于处在均衡路径之上的信号，接收者的判断需要满足下面的要求：

对 B 中的每一 b_j，如果在 T 中存在 t_i 使得 $b^*(t_i) = b_j$，则接收者对于 b_j 的信息集中所持有的判断必须取决于贝叶斯法则和发送者的策略。

由此我们可以得到结论，信号博弈的纯策略完美贝叶斯均衡由一对策略 $b^*(t_i)$ 和 $a^*(b_j)$ 以及概率判断 $u(t_i|b_j)$ 构成。

7.2 劳动力市场的信号博弈

在劳动力市场中，雇员的生产能力是私人信息，雇主如果不能对雇员的能力类型加以有效的区分，就有可能发生逆向选择的现象，即部分高素质劳动者由于不能得到超过平均生产率的工资水平而退出该市场，从而使得劳动力市场的平均生产率更低。而在现实中，雇员在进入市场之前会接受一定程度的教育，教育不仅有利于自身获得专业知识与技能，更重要的是教育程度侧面表达出了个人的素质及生产能力。这里，教育就起到了信号传递的作用。

教育信号传递是雇员（代理人）在逆向选择状况下表达自己类型的一种有效手段。在自然选择雇员的类型之后，他选择一个可以被观察到的信号（教育水平），基于信号的劳动契约建立起了工资水平与教育信号之间的关联。

这一模型也可以解释现实劳动力市场中存在的一些现象。例如一些企业在招聘大学毕业生时并不很注重其所学专业，更加看重其毕业学校是否属于重点高校，如"985"高校或"211"高校。多数求职者被聘用后，从事的具体工作可能与其在学校所学的专业知识关联不大，而企业将会为其提供系统的培训，因为企业认为高素质雇员掌握工作所需的专业知识并不需要太高的成本。这里，教育就起到信号的功能，为企业选择雇用员工提供了一种有效的依据。

斯宾塞首先将信号传递模型引进劳动力市场，将教育作为一个信号，用于传递劳动力市场中雇员生产能力的类型。这里我们可以构建一个形式化的信号传递模型，其假设条件是教育对提升劳动者的生产能力没有作用，但是它可以向雇主发送关于雇员个人能力类型的信号。

为了简化分析，我们将市场中的雇员类型分为两类，即"高能力型"（以 H 表示）和"低能力型"（以 L 表示）。H 型雇员可以给企业创造 10 单位的价值，而 L 型雇员只能给企业创造 5 单位的价值，L 型雇员在劳动力市场中的比例为 p，H 型雇员的比例为 $1-p$。假设产出是无法契约化的变量，同时没有不确定性。如果产出可以契约化，博弈双方就可以签订基于产出的劳动合同，从而不存在逆向选择问题。不考虑不确定性也是简化的需要，它使得劳动契约仅仅是信号的函数。

雇主无法观测到雇员的能力类型，但是可以通过相关信息了解能力类型的分布，而雇员的教育信号是公共信息。在该模型中，我们规定博弈双方为一个雇员及两个雇主，竞争使得企业无法从雇员身上获得超额利润，只能获得零利润，提供竞争性工资。

在进入劳动力市场前，所有雇员都有获得教育的可能性，教育的成本由本人承担，不同类型的雇员为了获得教育而付出的成本是有差别的，这取决于雇员的类型。不失一般性，我们假设低能力雇员的教育成本较高，正是这个条件使得分离均衡发生。劳动力市场信号博弈过程如下。

（1）自然选择雇员的能力类型 $t \in \{5, 10\}$，分别对应"低能力"和"高能力"，并且概率均为 0.5。该信息对雇员是私人信息，但是雇主无法观察到。

（2）雇员选择教育水平 $e \in \{0, 1\}$，这里教育水平可以理解为达到某一特定程度的教育、获得某个学历证明（如本科学历），达到或超过该值为 1，否则为 0。

（3）每个雇主提供一份工资契约 $w(e)$，该契约是教育的函数。

（4）雇员接受或者拒绝该工资契约。

（5）产出等于 t，雇员的能力水平即其产出水平。

雇员在该博弈中的支付为其工资收入减去教育成本，而雇主的支付为其利润：

$$R_{雇员} = \begin{cases} w - \dfrac{30e}{t} & \text{如果雇员接受该契约} \\ 0 & \text{如果雇员拒绝该契约} \end{cases}$$

$$R_{雇主} = \begin{cases} t - w & \text{雇员接受该契约} \\ 0 & \text{该契约被雇员拒绝} \end{cases}$$

根据以上条件，我们考虑混同均衡与分离均衡的情况。在混同均衡的条件下，不同类型的雇员都选择零水平的教育，雇主对两种类型的教育水平都提供 7.5（= $(5+10)/2$）单位的零利润工资：

$$混同均衡 \begin{cases} e(\text{L}) = e(\text{H}) = 0 \\ w(0) = w(1) = 7.5 \\ \text{Prob}(t = \text{L}|e = 1) = 0.5 \end{cases}$$

对于不完全信息博弈而言，不拥有私人信息参与人的非均衡行为需要严格解释，上面的混同结果不仅作为纳什均衡，还要符合完美贝叶斯均衡的要求。可以看出 $e=1$ 并未在均衡中出现，贝叶斯均衡需要规定当它发生时雇主的信念。在该均衡中雇主相信选择 $e=1$ 的雇员有 0.5 的先验概率为低能力。给定雇主的该信念，两类雇员都意识到接受 $e=1$ 的教育水平是无效率的，因此都不选择非生产性的教育。

如果雇主的信念改变，该合同均衡就无法维持。例如，当雇主修正信念为 $\text{Prob}(t = \text{L}|e = 1) = 0$ 时，即其认为任何取得教育的雇员都为高能力。此时由于高能力雇员有采取偏离行为而取得教育的激励，混同行为的结果将不构成贝叶斯均衡，信号传递机制发生作用使分离均衡出现。在分离均衡中，高能力雇员为了向雇主证明能力而选择获得教育，低能力雇员在衡量受教育的成本收益后选择不获得教育：

$$分离均衡 \begin{cases} e(\text{L}) = 0, & e(\text{H}) = 1 \\ w(0) = 5, & w(1) = 10 \end{cases}$$

　　该均衡结果满足完美贝叶斯均衡的要求。分离均衡下的契约必须满足两个约束以保证最大化两种类型雇员的效用，根据委托代理理论均衡契约的要求，这两个条件为：①参与约束，即企业提供的劳动契约被市场中的劳动者接受；②激励相容约束，即低能力雇员不会被高能力类型的契约吸引，高能力雇员也不会被低能力类型契约吸引。契约的参与约束要求

$$w(0) \leq t_L = 5,\ 同时 w(1) \leq t_H = 10 \qquad (7\text{-}1)$$

企业之间的竞争使得参与约束的等号成立。低能力雇员的激励相容约束为

$$U_L(s = 0) \geq U_L(s = 1) \qquad (7\text{-}2)$$

式中，$s=0$ 表示 $e=0$ 时获得的工资报酬；$s=1$ 表示 $e=1$ 时获得的工资报酬。

　　根据假设条件中的教育成本，得到

$$w(0) - 0 \geq w(1) - \frac{30}{5} \qquad (7\text{-}3)$$

　　根据式（7-1）可知，在分离均衡条件下高能力雇员的工资为10，而低能力雇员的工资为5，因此参与约束得到满足。

　　高能力雇员的参与约束为

$$U_H(s = 1) \geq U_H(s = 0) \qquad (7\text{-}4)$$

　　根据假设条件中的教育成本，得到

$$w(1) - \frac{30}{10} \geq w(0) - 0 \qquad (7\text{-}5)$$

　　考虑可能存在的另一个混同均衡，即 $e(L) = e(H) = 1$，即能力高低类型的雇员都选择接受教育，但是考虑到成本收益，低能力雇员会偏离该均衡而选择不获得教育，因此其不构成一个均衡：

$$U_L(s = 0) = 5 \geq U_L(s = 1) = 7.5 - \frac{30}{5} \qquad (7\text{-}6)$$

　　因此即使该偏离使得雇主以概率1相信他们为低能力类型并将工资减至5，低能力雇员仍然偏好于偏离。因此 $s=1$ 的混同均衡将违反低能力雇员的激励相容约束。

　　可以利用参与人的最优反应来验证上述均衡，给定雇员及雇主的策略，雇主必须支付给雇员全部的产出，否则雇员会选择其他企业。给定雇主的劳动契约，低能力者在不接受教育时获得支付5，与接受教育获得 $4\left(=10 - \frac{30}{5}\right)$ 之间进行选择，因此会选择不接受教育。而高能力者在不接受教育获得5单位支付，与接受教育获得 $7\left(=10 - \frac{30}{10}\right)$ 之间进行选择，因此会选择接受教育。

　　与混同均衡不同，分离均衡不需要规定信念。在均衡中两类教育水平都可能出

现，所以贝叶斯法则会告诉雇主如何分析观察到的现象。如果雇主观察到代理人获得了教育，则可以推断其为高能力类型，否则可以推断其为低能力类型。雇员可以自由地偏离其均衡的教育水平，但是雇主的信念是基于其均衡行为的。如果一个高能力类型选择 $e=0$ 并告诉雇主自己是混同条件下的高能力者，雇主不会相信，只会提供 $e=0$ 时的低工资 5 而不是混同均衡下的 7.5。

低能力雇员的教育成本较高，这也使得分离均衡成为可能。若两类雇员的教育成本相同，则低能力雇员会模仿高能力雇员去获得教育，从而使得信号机制失效。信号传递成本不同的要求被称为单交点性质，该名称的得来是由于当成本以图形表示时，两种类型的无差异曲线只能相交一次。

教育信号博弈中的分离均衡结果支持了教育本身无用的说法，因为教育在该博弈中强加了社会成本而没有提高总产出。而在现实中，教育的价值，尤其是对提升劳动者素质的作用是不言而喻的。因此，一些研究者在斯宾塞模型的基础上通过引进教育的生产性作用，兼顾了教育的信号作用与生产性作用，使得模型更加接近现实。

7.3 股权投资中的信号博弈

某企业家经营着一家公司，该公司现在要上马一个新项目，但是需要一笔额外的投资。企业家拥有关于公司盈利能力的私人信息，但是新项目的收益无法从整个企业的收益中明确区分开来，能观察到的只有企业的总利润水平。企业家向外部潜在的投资人承诺以一定的股权份额换取其投资。那么，在何种条件下应该上马新项目，而企业应该承诺的股权份额又是多少？

我们将该问题转化为一个信号博弈问题。假设现有公司的利润为高与低两种类型，表示为 $\pi=H$ 或 $\pi=L$，$H>L>0$。为了表现出新项目的吸引力，假设需要的投资为 I，外部投资人得到的预期收益为 R，投资人以其他方式投资的回报为 r，令 $R>I(1+r)$，即项目预期收益大于其他投资收益。该博弈的次序如下。

第一步，自然按照某概率决定该企业的利润 π 是高还是低，$\pi=L$ 的概率为 p，$\pi=H$ 的概率为 $1-p$。

第二步，企业家了解到 π 后，向潜在投资人承诺一定的股权份额 s，这里 $0\leqslant s\leqslant 1$。

第三步，投资人观察到 s（但无法观察到 π）后，决定接受或者拒绝这一契约。

第四步，如果投资人拒绝该契约，则投资人的收益为 $I(1+r)$，企业家的收益为 π，如果投资人接受契约，则投资人的收益为 $s(\pi+R)$，企业家的收益为 $(1-s)(\pi+R)$。

该信号博弈模型相对较简单，发送者的信号类型只有两种，接收者的行动也只有两种。假设在接收到契约邀请后，投资人判断 $\pi=L$ 的概率为 q，则投资人接受该契约的条件为

$$s[qL+(1-q)H+R]\geqslant I(1+r) \tag{7-7}$$

对企业家而言，假设现存公司的利润为 π，并考虑是愿意以股权份额 s 为代价获

得融资还是放弃该项目，当且仅当下式成立时，以股权换投资是合意的：

$$s \leq \frac{R}{\pi + R} \qquad (7\text{-}8)$$

在混同完美贝叶斯均衡中，投资人在接收均衡要约后的判断必须是 $q=p$。由于立项约束式（7-8）在 $\pi=H$ 时比 $\pi=L$ 时更加难以满足，式（7-7）与式（7-8）联合起来意味着混同均衡只有在下式成立时才存在：

$$\frac{I(1+r)}{pL + (1-p)H + R} \leq \frac{R}{H + R} \qquad (7\text{-}9)$$

如果 p 接近于 0，则该式成立，因为 $R > I(1+r)$。但是，如果 p 接近 1，则该式只有在满足下面公式条件下才成立：

$$R - I(1+r) \geq \frac{I(1+r)H}{R} L \qquad (7\text{-}10)$$

直观地理解，混同均衡的困难在于高利润类型需要补贴低利润类型。在式（7-7）中令 $q=p$，可以得到 $s \geq I(1+r)/[pL+(1-p)H+R]$，而如果投资人确信 $\pi=H$（即 $q=0$），则他会接受更小的权益份额 $s \geq I(1+r)/(H+R)$。混同均衡中所要求的更大的权益份额对高利润企业而言是非常大的，有企业有可能因此而放弃该新项目。分析表明，只有 p 接近 0 时才存在混同均衡，这时可以减少补贴成本，或者式（7-10）成立，新项目产出的利润可以超出补贴成本。因此可以看出，合并完美贝叶斯均衡中，企业将为无法使投资人相信其高盈利能力而付出代价。有时这一代价会超过企业从新项目中获得的利润，从而使得该合并均衡无法实现。

如果式（7-9）不成立，则混同均衡不存在，只存在分离均衡。低利润类型的要约为 $s = I(1+r)/(L+R)$，投资人会选择接受，而高利润类型的要约为 $s < I(1+r)/(H+R)$，投资人将拒绝。在这样的分离均衡下，社会投资水平的效率被降低了，因为新项目能为社会创造出利润，但是高利润类型的企业放弃了该项目投资。这一分离均衡也说明了发送者的可行信号集无效率的情况：高利润类型的企业没有办法把自己区分出来，那些对高利润类型有吸引力的融资条件对低利润类型更加有吸引力。该模型也解释了现实中的特定现象，即内在机制迫使企业寻求债务融资或者寻找企业内部融资渠道。

进一步分析，可以考虑企业家在选择股权融资的同时，还可以选择债务融资。如果投资人接受了债务合同 D，而且企业家融资的项目进展顺利，投资者可以获得预期收益，而企业家的收益为 $\pi + R - D$。如果项目失败，则获得债权的投资人的收益为 $\pi + R$，企业家收益为零。如果公司的利润大于零，则混同均衡的结果会出现，即两种利润类型的债务合同都采取 $D = I(1+r)$，投资人选择接受。如果公司的利润是负数，使得 $R + L < I(1+r)$，也就是说由于亏损使得低利润企业无法偿还该项债务，投资人就不会接受该项合约。换言之，如果 L 和 H 代表期望利润，则该结论也成立。

假设类型 π 的含义为现存企业的利润有 1/2 的概率为 $\pi + K$ ，1/2 的概率为 $\pi - K$ ，此时如果 $L - K + R < I(1+r)$ ，则低利润类型企业有 1/2 的概率不能偿还债务 $D = I(1+r)$ ，投资人不接受该契约。

7.4 边缘政策的信号博弈模型

边缘政策（brinkmanship）冷战时期是指故意将危机引向战争的边缘，从而使对方屈服的一种策略术语。在边缘政策博弈中，双方参与人对风险的态度、讨价还价的耐心程度、对相关参与人的控制程度、对和平或战争的意图等都不具有完全的信息。因此，通过实施一些威胁的策略，让双方都面临一场风险逐渐增加的灾难，则可以提高博弈参与人的谈判优势，达到使对方屈服的目的。

7.4.1 古巴导弹危机事件概述

以国家政治军事斗争为例，假如两国长期军事对抗，双方都拥有核武器，那么实力较弱的一方为了避免常规战争就可以用发射核武器相威胁。但是，这种威胁有可能被强者一方认为是令人难以置信的。那么，弱者一方又如何使其威胁可信呢？该国领导人可以下放核武器的控制权——将核武器布置在边境，对准敌国，并由某个在边境的将军掌握核按钮。这实际上可能对强者产生真正的威慑，因为一旦在边境爆发战事，尽管弱国的领导人不想启动核按钮，但那位面临生死关头的将军也可能启动核按钮。肯尼迪在美苏古巴导弹危机中采取的战争边缘策略就是综合运用各种可能的手段，在保证不突破常量前提的情况下，实现利益均衡最大化。

1962 年夏末，苏联开始在古巴部署中程弹道导弹（MRBM），MRBM 导弹的射程可以覆盖美国的主要城市，若成功部署，则会大大提高苏联对美国的攻击能力，打破美苏两国的地区军事平衡。美国获悉这一情报后，时任总统肯尼迪马上成立了国家安全委员会执行委员会，应对该突发危机事件。

执行委员会由多名成员构成，包括国防部长、国家安全顾问、参谋长联席会议主席以及国务卿等 10 余人。委员会成员在对时局的判断上存在分歧，委员们有不同的立场，主张对策的强硬程度也有显著差别。委员会中的军人成员大都主张采取强硬的军事行动措施，但最终决策权仍然在总统手里。需要注意，这一点对于构建一个成功的边缘威胁政策是很有必要的，因为边缘政策就是要创造出一种适度的风险，博弈决策人必须在一定程度上令局势失控，以至于没有充分的自由度但在启动了某项危险行动后又能够控制其发展，同时，又有对行动发生的风险有足够大的控制力，从规范术语角度看，这种情况被称为"受控的失控"（controlled lack of control），它使得边缘政策的冒险主义变得可置信。

当执行委员会召开会议讨论应对措施时，成员都认为应该采取单纯的军事应对行动。他们研究了三个不同的方案：一是专门针对导弹阵地进行一次直接空袭；二是对包括苏联和古巴停在机场上的所有飞机进行空袭；三是全面入侵古巴。会议还讨论了空袭的时间表。但在执行之前，当时的国防部长麦克纳马拉提出了军事封锁的建议，也有成员表示如果事前不发出警告就进行空袭则相当于直接发动全面战争。委员会中的非军人成员也意识到了军事打击的危险性，因此最终决定先进行封锁，同时发出一个较短最后期限的通牒。

肯尼迪在选择对古巴进行军事封锁的同时，在电视上公开发表了演说，向公众公开宣布行动，并要求苏联撤除在古巴部署的导弹，至此，就把双方的博弈引进了公共领域，使得策略选择变得更加微妙，也增加了一些不可控的变数。而苏联面对美国的行动，在否认和辩驳的同时，也马上私下里进行了一些间接沟通，并提出了美国从土耳其撤出导弹来换取苏联从古巴撤出导弹的条件。

美国开始执行封锁行动后，苏联往古巴运输导弹及其配件的船只停止向前航行并掉头返航，同时苏联最高领导人赫鲁晓夫私下给肯尼迪写了一封和解信，提出美国承诺不入侵古巴，苏联可以将导弹撤出。但是第二天他的态度又变得强硬，公开提出了以美国撤出在土耳其部署的导弹来换取苏联撤出在古巴部署的导弹的要求。其中一个重要原因是美国的封锁行动执行得比较温和，而在美国国内有媒体发文提议了该互换导弹交易。

面对这一新态势，执行委员会认为仅靠封锁并不能解决问题，更重要的是美国提出撤导弹的要求没有一个明确的期限，而没有明确期限的威胁信号很容易被对手的拖延策略所瓦解，苏联就可以在这段时间内部署好导弹设施。因此，一项令紧张局势升级的行动开始被付诸实施。美国准备在两天之内实施空中打击，并对空军预备队下达了动员令，如果对方任由态势发展，结局必然是爆发战争。同时，一封肯尼迪致赫鲁晓夫的信件也被直接送交至苏联驻华盛顿大使手中，信中是肯尼迪提出的建议：①苏联将部署在古巴的导弹和轰炸机撤出，并进行核查；②美国承诺不入侵古巴；③几个月后美国从土耳其撤出导弹，但是如果苏联在公开场合提到该撤出计划，美国将放弃这一行动。最重要的一点是，肯尼迪在信中要求苏联在 12～24 小时内给予答复，否则将会有灾难性的后果。

第二天上午，苏联广播电台播报了赫鲁晓夫给肯尼迪的回信，表示将立即停止导弹阵地的修建，并且将拆除安装好的导弹运送回国。肯尼迪马上做出回应，通过广播表示对该决定大加肯定，认为是"对和平的一个值得欢迎和建设性的贡献"。随后，尽管有一些波折，导弹还是被陆续从古巴撤出。至此，导弹危机暂时告一段落。

7.4.2　危机的简单博弈模型

从博弈的角度看，这一危机事件的解释框架并不复杂。美国要求苏联从古巴撤出导弹，采取以引发超级大国间核大战作为威胁，而将军事封锁作为该过程的第一步，来证实军事封锁作为一种可置信的威胁。核大战对双方来说都是灾难，但这也是威胁的本质，即威胁一旦实施，会使双方付出惨重的代价，从而迫使对方按照己方意图行事。

对于该动态博弈，我们可以用一个简单的博弈树来描述（见图7-2）。

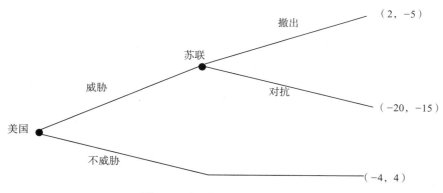

图 7-2　古巴导弹危机博弈模型

　　在该博弈模型中，苏联已经部署了导弹，美国面临两个选择，即威胁或者不威胁。如果美国不采取行动，则苏联取得军事与外交上的胜利，美国则面临军事与政治失败的损失，我们用 4 来表示苏联的博弈支付，用 −4 来代表美国的支付。如果美国选择采取威胁行动，则轮到苏联做出选择，是撤出还是对抗，对抗的结果是爆发战争，这对双方而言都是灾难性的结果，由于战争的爆发地点问题，令美国的损失为 −20，苏联的损失为 −15。如果苏联选择撤出，对其而言这是一个重大的军事与外交挫折，支付值为 −5，而美国会获得地区安全并赢得外交声誉，收益为 2。

　　求解该博弈的子博弈完美纳什均衡，我们会很容易发现该博弈的结果是美国选择威胁而苏联选择撤出。但是这里有一个现实问题，即苏联如果预测到其会在该博弈中选择撤出而不得不承担损失，它为何要在开始时选择在古巴部署导弹？而且该博弈对事件发生过程的描述过于简单，尤其是对威胁行动的界定与作用条件都没有说明。因此需要一个更加完善并能表达关键条件的模型。

　　我们注意到在类似边缘政策的博弈中，双方参与人对风险的态度、对相关参与人的控制程度等都具有一定的不确定性，古巴导弹危机期间就充满了类似的风险，如美方执行委员会中就有较大的分歧，军方成员的立场比较强硬，空军部长甚至在没有总统的授权下下令空军的轰炸机进入苏联领空一定距离去试探苏联的雷达。而赫鲁晓夫也无法控制全局，在危机期间，苏联驻古巴的军队副司令下令击落了美军的高空侦察机，差一点引发大规模冲突。因此，这些因素使得双方领导人的策略选择结果具有某些不可预测性，肯尼迪认为军事封锁会引发战争的概率为 1/3 ～ 1/2。实际上，如果我们将图 7-2 中苏联选择撤出导弹的支付从 −5 变成 −20，则苏联会选择对抗，即苏联采取强硬的立场，因此博弈的子博弈完美均衡结果是苏联成功在古巴部署了导弹。

　　而在现实中，美国做出选择的时候对苏联的立场判断可能不是那么明确，因此只能根据情报信息来估计一个概率，肯尼迪的封锁引发战争的概率就是美国对苏联采取强硬立场的判断。令苏联立场强硬的概率为 p，选择强硬立场是因为撤出导弹的损失超过了对抗的损失（−15 > −20），因此选择对抗是合理的结果。苏联采取软弱立场的

概率则为 $1-p$，采取软弱立场的原因是对抗的损失超过撤出导弹的损失（$-5>-15$）。

因此，美国面临着与不同类型对手的博弈，当然对手只能是某一种类型，而美国只知道其概率大小，选择威胁行动与否，取决于两种行动的期望支付。从我们设立的博弈树结构来看，如果对手为强硬型，美国选择"威胁"策略时的支付为 -20，当对手为软弱型时，该策略支付为 2，故美国威胁策略的期望支付为

$$-20p+(1-p)\times 2=2-22p$$

而美国选择不威胁的支付为 -4。比较两种策略的期望支付会发现，当 $p<3/11$ 时美国会选择威胁。

7.4.3 边缘政策模型

用简化的不对称信息博弈模型来解释古巴导弹危机并不能充分说明边缘政策的核心所在，因为边缘政策的构建在于通过某种方式将威胁程度降低一些，决策人可以掌控大局，但是对某些导致危险发生的因素不能完全掌控，即有一定的概率会发生危险，参与人通过放弃自己的一些自由来做出一个可置信的威胁承诺，就是一种具有概率的威胁机制，这种机制是边缘政策的核心。

边缘政策是对特定类型风险的创造和控制。它包含两方面看起来互相冲突的内容：一方面，参与人要让局势在一定程度上失控，在启动了该行动后无法完全控制其发展走向，从而令威胁可置信，另一方面，参与人要对行动发生的风险有足够大的控制力，需要将风险控制在一定范围内不令其超过所费成本。这种"受控的失控"，即如何在一种受控的范围内使其失控，在操作上需要高超的技巧。在古巴导弹危机事件中，由于参与人判断的差异以及执行命令的体制性特征，边缘政策的冒险主义变得极具风险从而可置信。因此，建立一个基于边缘政策博弈的古巴导弹危机事件模型，更能够解释该事件背后的发展逻辑。

我们把原有模型加以改变，假设美国采取概率威胁，即苏联选择对抗时，战争将会以概率 q 发生，而（$1-q$）是美国放弃战争而苏联部署导弹成功的概率（见图 7-3）。这里需要注意的一点是，当博弈进行到苏联选择对抗美国时，美国没有选择，战争以概率 q 的概率发生。

根据图 7-3，当苏联选择对抗美国冒险主义的威胁策略时，最终结果是无法由某一个参与人控制的，但是参与人知道战争发生的概率，因此可以算出博弈期望支付。对美国而言，得到支付 -10 的概率是 q，得到 -2 的概率为（$1-q$），因此其期望支付为 $-2-8q$。苏联的期望支付依赖于其类型，如果其立场类型是强硬的，当战争以概率 q 发生时，其支付为 -4，当美国放弃威胁时其支付为 2，故其期望支付为 $2-6q$。而苏联选择撤出时，支付为 -8。如果苏联立场为软弱类型，则其选择对抗的期望支付为 $-8q+2\times(1-q)=2-10q$，如果选择撤出则得到 -4 的支付，对于苏联而言如果 $-4>2-10q$，即当 $q>0.6$ 时，撤出是理性的选择。美国的边缘威胁政策必须包含

60% 的战争风险，否则苏联不会妥协，因此称概率 q 的这一下限为有效条件。

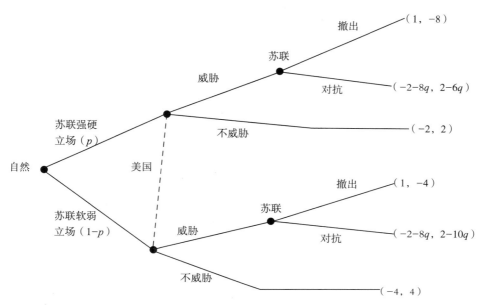

图 7-3　古巴导弹危机的边缘政策模型

　　我们对该模型进行求解。从博弈树来看，立场强硬的苏联会选择对抗美国，而立场软弱的苏联则不会，如果该条件不成立，则两种类型的苏联都会对抗，因此美国不应该威胁。所以从分离均衡的角度看，软弱立场的苏联应该选择妥协，而强硬立场类型的苏联则不妥协。

　　美国发出威胁信号，必须冒着概率 p 的可能遇到对抗局面，此时支付为 $-2-8q$，而遇到软弱立场苏联的概率为 $1-p$，美国支付为 1。因此，美国从威胁中得到的期望支付为 $1-8pq-3p$。若美国选择妥协，则其支付为 -2。因此美国发出威胁的条件为

$$1-8pq-3p > -2$$

即

$$q < \frac{3(1-p)}{8p} = 0.375(1-p)/p$$

要求发生核战争的危险要足够小，使得它满足该不等式，否则美国不会发出威胁。这里 q 为该上限的可接受条件。美国可接受的最大 q 值公式中出现了 p 值，说明苏联对抗的可能性越大，美国可接受核战争出现的风险就越小。

　　如果概率边缘政策有效，它需要同时满足有效条件与可接受条件。通过图示来解释决定战争发生概率的适当水平。横轴代表苏联为强硬的概率 p，纵轴代表苏联对抗美国的威胁从而导致战争发生的概率 q。$q=0.6$ 表示的是有效条件，当苏联为软弱型时美国威胁能起到作用，那么与威胁相关的组合 (p, q) 必须位于该水平线上方。$q = 0.375(1-p)/p$ 则表示可接受条件，当苏联为软弱型时美国威胁能起到作用，要

想让美国接受战争的风险，与威胁相关的组合（p，q）要位于该水平线的下方。因此，一个有效而且可接受的威胁应该位于此两条曲线之间的某个区域内，位于它们在 $p=0.38$ 和 $q=0.6$ 的交点的左上方，如图 7-4 所示。

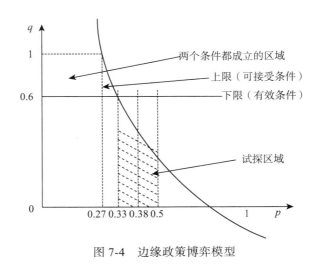

图 7-4　边缘政策博弈模型

当 $p=0.27$（即 3/11）时（见第 7.4.2 节），曲线达到 $q=1$，对于小于该数值的 p，爆发战争的威胁是美国可以接受的，并且能够对软弱立场的苏联起到威慑作用。这也是上一节中不对称信息博弈的分析结果。

对于 $0.27\sim0.38$ 的 p 值，以 $q=1$（即完全可能爆发战争的威胁）将（p，q）置于可接受条件的右端，该区域的危险太大以至于无法令人接受。可以调整策略选择较小危险的区域，在该区域里存在对美国而言可以接受的足够小的 q 值，同时还能使得软弱立场的苏联妥协。而 p 值如果大于 0.38，则不存在同时满足两个条件的 q 值，因为如果苏联强硬立场的概率超过该值，令苏联妥协的 q 值风险过大，美国无法接受。

7.4.4　边缘政策的博弈规则

在古巴导弹危机中，肯尼迪若准确地判断出苏联是强硬立场的概率 p 值，并且能够保持对执行委员会进行一定程度的有效掌控（将引发战争的风险控制在 q 值），则他可以实施有效的边缘威胁政策。

如果肯尼迪认为苏联是强硬立场的概率小于 0.27，他将直接使用威胁策略；如果 $0.27<p<0.38$，则他选择使用边缘策略，尽管该策略有导致战争的风险；如果 $p>0.38$，他只能选择妥协。实际操作中，他不能准确知道 p 值的大小，仅能估计某个数值。同时，他也无法准确判断 q 值的大小。这些不确定性使得他在实施边缘政策时必须小心谨慎。

例如肯尼迪认为苏联是强硬类型的概率为 0.35（$p=0.35$），同时发出威胁信号，而这一威胁行动导致战争爆发的风险为 0.65（$q=0.65$），该风险大于有效条件的下限，可接受条件的上限为 0.7，因此战争风险是小于上限的。该风险同时满足了两个条件。但是，假如肯尼迪对战争爆发风险的判断有误，如美国空军司令在没有授权的情况下让轰炸机越过了苏联领空，这样就大大提高了 q 值，战争的风险过高。类似地，如果苏联立场强硬的概率较大，也可能使边缘政策失效。

　　因此，在不完全信息、高风险的决策背景下，肯尼迪选择了以试探的方式寻找苏联以及自身承受风险能力的边界。开始时，不能在战争风险较大的情况下实施，应该从安全区域开始尝试，电视上公开讲话可以视为较为安全的策略。但是这样的威胁效果很小，需要提高威胁等级，因此选择海上封锁是可行的策略。当该策略仍然无法发挥作用时，布置空袭行动是提高战争危险程度的有效手段。这样不断升级的行动，最终到达一个边界，该边界取决于 p 值的大小。结果可能有两个：一是威胁足够大，使得苏联妥协；二是苏联强硬立场过大（政治、军事等综合要素导致），美国在过大的战争风险前选择妥协。

　　在实践中，边缘政策是一种相互损害风险逐步升级的过程，每一方都在试探对方承受风险的边界，"战争边缘策略"在行为上表现为边缘军事行动，就是制造风险、增加不确定性和通过强大的军事恫吓把对手带到灾难的边缘。相对于核战争而言，军事封锁的危险低得多，但是一旦开始封锁行动，它的运行规则、逐步升级等就不在最高决策人的掌控之中了。对抗的时间越长，对抗的行为就越多，中间不可控的风险就越大（q 值变大），因此边缘政策是一种将自己与对手置于灾难发生的可能性逐渐变大的风险中的策略。

　　边缘政策在其他领域中也经常发生，例如在商业生活中也有这样的情况。为了维护就业和薪酬保障，工会有可能故意制造恶性的罢工风险。因为工会可以让企业相信，如果企业不答应，那么工会自己难以控制劳工的罢工行动。

　　采取边缘政策的危险在于，它的确有可能导致擦枪走火，灾难性的后果真的有可能发生。毕竟，边缘政策之所以能对对手起到威慑作用，正是因为它的某些方面超越了局中人的控制能力，而这种对控制能力的超越的确有可能导致灾难发生。所以，边缘政策往往是谈判中万不得已的选择。

习题

1. 想象一下这样的场景：你想去一家律师事务所找一个律师帮你打官司，但你无法判断该律师事务所的律师专业能力如何。那么你会以什么为依据，确定是否聘请该律师事务所的律师呢？如果有两家律师事务所，一家非常简陋，另一家装饰奢华，这是否会影响你的判断？

2. 2013 年 9 月，当国际奥林匹克委员会宣布东京成为 2020 年夏季奥运会的主办城市时，东京已经完成了奥运会所需的部分投资项目。这种提前完成奥运投资项目的做法在奥运申办城市中是很常见的。一个城市选择在被选为主办城市之前完成投资计划，并不是出于项目投资期限或者经济上的原因，因为该城市在被选定之后有足够的时间去完成建设，而一旦申办没有成功，这些投资就是很大的损失。请结合本章介绍的相关概念，解释出现这一现象的原因。

3. 假设市场中只存在两类水暖工：高能力的水暖工和低能力的水暖工。两类水暖工都可以考取专业资格证书，但是低能力的水暖工要拿到证书需要付出额外的努力。高能力者需要花费 H 个月通过资格考试，而低能力者需要两倍的时间去考取。有资格证书的水暖工能够在正规的企业中工作，每年的平均工资水平为 8 万元。没有资格证书的水暖工只能在非正规的企业里做一些临时性的工作，每年平均收入水平为 4 万元。每一类水暖工得到的支付为 $\sqrt{S}-M$，其中 S 是以千元为单位衡量的工资收入，M 是获取证书所耗费的时间（月数）。问：H 处于何区间可以令高能力的水暖工选择考取证书，而低能力的水暖工不考取证书？

4. 司法诉讼中存在一类特殊的诉讼形式：要挟诉讼 (nuisance suits)，即原告通过诉讼的形式来实现要挟的目的，希望被告支付赔偿来进行庭前和解。假设案件交由法庭进行审判，被告被迫支付给原告的赔偿金为 d，d 服从 [0，1] 上的均匀分布，只有被告才知道 d 的真正值。以上为共同知识。原告的诉讼费用为 $c \leq 1/2$，但是不会增加被告的成本。

　　博弈的时间顺序为：第一阶段，原告提出一个解决方案要约 s；第二阶段，被告选择接受该要约（此时原告的收益为 s，被告的收益为 $-s$），或者拒绝；第三阶段，如果被告拒绝 s，则原告决定起诉，这时原告的收益为 $d-c$，被告的收益为 $-d$，原告也可以放弃起诉，这时双方的收益都是 0。问：

　　在第三阶段，如果原告相信存在 d_e，当且仅当 $d > d_e$ 时，被告将选择和解，则原告关于是否起诉的最优决策是什么？

　　在第二阶段，对给定的要约 s，如果被告推断拒绝后原告向法庭起诉的概率为 p，当被告的类型为 d 时，其最优的和解决策是什么？

　　如果要约 $s>2c$，开始于第二阶段的连续博弈的完美贝叶斯均衡结果是什么？要约 $s<2c$ 的结果又是什么？

　　如果 $c<1/3$，求出整个博弈的完美贝叶斯均衡。

第 8 章
CHAPTER 8

机制设计

　　机制设计（mechanism design）可以看成是博弈论的逆向工程，或者等价地说，通过设计一个博弈，以达到社会价值的满意解，或实现某主体希望的目标。由于真实博弈往往存在非对称信息，由此导致的道德风险和逆向选择等现象的规避，需要处于信息劣势的博弈方通过改变博弈环境、规则或支付，实现期望的结局，因此产生了机制设计。

　　正如《经济学人》在介绍詹姆斯·莫里斯（1996 年诺贝尔经济学奖获得者）的贡献时指出："莫里斯告诉我们如何与比我们有信息优势的人打交道"，说明了处于信息劣势的一方如何通过设计一个博弈，让信息劣势方创造一个激励，使得信息优势方的行为有利于信息劣势方，这是机制设计的主要目标。

　　博弈论与机制设计的思考路径如图 8-1 和图 8-2 所示。

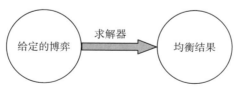

图 8-1　博弈论的思考路径

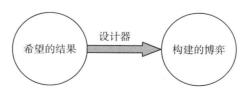

图 8-2　机制设计的思考路径

研究机制设计，通常需要实现两类目标：一类是最优机制设计（迈尔森），通过机制设计实现某参与人的收益最大化；另一类是有效机制设计（维克里－克拉克－格罗夫斯机制），通过设计一个机制，以最大化社会或系统目标。

机制在人类社会中存在的历史悠久，以机制设计中常见的拍卖设计为例，至少已经存在了数千年。第 1 章中提到的以色列所罗门王的故事，也是一个机制设计的例子。这是一个通过机制设计对真正的母亲进行甄别的例子。

作为一个经济学名词，机制设计首先由莱昂尼德·赫维奇于 1960 年提出。维克里对第二最优价格拍卖的研究，是采用博弈论进行机制设计的标志性事件。1972 年，赫维奇引入了激励相容的概念，将对理性参与人的激励纳入机制设计，从而开启了机制设计时代。一些著名的拍卖事件，如美国 FCC 的频谱拍卖，以及可交易的碳排放许可拍卖等重要事件，标志着机制设计在当今经济社会中扮演着越来越重要的角色。在互联网＋和大数据时代，商界、社会等行为主体间的利益关系范围日益扩大，彼此策略交互关系更具有时代特征，对机制设计也提出了新的要求。

从机制设计的主体来看，一般来说，都是信息劣势方进行机制设计。信息劣势方被称为**委托人**（principal），信息优势方被称为**代理人**（agent）。运用博弈论进行设计，委托人和代理人达到激励相容，这样整个博弈被称为委托－代理问题。在这个过程中，委托人通过机制设计，最大化自己的支付，同时还要满足两类约束：①激励相容约束，委托人的机制必须与代理人的激励保持一致；②参与约束，机制提供给代理人的期望支付必须不少于他从其他机会中得到的支付。在满足激励相容约束和参与约束的前提下，委托人确定一个机制，以最大化其利益目标。

第 8.1 节通过几个简单的例子，探讨个体利益与群体利益之间的可能冲突问题。第 8.2 节对常见的拍卖机制进行了分析。第 8.3 节讨论了几种有代表性的群体利益激励。第 8.4 节给出了若干机制设计的例子。

8.1　个体利益与群体利益

博弈论在经济社会领域研究的一个主题是个体利益与群体利益的矛盾。在实际中，由于存在信息不对称现象，个体利益最大化往往与群体利益最优不一致。

这里通过三个博弈的例子，说明个体利益与群体利益的冲突问题。

8.1.1　公地悲剧

生态学家哈丁在 1968 年描述了公地悲剧现象，即一片没有排他权的公共绿地，有若干牧民，他们决定自己放牧的规模。若每个牧民只考虑自己利益的最大化，那么最终整个绿地将会由于过度放牧而资源枯竭。

哈丁分析的关键是，由于每个牧民追求自己收益的最大化：若在公地多放一只牲畜，我的效益会怎样呢？多放一只牲畜，会带来正向效应——由于多了一只牲畜而导致收益增加量接近于 1，也会带来负向效应——多了一只牲畜对环境及所有牧人的负面影响。由于人们往往只考虑正向效应而忽视负向效应，个人自由放牧的结果导致放牧总量超过了公地的最大承载能力，从而导致资源枯竭。

人们认识到公地悲剧现象普遍存在于经济、社会各领域。对公共资源，如土地、空气、水资源、森林、渔业资源、矿产等过分使用，都可以用公地悲剧一词来形容。

从博弈的视角看，公地悲剧是一个多人博弈问题。为简便计，考虑只有两个参与人的两人公地悲剧问题。假设每个参与人有两个策略：贪婪策略和可持续策略，分别记为 G 和 M。此外，我们假设资源的总价值为 5。

若所有参与人过度使用，资源价值在这些人之中平分，假设只要有一个人采用贪婪策略资源就会枯竭。此时的公地悲剧博弈类似于囚徒困境，如图 8-3 所示，均衡结果为双方均采用贪婪策略 G，资源则很快枯竭。

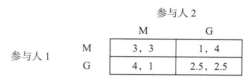

图 8-3　两人公地悲剧

若参与人有 3 个，参与人 1 选择矩阵的行，参与人 2 选择矩阵的列，参与人 3 则在子表格 M 和 G 中选择（对应着参与人 3 的两个不同策略），那么可用图 8-4 表示该博弈。

图 8-4　三人公地悲剧

通过不断分析每个参与人关于其他对手策略组合的最优反应，采用划线法尝试求解纯策略纳什均衡。其中，纯策略纳什均衡为所有参与人选择可持续策略 M，以及所有参与人选择贪婪策略 G。图 8-4 标注了这一分析过程。另外，可以看到采用贪婪策略 G 是弱占优策略，因此在实际中所有人选择贪婪策略更容易出现。特别地，一旦其中一个参与人采用了贪婪策略，均衡（M，M，M）会立刻土崩瓦解，向另一个均衡（G，G，G）倾斜。

若公地被破坏有一个临界值，比如说至少有 k 个参与人采用贪婪策略，公地资源才会枯竭。为简便计，假设公地有 3 个参与人，当有 2 个或以上 2 个参与人采用贪婪策略 G 时，公地资源才会被完全破坏，可用表 8-1 表示。

表 8-1　公地悲剧：存在破坏临界值

	其他人均选 G	一人选 G	其他人均选 M
M	1	2	3
G	5/3	2	4

比较表 8-1 的两行，此时，策略 G 依然弱占优于 M。事实上，很多原来认为取之不尽的资源，如深海渔业资源，某些鱼类由于被过度捕捞以及捕捞技术的提升已经灭绝。那么，如何破解公地悲剧呢？

对于公地悲剧的破解，哈丁提出了两个思路。①公地的私有化，比如将公地变为私有，那么物主将会精心运作，保持资源的可持续利用而不会过度使用。但同时，哈丁也指出了并非所有公地都可以私有化，比如空气和水。②政府必须介入公地的使用控制，通过相关法律、制度改变相关个体的效用偏好，使得个人最优目标与群体福利最优目标一致。但另一个问题是，由于存在信息不对称，政府并不能最优地确定群体"最佳"的资源消耗量，此外谁来监管监管者？这样，借助第三方或行业领先者，通过机制设计激励相关参与者，让贪婪策略成为劣策略，或许是一个好选择。

当今互联网和大数据时代带给人类社会新的公地场景，广告商占据着这些公共资源，各种手机 App、信息推送充斥着我们的眼球、我们的脑海，其中不乏大量的垃圾信息。在这样的环境下，个人的信息安全和个人隐私、社会安全甚至国家安全也成为人们难以忽视的问题。若过分放纵"牧民"自由，大数据时代的"公地"也会枯竭。

8.1.2　志愿者难题

志愿者难题（the volunteer's dilemma）一言以蔽之，就是个人是否愿意牺牲自己来实现群体的利益？

20 世纪 80 年代中期，《科学》杂志曾经给读者一个选择：可通过明信片向杂志社索要 20 美元或 80 美元。杂志承诺，若索要 80 美元的比例小于 20%，则按照要求的数量支付给读者相应数量的钱，若该比例超过了 20%，则杂志社不需要支付任何钱。

采用经济博弈实验方法，阿纳托尔·拉波波特（Anatol Rapoport）对此进行了分析，其要点如下。

（1）每个参与人需要在两个策略中进行选择：合作（用 C 表示），不合作（用 N 表示）。

（2）若至少有一个参与人选择了 C，那么所有选 C 的参与人获得 5 美元，所有选 N 的参与人获得 10 美元。若无人选 C，则所有人获得 0 美元。

拉波波特提出了**社会陷阱**（social trap）的概念，即这样的一个场景，所有成员的个体理性决策导致群体的无效率现象。志愿者难题可以表示为如表 8-2 所示的矩阵形式。

表 8-2　志愿者难题

	至少 1 人合作	其他人均不合作
C	5	5
N	10	0

该博弈没有占优策略。而且，拉波波特指出：随着参与博弈的人人数增加，若多数人认为随着人数的增加，"至少有一人选择合作"总会发生，那么人数增加反倒使至少存在一个志愿者的概率降低。

8.1.3　搭便车问题

搭便车（free rider）是指某些人享用物品或服务，却不承担相应成本的现象。从博弈论角度看，搭便车实质上是个体理性决策造成的难以避免的结果。

从表面上看，搭便车是囚徒困境现象的另一种体现，但与囚徒困境不同之处在于，个体的搭便车行为并不会造成其他参与人支付水平的降低，尤其对公共物品而言更是这样。比如一艘船通过搭便车的方式享受了灯塔的照明，并没有破坏其他船只对照明的需求水平。

以两人公共物品贡献博弈为例进行说明。两个参与人同时决定是否对一个公共物品选择"贡献"策略。至少有一个人选择"贡献"，该公共物品才能提供。贡献的成本为 c，一旦公共物品被提供，它产生的好处为 100 单位。有关支付如图 8-5 所示。

参与人 2

	贡献	不贡献
贡献	$100-c$, $100-c$	$100-c$, 100
不贡献	100, $100-c$	0, 0

参与人 1（位于"贡献"和"不贡献"行左侧）

图 8-5　两人搭便车博弈问题

该博弈有两个纯策略均衡，即一个人选择"贡献"，另外一个人选择"不贡献"，此外还有第三个混合策略均衡：双方选择"贡献"的概率为（$100 - c$）/100。可见，随着 c 的增大，在混合策略均衡中人们选择"贡献"的概率将变低。

图 8-5 所示的博弈是一个对称博弈。所谓对称博弈，通俗地说，是指任何参与人选择某策略的支付值仅与其他人策略的内容有关，而与谁选了这些策略无关。纳什（1951）证明，对于有限博弈，对称博弈至少存在一个"对称均衡"，即所有人选取相同的策略构成纳什均衡。其中的混合策略便是博弈的对称均衡。

现考虑一般情况的搭便车问题。在参与人数目为 m 的人群中，需要至少 n 个参与人（$1 \leqslant n \leqslant m$）选择"贡献"，公共物品才能被提供。公共物品被提供的收益为 I，

提供的成本为 c，$c < I$。显然存在这样的纯策略均衡：有且仅有 n 个人选择"贡献"，但这是一个非对称均衡策略（即在纳什均衡中不同参与人的策略不完全一致的策略）。因此，若 $n > 1$，肯定存在另一个纯策略纳什均衡：所有参与人均选择"不贡献"。由纳什均衡的定义即可证明该结论，且该策略组合为对称均衡。

下面讨论是否存在一个非退化的对称混合策略均衡，即所有参与人都以某概率 x（$0 < x < 1$）选择"贡献"为纳什均衡。若每个参与人选择"贡献"的概率为 x 构成纳什均衡，那么根据均衡策略支撑的无关性定理，每个参与人分别选择"贡献"与"不贡献"对应的期望收益必然相同。

由于至少有 n 个人选择"贡献"公共物品才能够被提供，因此，对于任意一个参与人来说，他选择"贡献"的期望收益为

u（贡献）= 公共物品不能被提供的概率 × 公共物品不能被提供且该参与人选择"贡献"的收益 + 公共物品被提供的概率 × 公共物品被提供且选择"贡献"的收益

公共物品不能被提供且参与人 i 选择了"贡献"，此时参与人 i 的收益为 $-c$；公共物品被提供且参与人 i 选择了"贡献"，收益为 $I-c$。参与人 i 选择了"贡献"，但公共物品未被提供，表明其他参与人（总个数为 $m-1$）选择"贡献"的人数小于 $n-1$，因此

$$u(\text{贡献}) = -c(C_{m-1}^0 x^0 (1-x)^{m-1} + C_{m-1}^1 x^1 (1-x)^{m-2} + \cdots + C_{m-1}^{n-2} x^{n-2} (1-x)^{m-n+1}) + (I-c)$$
$$(C_{m-1}^{n-1} x^{n-1} (1-x)^{m-n} + \cdots + C_{m-1}^{m-1} x^{m-1} (1-x)^0)$$

类似地，若任一参与人选择"不贡献"，公共物品若能够被提供，那么其他 $m-1$ 个参与人至少有 n 个选择"贡献"才能够实现，对应的期望收益为

$$u(\text{不贡献}) = I(C_{m-1}^n x^n (1-x)^{m-n-1} + \cdots + C_{m-1}^{m-1} x^{m-1} (1-x)^0)$$

若存在对称非退化混合策略均衡解，必有 u（贡献）= u（不贡献）。化简得到关于 x 的非线性方程为

$$IC_{m-1}^{n-1} x^{n-1} (1-x)^{m-n} - c = 0$$

若求解上述方程的根在（0，1）上，则表明各参与人中存在一个对称的非退化混合策略纳什均衡。

这里针对一个简单情况进行说明。若 $I=10, c=5, n=1$，即只要有一个人选择"贡献"公共物品就会被提供。显然此时不存在对称的纯策略纳什均衡解。那么必有对称的非退化混合策略纳什均衡解。将具体数值代入，上式化简为

$$(1-x)^{m-1} = 1/2$$

进而求出

$$x = 1 - \left(\frac{1}{2}\right)^{\frac{1}{m-1}}$$

表 8-3 即为 m 从 2 到 10 乃至趋于无穷的情况下 x 的取值。

表 8-3　不同人群数目下每个人选择"贡献"的概率

人群数目（m）	2	3	4	5	6	7	8	9	10	$+\infty$
选择"贡献"的概率（x）	0.5	0.293	0.206	0.159	0.129	0.109	0.094	0.083	0.074	0

可见，随着人群数量的增长，每个人选择"贡献"的概率在变小。

在对称均衡条件下，若人群数量为 m，每个人提供公共物品的概率为 x，则公共物品不能被提供的概率为

$$(1-x)^m$$

于是公共物品被提供的概率为

$$1-(1-x)^m$$

代入相关参数数值，得到在不同人群数量 m 的情况下，公共物品能被提供的概率随着 m 的增加而变小（见表 8-4）。

表 8-4　不同人群数目下每个人选择"贡献"的概率

人群数目（m）	2	3	4	5	6	7	8	9	10	$+\infty$
公共物品被提供的概率	0.750	0.646	0.603	0.580	0.565	0.555	0.547	0.541	0.537	0.503

图 8-6 直观地表述了随着人群数目的变化，每人选择"贡献"的概率以及公共物品被提供的概率的变化。

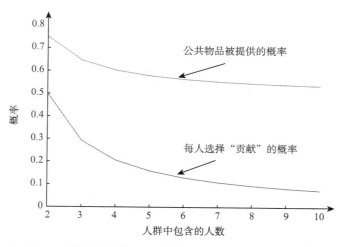

图 8-6　不同人群数目"公共物品"博弈相关概率变化

上述分析结果看似"荒谬"，却有实际事例的支持。1964 年 3 月，纽约皇后区，一位 29 岁的女性在 33 分钟内遭到了致命袭击，38 人目击了犯罪过程却无人干预，甚至连报警电话都没有打。最终这位名叫凯瑟琳的女性惨死。事后，记者、心理学

家、社会学家等纷纷指出惨案是由于"大城市"的冷漠造成的，但博弈论专家给出了不同的解释，认为正是由于目击者多，每个人都以为即便自己不过问也会有其他人过问，从而导致最终无人过问。当然博弈论解释存在一定的局限，但不可否认的是，博弈论为社会、经济问题的解释和分析提供了新视角、新方法与新发现。

8.2   拍卖与机制设计

在经济社会中，拍卖已有数千年的历史，但直到1961年，维克里运用博弈论深入研究了拍卖后，博弈论才成为深入分析拍卖的理论工具。维克里创造性地提出了第二价格拍卖，给出了避免竞拍者隐藏自己真实估价的机制，从而大大推动了博弈论方法在机制设计领域的研究与应用。

拍卖有多种形式，历史相对悠久的拍卖有：①英式拍卖（English auction），所有人公开说出自己愿意支付的拍卖品价格，按照从低到高的方式，直到在规定时间内没有更高的叫价为止；②荷兰式拍卖（Dutch auction），竞买者公开叫价，但价格变化方向为从较高价格开始，不断降低价格，直到有人愿意购买为止；③第一价格密封拍卖（first price sealed bid auction），每个人的报价密封在信封内提交，然后在指定的期限内公开每个人的报价，价格最高者获得拍卖品。

相对现代的有维克里拍卖，又被称为第二价格拍卖，每个人密封提交其报价，报价最高者获得拍卖品，但按照第二最高价格成交。此外，结合不同的情况，现代社会的人又发明了若干新的拍卖方式，如著名的FCC频谱拍卖、碳排放许可拍卖等。

虽然拍卖规则各有不同，但它们都有一个共同特征：至少存在一个待拍卖的物品，不同参与人通过报价过程对该物品进行竞争（购买或出售）。其中，竞买中出价最高者或竞卖中出价最低者为拍卖获胜者。

若从博弈论视角来看待拍卖，拍卖实质上就是具有非对称信息的博弈问题。将博弈论应用于拍卖理论研究，不仅为相关参与人提供了最优的策略分析，更为重要的是，博弈论提供了在非对称信息情况下通过拍卖方式如何更好地揭示被拍卖物品真实价值信息的方式。通过博弈规则设计，处于信息优势的一方说出自己的真实类型，是机制设计的重要方向之一。

当今"互联网＋"时代，拍卖更加普遍，波及范围也更广阔。下面就是一些现代拍卖的例子。

（1）政府主导的拍卖。

1）土地挂牌招标。

2）资源使用、开采权拍卖。

3）公共项目招标（如政府和社会资本合作（PPP）项目）。

（2）互联网领域的拍卖。

1）搜索引擎的关键词显示、网页广告拍卖。

2）电子商务网站（如eBay）的商品拍卖。

3）手机免费 App 的广告植入拍卖。

（3）金融市场，例如首次公开募股（IPO）、证券回购等。

8.2.1　第一价格拍卖

第一价格拍卖（first price auction）分为两类：①公开上升式拍卖，即英式拍卖，在公开场合（或者是报价即时显示的网络平台），竞拍者彼此公开叫价，报价不断上升，直到最高价格出现无人跟进，拍卖结束；②密封式拍卖，竞拍者提交密封报价，出价最高者获得拍卖品。

在第一价格密封式拍卖中，如何报价呢？竞拍者报出自己愿意承受的价格上限是不是一个好策略呢？如果不是的话，那么应该适当"隐藏"多少？这些问题需要进行量化分析。

考虑仅有两个竞拍者 A 和 B，分析双方的最优报价策略。若两人对拍卖品的估值服从 [0，1] 上的均匀分布，我们来证明双方的最优策略是报价等于估值的一半。问题描述如下：

假设参与人 A 和 B 对拍卖品的估值分别为 v_1 和 v_2。每个人都知道自己的估价，但不知道对方的估价，知道对方的估价服从 [0，1] 上的均匀分布，且该信息是共同知识。

记参与人 i 的报价函数为 $B(v_i)$，这里假设双方采用对称的策略，即彼此报价策略相同。假设 B 是连续增函数。

报价函数 $B(v)$ 的含义是，若参与人对拍卖品的估值是 v，则给出报价 $B(v)$。定义报价函数 $B(v)$ 的反函数为

$$V(b) = \max\{v | B(v) = b\}$$

若 A 报价为 b，他获胜的收益为 $v-b$，获胜的场合是 $B(v_2) < b$，对应的获胜概率为 $\mathrm{Prob}(v_2 < V(b))$。由于双方估值服从 [0，1] 上的均匀分布，因此，$\mathrm{Prob}(v_2 < V(b)) = V(b)$。

于是 A 估值为 v 时的期望收益为

$$(v-b)V(b) + 0 \times (1-V(b))$$

参与人 A 选择 b 最大化其期望收益，因此尝试计算收益函数的一阶极值条件，得到如下的式子：

$$-V(b) + (v-b)V'(b) = 0$$

代入 $v = V(b)$，得到微分方程为

$$(V(b) - b)V'(b) = V(b)$$

记 $y(b) = V(b) - b$，上式变为 $y(b)y'(b) = b$，对 b 进行积分，得到微分方程的通解为

$$\frac{1}{2}y^2(b) = \frac{1}{2}b^2 + C$$

即

$$y(b) = \sqrt{b^2 + 2C}$$

于是 $V(b) = b + \sqrt{b^2 + 2C}$。注意边界条件 $B(0) = 0$，于是得到 $V(b) = 2b$，即

$$B(v) = \frac{1}{2}v$$

即双方报价为估值的一半。

对于多于两人的情况，根据类似的方法，假设每个参与人的估值服从 $[0，1]$ 上的均匀分布，得到 n 人拍卖的最优报价为

$$B(v) = \frac{n-1}{n}v$$

对于第一价格密封拍卖问题的表述，设参与人 i 对拍卖品的估价为 v_i，那么他的报价策略是函数 $b(v_i)$，参与人 i 的最优报价策略就是满足其期望效用最大化的策略，即

$$\max E(\text{Profit}_i) = (v - b(v))\Pr(b(v) \text{ 是最高价格}) = (v - b(v))\Pr(b(v) > b_j(v_j)),$$
$j \in N \backslash \{i\}$

参与人对拍卖品的估值服从其他概率分布的情形，可通过设定不同形式的报价函数，确定最大期望利润的报价策略。具体分析从略。

8.2.2　第二价格拍卖

第二价格拍卖由维克里提出。该规则采用密封式拍卖方式，报价最高者获得拍卖物品，但成交价格按照第二最高价格成交。这种拍卖机制的背后逻辑是什么呢？

我们先描述一下第二价格拍卖。假设有一个待拍卖物品，竞买者集合为 $N = \{1，2，\cdots，n\}$。竞买者 i 对竞拍品的估价记为 v_i，进一步假设 $v_1 \geqslant v_2 \geqslant \cdots \geqslant v_n \geqslant 0$。假设 v_i 是共同知识，则这是一个完全信息的静态博弈问题。

可以证明，在上述拍卖规则下，每个人报出的真实估价是其弱占优策略。

首先证明策略组合 $(b_1，\cdots，b_n) = (v_1，\cdots，v_n)$ 是一个纳什均衡，且是每个参与人的弱占优均衡。首先，若每个人都采用该策略，则参与人 1 获得该物品，支付 v_2 价格（若存在两个或两个以上相同的最高报价，则假定拍卖品在他们之间等概率分配，但可以验证该情形也会得出同样的结论，具体分析从略）。

此时参与人 1 是满意的，因为他具有正效用，并且给定其他人的报价策略，他的报价是关于其他人报价策略的最优反应。对于除参与人 1 以外的参与人，给定参与人 1 和其他人的报价策略，参与人 i 报价 v_i 也是最优反应。因为若参与人 i 的报价 $\geqslant v_1$，虽然其获得拍卖物品，但成交价格为 v_1，这样收益小于 0。若报价 $< v_1$，则在拍卖中不能获胜，收益为 0，那么报出真实估价 v_i 也是一个弱占优策略，因此，$(b_1，\cdots，$

$b_n) = (v_1, \cdots, v_n)$ 是一个纳什均衡。

第二价格拍卖最重要的一点是，通过设定该机制，参与人说出他的真实类型为其弱占优均衡策略。在非对称信息下，说出信息优势方的真实类型，在实际中具有重要意义。

除了说出每个人的真实估价是一个纳什均衡，第二价格拍卖还有很多其他纳什均衡。比如 $(v_1, 0, 0, \cdots, 0)$，$(v_1, v_2, 0, \cdots, 0)$ 也是纳什均衡。还有其他纳什均衡吗？请各位读者思考。

与第一价格拍卖相比，第二价格拍卖由于对参与人说出真实估价存在激励，因此，第二价格拍卖在实践中得到了广泛应用。但在实际中也出现了一些意料之外的问题。

1990 年，新西兰政府对无线频谱进行了拍卖，采用的规则是第二价格拍卖。但由于人们当时对无线频谱的价值缺乏认知，只有一个真正的报价者，他的报价为 100 000 新西兰元。另外一个报价者是中学生，他的报价仅有 6 新西兰元。最终最高报价者以 6 新西兰元购得了无线频谱的使用权，这在当时引起了轰动。

因此，作为对实际中采用第二价格拍卖的补充，为避免出现与新西兰无线频谱拍卖类似的问题，拍卖方开始注意设定保底价格。同时，借助网络媒体呼吁更多的人参与竞拍。

8.2.3　在线拍卖

在"互联网 +"时代，在线拍卖方式的不断进化体现了基于博弈分析的规则变化。下面以网站的栏目广告拍卖为例进行说明。起先，网站的栏目广告包括关键词搜索链接广告，最初采用第一价格拍卖方式，定价方式包括单位注意力定价（per-impression pricing）、有限目标定位（limited targeting）、单独协商方式（person-to-person negotiations）等。随后出现了关键词定位（keyword targeting）、修改报价的自动接受（automated acceptance of revised bids）、广义第一价格拍卖（generalized first price auction）、单击定价（per-click pricing）等方式。

其中，广义第一价格拍卖方式（GFP）是第一价格拍卖机制在网络时代的拓展，以网站的广告位拍卖为例进行说明。网站首先选定 N 个广告位，报价最高者获得最佳广告栏位，报价次高者获得次佳广告栏位……以此类推。该方式比对每个广告栏位分别进行拍卖效率要高。但人们很快发现 GFP 拍卖规则存在严重的问题：GFP 不存在纯策略均衡，竞价者经常修改报价，导致报价波动，从而导致在实际中不易操作。此外，对于广告栏位的排序，不同客户有着不同的评价标准，使得竞拍实施也变得困难。

第二价格拍卖规则具有激励人们说出真实价格的特征，同时减轻了竞买者若采用传统拍卖方式不断变更报价的烦琐性，因此在互联网时代得到了越来越广泛的应用。比如，eBay 的拍卖规则采用的是变形的第二价格拍卖方式。若当前的竞拍价格为 $b_1 > b_2 > \cdots > b_m$，则当前的商品价格为 $b_2 + c$，这里 b_1 满足 $b_1 \geqslant b_2 + c$，c 为常数，为一个竞价最小阶梯（0.5 或 1 单位货币）。此时，系统中 b_1 的价格不显示，直到在规定的报价时间期限内有高于 b_1+c 价格的报价出现。

在互联网时代，借助第二价格拍卖规则，有学者提出了第 K 价格拍卖规则，即拍卖的获胜者为出价最高者，但成交价格是第 K 最高价（$K \geqslant 3$）。在该种机制下，人们更愿意说出自身真实的估价，甚至有时候会给出略高于自身估价的报价。

随着网络经济的不断发展，通过不断的进化和学习，新兴拍卖机制也从理论分析中走出，在实践中得到了广泛的应用。表 8-5 就是从起初的雅虎拍卖向谷歌拍卖的演化（数字仅仅为举例用）。

表 8-5　网站广告档位的拍卖规则演化

起初的雅虎拍卖				谷歌拍卖			
档位	报价者	对应报价	相应支付	档位	报价者	对应报价	相应支付
1	A	8	8	1	A	8	5.01
2	B	5	5	2	B	5	4.01
3	C	4	4	3	C	4	1.01
4	D	1	1	4	D	1	0

可以看出，谷歌拍卖采用的是近似第二价格拍卖方式，正如前面分析的那样，该机制可以让每个竞价者说出他的真实估价，在相对安全（不用担心赢家诅咒（winner's curse））的前提下，不用担心价格时时变化带来的信息焦虑，目前已经成为比较普遍的在线拍卖方式。

8.3　群体利益的机制设计

从第 8.1 节的博弈分析中可以看到个体最优和群体最优的矛盾性是普遍存在的问题。从博弈论的角度看，如何破解这个难题？首先我们先细致地分析需要机制设计的两个场合：逆向选择和道德风险。

8.3.1　逆向选择

阿克洛夫运用博弈论分析了旧车市场问题。对于存在质量问题的旧车（柠檬），卖家知道车辆存在缺陷，但买家不知道，因此存在信息不对称性。为了自己的利益，旧车交易中卖家往往隐藏旧车真实的质量信息，质量好的汽车由于成本相对较高，而且存在信息不对称，在旧车销售中不仅没有竞争优势，反倒存在成本劣势，最终整个旧车市场充斥着柠檬产品，出现"劣币驱逐良币"现象。

类似的问题还出现在医疗保险市场，身体有严重疾病或严重影响健康的不良习惯，如吸烟成瘾、酗酒等客户在购买医疗保险时，往往会隐瞒对自己不利的信息来购买保险，在这个演化过程中，医疗保费价格会不断提升，最终健康人群中购买医疗保险者越来越少。

经济学把上述现象称为**逆向选择**（adverse selection）。所谓逆向选择，就是在信息不对称情况下，出现的诸如"劣币驱逐良币"等人们不希望看到的结果，或者其中一方利用信息优势使得另一方利益受损等现象。

为解决逆向选择问题，保险公司或银行往往采用包销（underwriting）的方式，即确定面临的风险是否可以接受。当卖家缺乏顾客信息时，包销可区分出不同类型的顾客；当卖家比买家拥有更多的信息时，质保承诺可以保护买家。另外更主要的是借助重要的工具：机制设计，通过设计一个博弈，揭示参与人的真实类型，从而保证各方均因此而获益。

8.3.2　道德风险

道德风险（moral hazard）是指由于存在信息不对称，在各方签订合同后，一方从个体理性角度做出与社会规范或期望偏离的行动而导致另一方利益受损的现象。比如，私家车一旦购买了车险，驾驶车辆的小心程度会降低，车辆停放也比没购买车险前随意。购买了医疗保险后，健身和保健程度也开始降低等。这些都属于道德风险。

为了在一定程度上解决道德风险问题，往往利用一定程度的激励手段。比如，一些医疗保险企业给予定期去健身房的客户优惠价格；在过去一年没有出险的客户，保险公司对车险的价格给予适当折扣等。

8.3.3　真实类型显示机制

第 8.2.2 小节的分析表明，第二价格拍卖之所以在理论和应用上受到重视，在于第二价格拍卖中每个参与人说出自己真实的类型为各方的均衡策略。换句话说，第二价格拍卖诱发了"说真话"的机制。在实际中，人们更关注的一类问题是：是否可以设计出这样的机制，使"说出自己真实的类型"不仅对个体有利，同时对群体也有利。

1. 成本分摊机制

机制设计一方面显示真实类型，另一方面也实现对群体有利的结果。机制设计是解决由于私人信息导致的问题，以博弈论为工具，通过对博弈的精心设计，构建能够产生满意结局的博弈。确定合理的成本分摊机制，是解决个体理性和群体利益冲突的一个途径。

下面以一个例子进行说明。

假设一家下设五个部门的公司，决定是否购买一项新技术，新技术的购买价格为50 万元。该技术的引入会带来成本的节省。若新技术带来的成本节省总额超过了购买价格，那么引进新技术是合理的。但购买该技术的花费如何在五个部门之间进行合理的分摊呢？

可以考虑的是，将五个部门的领导召集到一起，大家互相交流，确定采用新技术会节省多少费用。节省费用最高的部门分摊的新技术购买份额相应也最高。这从理论上看是可行的。但是，若真实地报出成本节省数额，且该数额与购买新技术的分摊数额成正比，那么各部门就可能会"说谎"。

为便于说明，假设采用新技术带来的真实节省如表 8-6 所示。

表 8-6　引进新技术后各部门真实的节省值

部门	1	2	3	4	5
节省值（万元）	15	25	7.5	20	17.5

总节省额为 85 万元，因此购买新技术是有价值的。但根据各部门的报告，若引入新技术，带来的节省如表 8-7 所示。

表 8-7　各部门"报告"的节省值

部门	1	2	3	4	5
节省值（万元）	6.5	15	5	9.5	6

根据表 8-7 的报告，引入新技术总共节省 42 万元。"不购买"成了公司的理性选择。如何解决这个问题呢？

这里考虑建立一个类似拍卖的博弈机制。首先在各部门中设定一个均摊价格 p_1，若各部门同意，则按照这个价格分摊费用，不同意的部门则不能使用该技术。首先设定初始价格为 50/5 =10（万元）。根据表 8-6 可知，部门 1、2、4、5 均同意该分摊价格，部门 3 不同意。此时分摊的总费用为 40 万元。

其次，设定均摊价格为 50/4 =12.5（万元）。根据表 8-6，四个部门仍然会同意。于是得到了一个解决方案为：部门 1、2、4、5 分别分摊新技术购买费用 12.5 万元，获得新技术的试用权，部门 3 则没有新技术的使用权。

采用类似的方法，总可以获得一种费用分摊方案，结果要么是余下的部门均摊总费用，要么最终所有部门拒绝，新技术购买建议终止。

但该方法并不完美，一方面可能会导致新技术的成本在使用者之间分摊的方案搁浅；另一方面，表面的费用均摊并没有反映出受益高低的差异。

2. 维克里 – 克拉克 – 格罗夫斯机制

20 世纪 70 年代早期，爱德华·克拉克（Edward Clarke）和西奥多·格罗夫斯（Theodore Groves）各自独立地将维克里的思想拓展到多人多物品拍卖场合，该方法得到了广泛的应用。

首先考虑随机选择一个参与人 P，P 可能参与了一项或多项物品的报价。比如 P 对一件物品的报价是 x 元，对另一件物品的报价是 y 元。那么维克里 – 克拉克 – 格罗夫斯（VCG）机制设计如下。

（1）VCG 机制接受所有报价，包括 P 的报价。

（2）VCG 机制计算待拍物品的最高报价总计：按照每个人提出的报价，分配待拍卖物品给竞价者，以实现价值最大化。

（3）VCG 机制移除 P 的报价，重新按照步骤（2）计算拍卖结果。若 P 已经购买了某些物品，那么移除 P 会改变结果。

（4）VCG 机制对 P 收取由于 P 的报价而给其他参与人带来的"损失"。换句话说，P 在拍卖中需要支付的数额等于 P 给其他参与人带来的整体损失。

VCG 机制的要点是每个人说出真实的估价是占优策略，而且按照该机制，总是能够实现最大的总报价。

下面举例说明 VCG 机制如何计算。考虑四人竞拍两件完全相同的工艺品。参与人 1 报价 100 元，参与人 2 报价 90 元，参与人 3 报价 75 元，参与人 4 报价 120 元竞拍两个工艺品，而不是只竞拍其中一个。

显然该拍卖的获胜者是参与人 1 和参与人 2。若参与人 1 不参加，那么参与人 2 和参与人 3 将是获胜者。表 8-8 显示了 VCG 机制的逻辑。

表 8-8　参与人 1 的 VCG 值　（单位：元）

	参与人 2	参与人 3	参与人 4
参与人 1 参与拍卖	90	0	0
参与人 1 不参与拍卖	90	75	0

在该拍卖中，无论参与人 1 是否参加参与人 4 都不会获胜，但参与人 1 是否参加会对参与人 3 产生影响。因此，参与人 1 参加构成了其他参与人的损失 75 元。这样，对参与人 1 收费 75 元。

同样地，计算参与人 2 的 VCG 值（见表 8-9）。

表 8-9　参与人 2 的 VCG 价值　（单位：元）

	参与人 1	参与人 3	参与人 4
参与人 2 参与拍卖	100	0	0
参与人 2 不参与拍卖	100	75	0

根据表 8-9，参与人 2 参加导致了参与人 3 的损失 75 元。于是对参与人 2 收费 75 元。

参与人 3 与参与人 4 的 VCG 值不需要计算，因为他们报价低，他们的加入不会导致其他人的损失。

维克里拍卖是 VCG 的特例：将上面两件工艺品拍卖变成一件，按照 VCG 算法，就得到了第二价格拍卖。可以证明，在估值彼此独立的情况下，每个人说出其真实估价是 VCG 拍卖的占优策略。

8.4 机制设计若干应用举例

8.4.1 政府项目的契约设计：说真话的激励

考虑某地区对公路建设项目进行招标。政府决定建造多少车道，车道越多越能改善路况，但有一个临界值，过高的车道会破坏自然环境，造成农田、其他土地用途的损失，故假设一条 N 车道的公路带来的社会价值（以亿元计量）为 $V = 15N - N^2/2$。

单条车道的建造成本 F 可能有两种：3 亿元 / 车道；5 亿元 / 车道。这取决于不同的地质状况。

政府选择最大化目标 $G = V - F$。

当单条车道建造成本为 3 亿元时，G 的形式为

$$G = V - F = 15N - N^2/2 - 3N = 12N - N^2/2$$

当 $N = 12$ 时，G 达到最大值，故当建造成本为 3 亿元 / 车道时，最优的公路建造方案是修建 12 条车道，相应的建造成本为 36 亿元。因此，若政府提供这样的契约，要求承包商建造 12 条车道，同时付给承包商工程款 36 亿元，承包商会接受。

同理，对于建造成本为 5 亿元 / 车道的场合，采用类似的分析方法，最优公路建造方案是修建 10 条车道，建造成本为 50 亿元。此时，政府若提供这样的契约，要求承包商建造 10 条车道公路，并支付给承包商工程款 50 亿元，承包商也会接受。

实际中由于存在信息不对称性，政府往往并不知道真实的建造成本。假设政府认为有 2/3 的概率车道的建造成本为 3 亿元 / 车道，1/3 的概率车道的建造成本为 5 亿元 / 车道。如果政府提出之前的两条契约给承包商，并由承包商说出实际建造成本，则承包商很难说出真话。因为若每条车道的实际建造成本为 3 亿元，承包商若说真话，超额利润为 0；但若报出虚假成本，每条车道的建造成本为 5 亿元，那么按照政府预设的契约（高成本的契约），承包商可以获得超额利润 $10 \times 5 - 3 \times 10 = 20$（亿元）。可以想象，在巨大的利润诱惑面前，承包商说真话是非常困难的事情。

那么政府有没有一个好的办法激励承包商说真话呢？我们设立一个激励承包商说真话的机制。当承包商报出修建公路为低成本时，契约为：修建 N_L 条车道，工程款为 R_L 元；当承包商报出修建公路为高成本时，契约为：修建 N_H 条车道，工程款为 R_H 元。

根据委托 – 代理模型，该合同首先应满足如下的参与约束：

$$R_L \geqslant 3N_L, \quad R_H \geqslant 5N_H \tag{8-1}$$

其次，如果真实成本为低成本，那么承包商讲真话的净收益为 $R_L - 3N_L$，说谎的净收益为 $R_H - 3N_H$，因此当真实成本为低成本时，激励承包商说真话的约束为

$$R_L - 3N_L \geqslant R_H - 3N_H \tag{8-2}$$

同理，当真实成本为高成本时，承包商说真话的激励约束为

$$R_H - 5N_H \geqslant R_L - 5N_L \tag{8-3}$$

约束式（8-2）和式（8-3）又被称为激励相容约束。

在满足约束式（8-1）～式（8-3）的前提下，政府最大化自己的期望净收益，为

$$E_G = 2/3 \times (15N_L - N_L^2/2 - R_L) + 1/3 \times (15N_H - N_H^2/2 - R_H) \qquad (8-4)$$

可用约束非线性规划求解该委托 – 代理机制。该非线性规划有四个决策变量和四个不等式约束。对于本模型，求解前可以对模型进行简化。

注意，若高成本的参与约束 $R_H \geqslant 5N_H$ 和低成本的激励相容约束 $R_L - 3N_L \geqslant R_H - 3N_H$ 同时成立，那么低成本的参与约束自然成立，因为

$$R_L - 3N_L \geqslant R_H - 3N_H \geqslant 5N_H - 3N_H = 2N_H \geqslant 0$$

因此，低成本的参与约束可以忽略。此外，凭借直观感觉猜测，当建造公路为高成本时，承包商不会说谎，这可从式（8-1）和式（8-2）推出式（8-3）自然得出（过程略，请读者自行验证）。

因此只需考虑两个约束：$R_H \geqslant 5N_H$ 和 $R_L - 3N_L \geqslant R_H - 3N_H$。由于政府在满足参与约束和激励相容约束的前提下追求的是期望支付最大化，因此这两个约束要取等号，即

$$R_H = 5N_H, \quad R_L - 3N_L = R_H - 3N_H \qquad (8-5)$$

将 R_H 和 R_L 代入到目标函数式（8-4），并化简，得到

$$E_G = 8N_L - N_L^2 / 3 + 2N_H - N_H^2/6$$

上式可以求出最大值，分别针对包含 N_L 的前两项和包含 N_H 的后两项求最大值即可。结果为：$N_L = 12$，$N_H = 6$。根据式（8-5），可以得出对应不同成本的契约价格分别为 $R_L = 48$，$R_H = 30$。于是在存在信息不对称的情况下，政府的最优契约机制为：若承包商宣布修建道路成本为低成本，则建造 12 条车道，契约价格为 48 亿元；若承包商宣布修建道路成本为高成本，则建造 6 条车道，契约价格为 30 亿元。在这样的机制下，承包商没有动机说谎。

8.4.2　激励的契约设计：道德风险的破解

下面以一道例题为例进行说明。

【例 8-1】努力的激励

某公司的所有者正在开发一个新项目，需要雇用一个熟悉业务的经理人负责公司管理。该新项目成功与否事先不能确定，但经理人如果付出足够的努力，则会提升项目成功的概率。

如果努力水平是可以观察的，那么根据可测的努力水平支付给经理人工资。但多数情况下，经理人的努力水平是不可观测的，因此，可以考虑对经理人进行基于项目成功的激励，如项目能成功，则给经理人发放足够多的奖金，用于激励他付出足够的

努力。在此基础上，还要满足投资者收益最大化。

有关假设如下：

参与人：公司所有者、经理人。

经理人具有风险厌恶效用，若年收入为 y（单位为百万元），效用函数为 $u = \sqrt{y}$。同时假设努力的经理人，若付出高努力水平，效用会下降0.1。此外，经理人若付出 0 单位努力水平，在就业市场也能找到年收入为 9 万元的工作，对应的效用为 $\sqrt{0.09} = 0.3$。

若公司所有者希望经理人付出高努力水平，那么支付给经理人的工资应该满足 $\sqrt{y} - 0.1 \geq 0.3$，即 $y = 0.16$。效用值 0.3 对应的是经理人在 0 努力水平下的机会工资。

因此，若努力水平是可以观测的，那么公司所有者可以制定这样的契约：①支付经理人 9 万元工资，不在乎他是否偷懒；②支付经理人 16 万元工资，但必须付出高努力水平。至于采用哪个契约，取决于经理人不同努力水平给公司带来的净收益的比较分析。

但实际上经理人的努力水平往往是不可观测的。为了激励经理人付出高水平努力，从激励相容角度看，应该使经理人付出高水平努力的期望效用不低于偷懒带来的期望效用。

假设如果付出高水平努力，经理人能够保证有 1/2 的概率使项目获得成功，如果不付出努力，项目成功的概率只有 1/4。若项目成功付给经理人的工资为 y，项目失败支付工资为 x，那么激励相容约束为

$$\frac{1}{2}\sqrt{y} + \frac{1}{2}\sqrt{x} - 0.1 \geq \frac{1}{4}\sqrt{y} + \frac{3}{4}\sqrt{x}$$

化简，得

$$\sqrt{y} - \sqrt{x} \geq 0.4$$

上式就是经理人的激励相容约束。或者换句话说，对导致不同结局（项目是否成功）的工资激励要足够大，才能保证经理人付出足够的努力。

经理人努力工作带来的期望效用，应该不低于在其他公司工作给他带来的期望效用。因此要满足如下的参与约束：

$$\frac{1}{2}\sqrt{y} + \frac{1}{2}\sqrt{x} - 0.1 \geq 0.3$$

即

$$\sqrt{y} + \sqrt{x} \geq 0.8$$

上式是为了激励经理人付出高水平努力管理所要满足的参与约束。

在满足经理人参与约束和激励相容约束的情况下，公司所有者能最大化期望效用。假定公司所有者的效用是风险中性的。项目成功可带来 100 万元的收益，失败则

一无所获。那么期望效用为

$$\frac{1}{2}\times(1-y)+\frac{1}{2}\times(0-x)=\frac{1-y-x}{2}$$

对该目标函数求最大值，在满足激励相容约束和参与约束的条件下，得到非线性规划的最优解为：$x=0.04$，$y=0.36$，即如果项目失败，经理人得到 4 万元工资，项目成功则得到 36 万元工资。

习题

1. 以下选择题，选出正确的选项。

（1）激励相容的含义是（　　　）

A. 委托人不惜一切代价设立一个契约，代理人按照该契约做出委托人希望的行动

B. 委托人通过价值舆论宣传，让代理人能够"人前人后一个样"

C. 通过设定一个契约，委托人强迫代理人必须加入，"榨取最后一滴血汗"

D. 委托人设定一个契约，代理人愿意加入该契约，并按照这个契约选择委托人希望的行动为其理性行动

（2）下面关于机制设计的说法，不正确的是（　　　）

A. 机制设计可以看成博弈论的"反向工程"：设计者为了实现预期，设计一个博弈系统，使得博弈均衡与预期一致

B. 在机制设计中，博弈论是重要的理论方法

C. 机制设计强调对人价值观的宣传教育

D. 机制设计基于参与人是理性人的假设进行分析

（3）第二价格拍卖的妙趣在于（　　　）

A. 让竞买者尽可能花少量的钱

B. 诱使竞买者说出其真实的估价

C. 让竞买者时时刻刻关注价格的变化

D. 容易产生"赢家诅咒"

（4）道德风险含义的要点是（　　　）

A. 人们不认真自省就容易出现道德问题

B. 处于信息优势的一方加入委托人设定的契约后，做出了委托人不希望的行动

C. 由于代理人属于低素质类型，加入委托人设定的契约后，无法胜任其岗位

D. 道德风险提示我们需要加强道德教育

（5）逆向选择的含义是（　　　）

A. 由于存在信息不对称，机制设计者无法事先知道对方的类型，信息优势方利用其信息优势而使机制设计者利益受损的现象

B. 逆向选择可通过信息收集降低不确定性

C. 逆向选择问题的解决只能通过市场机制

D. 逆向选择现象主要通过宣传教育手段进行缓解

2. 讨论题

（1）结合生活中的实际问题，举出一些"逆向选择"的现象，并讨论如何解决这些问题。

（2）请说明第二价格拍卖是维克里－克拉克－格罗夫斯机制的特例。

第 9 章
CHAPTER 9

合作博弈

在非合作博弈中，各参与人从效用最大化视角选择各自的策略，强调个体理性，这有时会导致整体福利降低，比如因徒困境博弈。即便存在需要团队工作或协同的场合，如性别战博弈、猎鹿博弈等，博弈思考的出发点也是基于个体理性角度。

对于非合作博弈各方利益存在可能的帕累托改进的场合，一种提升各方收益的策略是，通过信号传递方式，让参与人之间进行信息沟通，协同各方策略。然而，信号传递需要一定的成本。若采用其他方式，如直接交谈（direct talk）或 cheap talk，如果成本较低，则事先的交谈并不能充分地保证彼此信任并坚守事先的承诺。如果博弈的参与人淡化策略的交互，提高对各方效率提升的关注水平，看重共赢，同时有强有力的契约、机制保证这种合作的可能，那么通过公平合理的收益分配机制保障，可在一定程度上促成各方的合作，实现各方共赢。这就是合作博弈的思路。

合作博弈思想也有来自真实人的行为支持。博弈实验研究表明，人们除了自利行为，还有利他主义倾向。即便是利己主义者之间，也存在彼此互助的现象。《国富论》对此有清晰的论述："人类几乎总是倾向于向他的同伴寻求帮助，尽管仅仅从同伴的仁慈中寻求这种帮助是徒然的。如果人们能够自愿地享受他们的自爱并向他人展示正是为了自身的利益去做他人需要我们做的事，这种行为就会很容易地在人群中传播开来。"

实际经济社会博弈中也存在很多合作行为，如世界范围内的节能减排问题、多国之间的经济贸易等。在这些博弈中，参与人之间的协同整体效益要远远超过彼此独立行动的效益。

从理论基础看，合作博弈和非合作博弈也存在明显的区别。非合作博弈以个体理性选择理论为基础，纳什均衡分析是其主要的分析内容；合作博弈则往往从看上去"合理"的公理假设出发，强调利益分配的"公平性""合理性"和整体的帕累托最优性等。在某些场合，合作博弈和非合作博弈具有一定程度的一致性。

　　何维·莫林（Herve Moulin）将合作模式分为三类：①直接协议模式，即人与人之间通过直接、面对面的讨价还价，达成一种群体的合作；②市场化模式，即社会行为的决策权被完全赋予个体意义上的经济人，因而群体行为的结果依赖于个体自立的策略互动式行为；③基于正义模式。从博弈论本身来说，从非合作博弈角度研究合作问题，可以归为市场化模式。而标准的合作博弈，即通过公理假设和最优化视角构建的理论体系，则偏向于直接协议模式和基于正义模式。

　　本章从两人讨价还价问题、公平分割问题、稳定匹配问题、合作博弈模型等角度，对合作博弈的经典内容进行论述。

9.1　两人讨价还价问题

　　鲁宾斯坦（Rubinstein）引入了折现因子，通过构建多阶段讨价还价蛋糕分割模型，对两人讨价还价问题进行了分析。从数学模型表述上看，该方法具有精确的结果，但在实际中，由于需要较多的数学假设而不易于实际应用。

　　对讨价还价博弈分析应用较广的方法是纳什讨价还价解方法。想象一个讨价还价的场景。首先商家设定一个价格，顾客还价，商家稍微降价，顾客再稍微让价，直到成交或讨价还价结束。假设一个物品，商家愿意出售的价格高于 50 元，买家愿意购买的价格低于 75 元。那么讨价还价的区域是两个数字的差（25 元）。如果讨价还价成功，两人总共获得 25 元的剩余，否则一无所获。

　　记 x_1 和 x_2 分别为两人讨价还价的可行区域，可用图 9-1 表示两人讨价还价问题。从非合作博弈的角度看，两人讨价还价问题的纳什均衡解有无穷多个，对于任何非负的 x 和 y，只要满足 $x + y = 25$ 的二元组 (x, y) 均为均衡解。若引入"折现因子"及无穷阶段的讨价还价过程，按照鲁宾斯坦模型，考虑到不同参与人具有对未来支付与当前支付偏好的比较，假设参与人 1 首先开始提出方案，参与人 2 若接受则博弈结束，否则再由参与人 2 提方案，参与人 1 决定是否接受……若折现因子为 d，则可求出参与人 1 获得 $1/(1+d)$，参与人 2 获得 $d/(1+d)$，参与人 1 具有先动优势（因为 $d < 1$）。

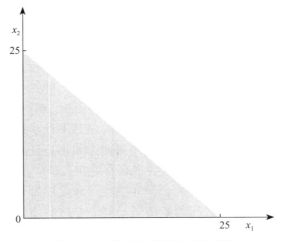

图 9-1　讨价还价博弈的可行区域

9.1.1　两人讨价还价问题表述

两人讨价还价问题包括如下内容。

（1）两个参与人。

（2）可行集 F。F 为定义在 $\mathbf{R}^2$ 子集上的有界闭集，通常假设该集为凸集，表示双方可讨价还价的区域，可行域上的点 x 表示各方的效用，$\boldsymbol{x}=(x_1, x_2)\in F$。

（3）不一致点（disagreement point）。记为 $\boldsymbol{d}=(d_1, d_2)$，表示若讨价还价没有达成协议，各方还可以确保获得的支付。F 中至少应有一个点 $\boldsymbol{x}=(x_1, x_2)\in F$，使得 $x_1>d_1$，$x_2>d_2$。

结合实际情况，不一致点可以是博弈双方默认的谢林点或聚点，或者采用非合作博弈均衡分析对应的收益向量。为简便计，不一致点可设定为（0，0）。

于是两人讨价还价问题可以表示为一个二元组（F，$\boldsymbol{d}$）。

对讨价还价问题（F，$\boldsymbol{d}$）可以进行如下解释：两个参与人在可行结果集 F 上进行讨价还价，若达成协议 $\boldsymbol{x}=(x_1, x_2)\in F$，则参与人 1 获得效用 x_1，参与人 2 获得效用 x_2，否则回到不一致点 $\boldsymbol{d}$。

9.1.2　纳什讨价还价解

针对两人讨价还价问题（F，$\boldsymbol{d}$），纳什提出了如下公理。

（1）**个体理性公理**。讨价还价解应满足个体理性条件：$(x_1^*, x_2^*)\geqslant(0, 0)$，即讨价还价解至少不能劣于不一致点。

（2）**可行性公理**。(x_1^*, x_2^*) 一定在可行集 F 中，即有 $(x_1^*, x_2^*)\in F$。

（3）**帕累托最优性公理**。F 中没有其他点帕累托优于 (x_1^*, x_2^*)。

（4）**无关方案独立性**（independence of irrelevant alternatives）**公理**。若 R 为 F 的子集，且 F 的讨价还价解 (x_1^*, x_2^*) 也在 R 中，则 (x_1^*, x_2^*) 也是讨价还价问题 R 的解。

用图形表示纳什讨价还价解的无关方案独立性公理的含义，如图 9-2 所示，若 A 为由 OBC 围成的区域 S 的讨价还价解，如果去掉阴影部分区域，余下区域的讨价还价解仍然为 A 点。

（5）**线性变换无关性公理**。对双方的效用函数进行相同的线性变换不改变讨价还价结果。比如，双方考虑分割一笔金钱，若对双方的货币计量单位（假设进行货币的讨价还价分割）进行变换，如美元计价变为欧元或其他货币计价，最终分割结果不会改变。

（6）**对称性公理**。若可行集 F 是对称集，即由任意的点 $(x_1, x_2)\in F$ 就能推导出 $(x_2, x_1)\in F$，则讨价还价解必有 $x_1^*=x_2^*$。

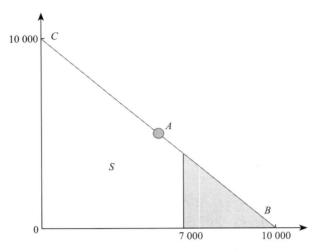

图 9-2　无关方案独立性公理示意图

在上述六个公理的假设下，纳什证明了讨价还价解为可行集 F 上的唯一点，该点是满足双方效用乘积最大化的解，即 $(x_1^*, x_2^*) \in \text{argmax } x_1 x_2, (x_1, x_2) \in F$。

下面通过若干例子，说明纳什讨价还价解的计算方法。

【例 9-1】企业破产的债务补偿问题。考虑一家企业破产后，有 60 000 元可以用来偿还债权人甲和乙的债务。该企业欠甲 50 000 元，欠乙 80 000 元。假设企业的效用函数就是货币化的数值，求出纳什讨价还价解。

该企业偿还债务的区域为图 9-3 虚线与坐标轴围成的区域，但由于企业目前只有 60 000 元可供偿还债务，因此，可行区域是直线 $u_1 + u_2 = 60$ 与坐标轴围成的区域再与虚线围成的矩形区域的公共部分，即四边形 $OABC$ 所在的区域。

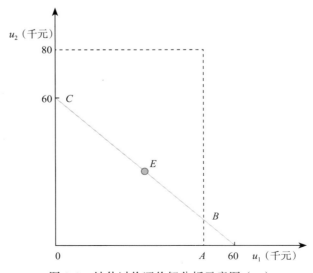

图 9-3　纳什讨价还价解分析示意图（一）

该区域内满足甲和乙企业效用乘积最大的点为 $u_1 = u_2 = 30$，即图 9-3 中的点 E。因此两家企业的纳什讨价还价解为 $x_1 = x_2 = 30$。按照该解，企业偿还甲 30 000 元，偿还乙 30 000 元。

若该企业欠乙企业的债务由 50 000 元减少到 20 000 元，则讨价还价可行区域为如图 9-4 所示的梯形 $OABC$ 所在的区域。

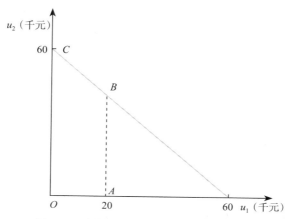

图 9-4　纳什讨价还价解分析示意图（二）

该区域中两家企业效用的最大乘积解，即纳什讨价还价解为点 B（20，40）。企业偿还甲 20 000 元，偿还乙 40 000 元。

【例 9-2】非风险中性效用的讨价还价问题。实际上，人们对于货币化的偏好态度并不是线性的。表 9-1 给出了两个参与人的货币化效用。

表 9-1　两个参与人的货币化效用

货币数量 参与人	100 元	300 元	500 元	700 元	900 元	1 000 元
参与人 1	0.1	0.3	0.5	0.7	0.9	1
参与人 2	0.4	0.6	0.75	0.86	0.95	1

若有 1 000 元在两人之间分割，该问题的纳什讨价还价解是什么？

根据表 9-1 的数据，可发现参与人 2 相对更容易满足，其货币化效用满足"边际递减"性，图 9-5 给出了效用曲线及不同分割方案对应的效用乘积。

两人对 1 000 元进行讨价还价，根据纳什讨价还价解的双方效用乘积最大化结论，可计算不同分割方案下两人效用乘积。表 9-2 给出了不同货币分割方案下双方效用乘积的情况，图 9-5 给出了对应的描点图像，其中效用乘积图像的自变量是参与人分割的钱数。

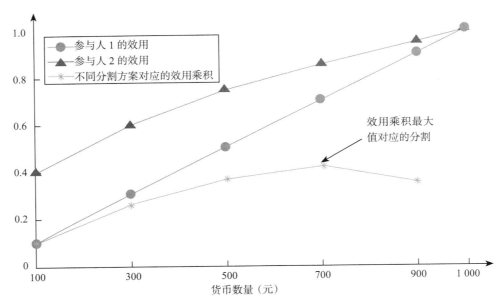

图 9-5　效用曲线及不同分割方案对应的效用乘积

表 9-2　不同货币分割方案下双方效用乘积情况

可行解（元）	参与人 1 的效用	参与人 2 的效用	效用乘积
（100，900）	0.10	0.95	0.095
（300，700）	0.30	0.86	0.258
（500，500）	0.50	0.75	0.375
（700，300）	0.70	0.60	0.420
（900，100）	0.90	0.40	0.360

　　根据表 9-2 的计算结果，双方效用乘积最大的 1 000 元分割方案为（700 元，300 元），在一定精度范围内，可认为双方纳什讨价还价解为（0.70，0.60），此时，参与人 1 获得 700 元，参与人 2 获得 300 元。

　　下面再给出一个具有非对称效用函数的讨价还价问题分析的例子。

　　【例 9-3】两个参与人正在对 1 升名贵的酒进行讨价还价。若达成协议 (α, β)，其中 $\alpha, \beta \leq 0$，且 $\alpha + \beta \leq 1$，就按照这个数值分割 1 升酒。否则，双方一无所获。参与人 1 的效用函数为 $u_1(\alpha) = \alpha$，参与人 2 的效用函数为 $u_2(\beta) = \sqrt{\beta}$。请绘制出该讨价还价问题的可行集图形，并计算讨价还价解。

　　若参与人 1 获得 α 单位的酒，参与人 2 获得 $1 - \alpha$ 单位的酒，那么可行集 $F = \{(u_1, u_2) | u_1(\alpha) = \alpha, u_2 = \sqrt{1-\alpha}, 0 \leq \alpha \leq 1\}$。这是一个有界、闭凸集，形状如图 9-6 阴影部分（含边界）所示，不一致点为（0，0）。

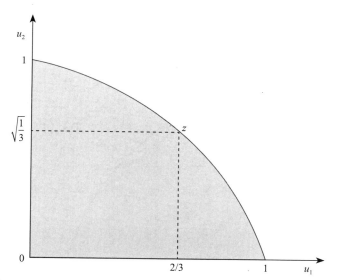

图 9-6　具有非风险中性效用的讨价还价问题可行集和解图示（一）

纳什讨价还价解可通过如下非线性规划问题求解得出。

$$\max z = \alpha\sqrt{1-\alpha}$$

$$0 \leqslant \alpha \leqslant 1$$

求得该规划的解为 $\alpha = 2/3$，即参与人 1 获得 2/3 升酒，参与人 2 获得 1/3 升酒。

　　回到鲁宾斯坦具有折现因子的讨价还价模型，即参与人 1 在 1，3，5，…奇数阶段提出分割方案，参与人 2 决定是否接受；若参与人 2 不接受参与人 1 的提议，则在 2，4，6，…等偶数阶段提议，参与人 1 决定是否接受。若折现因子为 $0 < \delta < 1$，参与人的提议为 $x = (x_1, x_2)$ 和 $y = (y_1, y_2)$，那么应该有 $x_2 = \delta y_2$，$y_1 = \delta x_1$。

　　根据双方的效用函数，设 $x_1 = \alpha$，则 $y_1 = \delta\alpha$，于是 $\sqrt{1-\alpha} = x_2 = \delta y_2 = \delta\sqrt{1-\delta\alpha}$，从而得到了关于参数 δ 和 α 的方程，为

$$x_1 = \alpha = \frac{1-\delta^2}{1-\delta^3} = \frac{1+\delta}{1+\delta+\delta^2}$$

当 $\delta = 0.5$ 时，鲁宾斯坦讨价还价点在图 9-7 中标出。当 $\delta = 1$ 时，鲁宾斯坦讨价还价点与纳什讨价还价解一致。图中右上的两条曲线分别为不同折现因子 δ 取值的双方效用乘积等值曲线，纳什讨价还价解则是在可行集上当双方效用乘积达到最大值时确定的等值曲线与可行集外边界曲线的切点。

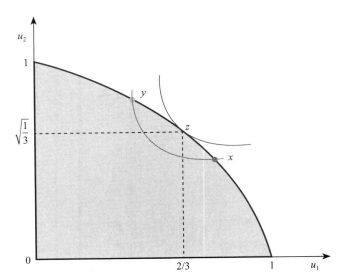

图 9-7 具有非风险中性效用的讨价还价问题可行集和解图示（二）

9.1.3 Kalai-Smorodinsky 解

人们对纳什讨价还价解存在争议的焦点是，对纳什讨价还价问题的第（4）条公理假设"无关方案独立性"合理性存在质疑，用其他公理假设替换该公理，人们给出了其他讨价还价问题的解。其中，比较著名的是 1975 年 Kalai 和 Smorodinsky 提出的方法。

Kailai 和 Smorodinsky 去掉了纳什的第（4）条公理，用单调性加以替换。

单调性公理。设（u_1^*，u_2^*）是可行集 F 的解，若 F 是更大集合 W 的子集，那么 W 的解一定要优于（u_1^*，u_2^*）。换言之，若参与人在更大的蛋糕中进行讨价还价，单调性确保双方效用都不会减少。

记 Kalai-Smorodinsky 的讨价还价解为 K-S 解，其求解步骤如下。

第一步，建立可行集 F。

第二步，计算参与人 1 在可行集 F 内可以实现的最大效用方案，记为 U_{1-max}。

第三步，计算参与人 2 可以实现的最大效用方案，记为 U_{2-max}。

第四步，一般来说，点（U_{1-max}，U_{2-max}）在可行集 F 之外，过（0，0）与（U_{1-max}，U_{2-max}）绘制一条直线，那么讨价还价问题的 K-S 解就是该直线与可行集 F 边界的交点。

【例 9-4】采用讨价还价 K-S 方法，重新求解企业破产的债务补偿问题。

债权人 A 和 B 考虑 60 000 元的分割问题。破产企业欠债权人 A 50 000 元债务，欠 B 80 000 元债务。由此可知，A 可能获得的最大偿还款为 50 000 元，B 可能获得的最大偿还款为 60 000 元，对应的点（50，60）是两个债权人的单边最大可能效用，如图 9-8 所示。

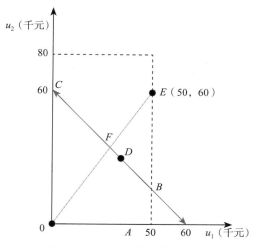

图 9-8　讨价还价博弈的 K-S 解

连接双方最大单边可能效用点 E 与原点绘制一条直线，与可行集边界线 $u_1 + u_2 = 60$ 的交点为（27.273，32.727），故 K-S 讨价还价解为企业给债权人 A 27 273 元，给债权人 B 32 727 元。与纳什讨价还价解相比，欠债多的一方获得了更多的补偿，看上去似乎更为合理。

9.2　公平分割问题

讨价还价问题往往局限于两个参与人，同时，物品可以无限分割，但实际中参与人往往不止一个，有些物品不可分割。比如，一座房子在几个家庭成员中进行价值分割，一件颇具价值的物品（如钢琴）在几个成员中分割等。

物品分割的关键是如何确定公平分割。如果该物品对于每个成员的价值相同，那么分割物品就很容易，可以折算成相当的货币值，平分给每位成员即可。但每个成员对同一物品的估值不同，分割方案就会有差异。

假设一架钢琴在三个家庭成员 A、B 和 C 之间分配。从使用价值看，A 对钢琴的估值为 5 000 元，B 为 1 250 元，C 为 0 元。钢琴不可分割，因此可以想到的一个合理策略是，钢琴归 A 所有，A 对 B 和 C 进行适当的货币补偿。但如何确定补偿的货币金额呢？这就是公平分割问题。

一种与直接协议相关而又能规避交易成本的最简单分析方法是将决策权赋予某个仲裁者。仲裁需要两个条件：①仲裁者的决定只有被认为是公正的，他才会被各方接受；②决策过程被人们知晓并理解时，人们才会接受他的仲裁。某种意义上说，公正意味着平等。但在实际中，定义公平，有时候不是一件很容易的事情。

以财产分割问题为例。假设 A 和 B 为一对兄妹，继承了一幅画作。由于情感原因，A 特别在意这幅画，并愿意以 10 000 元的代价来持有它。而 B 对此画兴趣不大，愿意以不低于 4 000 元的价格卖掉。那么这幅画如何在兄妹之间分配才合理呢？

这个问题容易描述，涉及的数字也很简单，编者曾在博弈论课堂上组织讨论这个题目，但没有形成一致意见。至少有三种看上去比较合理的方案。

方案 1：从 A 的估值角度确定公平。可在市场上以 10 000 元卖出（假设 A 也参与购买），虚拟出售后得到的货币价值为 10 000 元。那么 A 拥有画作，同时 A 拿5 000 元补偿 B。此时 A 没有亏损，B 则自我感觉拥有了比原来估值高出很多的收益（5 000−4 000/2 = 3 000（元））。

方案 2：从 B 的估值角度确定公平。B 认为该画作只值 4 000 元，那么 A 拥有画作，同时补偿 B 2 000 元，B 可以接受。但与方案 1 相比，存在 3 000 元的差距。

方案 3：从局外人角度看。假设兄妹二人以等概率继承这幅画作，如此在两人之间产生了 5 000 元和 2 000 元的期望收益对，综合两人不同的估值，从第三方角度确定该画作的分摊价值为（5 000 + 2 000）/2 = 3 500（元），于是 A 支付给 B 3 500 元。此时兄妹二人均有估值剩余，且二者相同，分别为 1 500 元。

三种数值相差甚大的分配方案，看上去都合理，这是很有趣同时也值得研究的现象。

与两人讨价还价博弈相比，公平分配博弈不再限于参与人是两人。而且，公平分配的物品，有些是可以分割的（如货币等），有些则是不能分割的，如房产、艺术品等。若待分配物品不可分割，这类物品往往分配给特定的一些人，而对没有拿到或拿到较少物品的人给予货币化补偿。

称 n 人公平分配方法是恰当的，若该方法能保证每个参与人确信自己获得了至少 $1/n$ 的总价值。博弈论中耳熟能详的例子是两个孩子分蛋糕。博弈论推荐的方法是，让一个孩子切蛋糕，让另一个孩子拿蛋糕。但如果蛋糕在三人之间分割，那么又该如何确定分割方案呢？

9.2.1　Steinhaus-Kuhn Lone 方法

针对上面提到的三人分蛋糕的问题，Steinhaus 和 Kuhn Lone 给出了公平分割方法（即 Steinhaus-Kuhn Lone 方法），简称 S-L 方法，如下。

（1）参与人 1 将蛋糕分成 3 块，按照他认为每块价值相同的判断。

（2）参与人 2 指出哪块蛋糕他可以接受，哪块他不能接受，规定他至少选择一块可以接受的蛋糕。

（3）参与人 3 也指出他可以接受的蛋糕，以及他不能接受的蛋糕，规定他至少选择一块可以接受的蛋糕。

下面分别讨论各种可能情况。

情形 1：参与人 2 和参与人 3 均有至少两块可以接受的蛋糕。那么让参与人 2 或参与人 3 随意挑选一块，另一个人再挑选一块，最后由参与人 1 挑选。每个人都获得了他认为至少价值 1/3 块的蛋糕。

情形 2：若参与人 2 和参与人 3 中，一人可以接受其中的两块，而另外一人只接受其中的一块，那么让只接受一块的人先挑选，另外一人第二个挑选，最后参与人 1

挑选。

情形 3：参与人 2 和参与人 3 均只有一块可以接受的蛋糕，若他们接受的选择彼此不同，也可以达成分割。若选择相同，则由参与人 1 在余下的两块之中选择一块。由于参与人 2 和参与人 3 均不接受这两块，他们会认为参与人 1 拿走的价值小于 1/3。然后剩下的两块重新组合成一块，他们会认为价值不小于 2/3，此时两人再进行分割，即一人分割，让另外一个人选择，从而解决了三人蛋糕分割问题。

按照数学归纳法逻辑，上述分割方法可以推广到 N 人分蛋糕的场合，给定每个人能够确定他对蛋糕分割的偏好方式。

考虑在 n 人中分配一系列物品，但物品不可分割的情形，此时 S-L 方法失效。为此应考虑其他方法，如 Knaster-Steinhaus 方法、可调整赢家方法等。

9.2.2　Knaster-Steinhaus 方法

设有多个参与人，筹划对多个物品的分配，每个人对每件物品都确定了一个货币化价值，且假设每个物品的价值彼此独立，即某参与人是否获得某物品，和他对其他物品的估值无关。

假设参与人集合为 N，$i \in N$。有 m 件不可切割的物品，尝试在 n 个参与人之间进行分配。这里给出 Knaster-Steinhaus 方法（简称 K-S 方法）。

（1）每个参与人写下对每件物品的估值 v_{ij}。

（2）对于每个参与人 i，$i \in N$，将他对 m 件物品的价值估计累加，确定他对待分配的 m 件物品总价值的估计，记为 $V_i = \sum_{j=1}^{m} v_{ij}$。

（3）计算参与人 i 的初始公平份额，由公式 $e_i^0 = V_i/n$ 确定。

（4）将每件物品分配给对它估值最高的人，若最高估值相同，则在估值最高的参与人之间随机分配。

（5）加总分配的物品价值，与每个人的初始公平份额比较，记录每个人价值的剩余（若分配的价值超过公平份额）或不足（若公平份额超过了分配值）数值。

（6）将步骤（5）的数值加总，然后除以人数，获得平均剩余。

（7）计算每个人的调整公平份额，由平均剩余与初始公平份额相加计算而得。

（8）确定最终方案。若每个人的分配价值超过了调整公平份额，支付该差值作为对其他人的补偿；若每个人的分配值低于调整公平份额，则获得该差值作为补偿。

【例 9-5】假设有 3 人，记为甲、乙、丙，有 4 件不可切割的物品，记为 A、B、C、D。每个人对物品的估值如表 9-3 所示，试确定公平分配方案。

表 9-3　甲、乙、丙对 A、B、C、D 4 件物品的价值估计　　　（单位：元）

参与人 待分物品	甲	乙	丙
物品 A	12 000	6 000	8 000
物品 B	5 000	1 250	1 000

（续）

待分物品 ＼ 参与人	甲	乙	丙
物品 C	1 000	500	2 500
物品 D	750	3 000	500
总估值	18 750	10 750	12 000

采用 K-S 方法，计算过程如表 9-4 所示。

表 9-4　物品分割的 K-S 计算过程　　　　　（数据单位：元）

参与人	甲	乙	丙
初始公平份额	18 750/3 = 6 250	10 750/3 ≈ 3 583	12 000/3 = 4 000
物品分配	A、B	D	C
差额	17 000 − 6 250 = 10 750	3 000 − 3 583 = − 583	2 500 − 4 000 = − 1 500
平均剩余	2 889	2 889	2 889
调整公平份额	6 250 + 2 889 = 9 139	3 583 + 2 889 = 6 472	4 000 + 2 889 = 6 889
计算调整额	17 000 − 9 139 = 7 861	6 472 − 3 000 = 3 472	6 889 − 2 500 = 4 389
最终分配方案	A、B − 7 861	D + 3 472	C + 4 389

在表 9-4 中，剩余份额的计算方法是：差额累加后，再除以 3，即

调整份额 =（ 10 750 − 583 − 1 500 ）/3 = 2 889（元）

调整公平份额 = 初始公平份额 + 剩余份额

最终的分配方案是，甲获得 A 和 B 两件商品，同时拿出 7 861 元，补偿给乙和丙；乙获得 D，以及额外的货币补偿 3 472 元；丙获得 C，以及额外的货币补偿 4 389 元。

9.2.3　可调整赢家法

这里讨论可共享物品的公平分割问题，如一套共享出租屋、一辆车的分配问题，不是简单地将物品分为两部分，而是使用时间的分割。Brams 和 Taylor 研究了这个问题。

设有 m 件物品在两个参与人之间分割，每位参与人对 m 件物品打分，总分为 100 分。假设每个参与人都能诚实地对物品进行评价。若参与人记为 A 和 B，**可调整赢家法**（the adjusted winner procedure）步骤如下。

（1）找到所有 A 估值高于 B 的物品，然后将这些物品的估值加起来。

（2）找到所有 B 估值高于 A 的物品，然后将这些物品的估值加起来。不失一般性，假设（1）的分值高于（2）确定的分值。

（3）将评分高的物品分别在 A、B 中进行初分配，若分值相同，则将这些物品分配给 A。

（4）按照以下准则对分配给 A 的物品进行排序：计算每个物品 j 的比值 A_j/B_j，其

中 A_j 和 B_j 分别是两个参与人对物品的评分，该比值大于或等于 1，将比值按照由小到大的顺序排序。

（5）由于 A 的分值高于 B 的分值，为使分配更加公平，将 A 的物品转移给 B，从比值最小的物品开始。为实现最终的平等，可以允许转移一个物品的分数部分。

重复步骤（5），直到找到临界调整点，使得双方分数相同，计算结束。

下面举例说明可调整赢家法的计算过程。

【例 9-6】A、B 两人要对 Ⅰ、Ⅱ、Ⅲ 三个物品进行分割，他们的评分情况见表 9-5 第 2 和第 3 列。

表 9-5　可调整赢家法计算表

	A 的评分	B 的评分	A 高估值物品（73）	B 高估值物品（61）	A_j/B_j	尝试分配	
						A（67）	B（66）
Ⅰ	6	5	Ⅰ	Ⅲ	1.2	Ⅱ	Ⅰ、Ⅲ
Ⅱ	67	34	Ⅱ		1.97		
Ⅲ	27	61					

首先，对物品进行初始分配，并将物品分配给评分高的人。于是 A 得到了物品 Ⅰ 和 Ⅱ，B 得到了物品 Ⅲ。此时双方拥有物品的分数之和分别为 73 和 61。

由于 73 > 61，因此我们计算 A 拥有物品的比值 A_j/B_j，并由小到大排序，见表 9-5 的第 6 列。

将物品 Ⅰ 由 A 转移给 B，此时双方拥有物品的分数分别为 67 和 66。由于还没有完全实现两人估值相同，需要确定 A 转移多少比例的物品 Ⅱ 给 B，方能保证两人分值相同，即计算方程 $67 - 67p = 66 + 34p$，求得 $p \approx 1\%$。

最终的分配方案是，A 获得物品 Ⅱ 99% 的使用权，B 获得 Ⅰ 和 Ⅲ 的完全使用权，以及 Ⅱ 1% 的使用权。

Brams 和 Taylor 论述了可调整赢家法的优良特征。首先，该方法是有效率的，一方效益的提升不以另一方效益减少为前提；其次，该方法具有公平性，尤其是允许对物品的使用权进行分数分割。

9.2.4　等比例分配法

假设两个人对 m 件物品的评分分别为 A_i 和 B_i，如果每件物品均可以进行分数分割，A 获得 $A_i/(A_i + B_i)$，B 获得 $B_i/(A_i + B_i)$，则可以确保最终每个人获得相同分值的物品。具体举例从略。

9.3　稳定匹配问题

稳定匹配问题（stable matching problem，SMP）描述的是有个数为偶数的若干个体，需要进行两两组合，达到稳定状态。比如，考生与学校的双向选择匹配，医院与医生的匹配，工人与工厂的匹配，男性与女性的婚姻匹配等。

稳定匹配问题也被称为稳定婚姻问题（stable marriage problem，SMP）。

现实中稳定匹配问题有着很多的应用，其中最有名的应用是美国实习生和医院之间的匹配问题。2012 年，罗伊德·沙普利（Lloyd Shapley）和埃尔文·罗斯（Alvin E. Roth）由于在稳定分配理论和市场设计实验方面的贡献获得了诺贝尔经济学奖。

另外 SMP 的贡献就是互联网推送。在网络信息服务中，大量的用户访问网页寻求各种服务，通过响应时间、响应服务、费用等进行比较，用户对网站、服务器存在偏好（该偏好是偏序的），同时，网站、服务器对用户也有类似的偏好。内容分发网络（content distribution network，CDN）可在大量用户和服务器之间进行匹配，使得数亿用户与他们偏好的服务器机型匹配，提供访问网页、下载数据或其他网络服务。

9.3.1 Gale-Shapley 算法

本节假定稳定匹配是 1-1 对应的匹配。

假设人群可以等分为两部分，用有限、非空集合表述，为 M 和 W。M 中的每一个人对 W 中的每一个人有严格的偏好排序，同时 W 中的每一个人对 M 中的每一个人也有一个严格的偏好排序。稳定匹配问题是确定 M 中的元素与 W 中的元素的一一对应关系，一旦按照这种对应关系进行人员匹配后，匹配处于稳定状态。

称匹配是**不稳定的**，若有如下条件成立：M 中至少存在一个元素 A，能够找到 W 中的一个元素 B，A 对 B 的偏好优于已经匹配给 A 的对象 A'，同时，B 与已经匹配的对象 B' 相比，偏好 A 甚于 B'。

换言之，称一个匹配是稳定的，是指在该匹配方案下，不存在任何的匹配（A，B），A，B 可以实现个体偏好的提升。

本书为方便计，称 M 中的元素为男士，W 中的元素为女士。

大卫·盖尔（David Gale）和沙普利（1962）证明，对于任何数量相同的男士和女士婚姻匹配问题，SMP 总是可解的。他们提供了一个算法，被称为 Gale-Shapley 算法。具体算法如下。

第一步：每个处于"未订婚"状态的男士向他最喜欢的女士求婚，然后每个女士回复"maybe"（可以）给向她求婚的那些人中她最喜欢的求婚者，同时对其他求婚者回复"no"（不同意）。此时，该女士处于"订婚"状态，暂时匹配的男士处于"订婚"状态。

第 k 步（$k > 1$）：在接下来的轮次中，每个没有订婚的男士向他最喜欢但还没有表白的女士求婚，不管对方是否处于"订婚"状态，然后每个女士回复"maybe"（若当前她处于未订婚状态，或者虽然处于"订婚"状态，但放弃暂时的订婚对象接受当前的求婚会提升其偏好水平）。此时，上一轮处于"订婚"状态的求婚者变成了"未订婚"状态。

上述过程重复进行，直至所有人都处于"订婚"状态时结束。

该算法计算复杂性为 $O(n^2)$，其中 n 为男士或女士的数量。

【例 9-7】一个 4 男 4 女的最优匹配问题。男士和女士的偏好序如表 9-6 所示。

表 9-6　稳定匹配问题偏好序表

W	女士偏好序				M	男士偏好序			
1	1	3	2	4	1	2	1	3	4
2	3	4	1	2	2	4	1	2	3
3	4	2	3	1	3	1	3	2	4
4	3	2	1	4	4	2	3	1	4

第一轮。按照 Gale-Shapley 算法，男 1 追求女 2，男 2 追求女 4，男 3 追求女 1，男 4 追求女 2（见表 9-7）。该表右侧的灰色阴影部分，表示男士已经向喜欢的女士表白的记录。

由于女 2 同时有男 1、男 4 追求，但女 2 更喜欢男 4，故女 2 选择男 4。第一次匹配结果如表 9-7 所示（在相应元素下划线表示）。女 3、男 1 处于"未订婚"状态。

表 9-7　第一轮尝试匹配表

W	女士偏好序				M	男士偏好序			
1	1	<u>3</u>	2	4	1	2	1	3	4
2	3	<u>4</u>	1	2	2	4	1	2	3
3	4	2	3	1	3	1	3	2	4
4	3	<u>2</u>	1	4	4	2	3	1	4

第二轮。男 1 选择第二喜欢的女士，为女 1，对应格子标记灰色阴影（见表 9-8），表明男 1 向女 2、女 1 表白过。

由表 9-7 可知，女 1 此时暂时与男 3 处于订婚状态，但她更喜欢男 1，故选择男 1，男 3 处于未订婚状态。处于订婚状态的男士在女士偏好序部分对应的数字标记下划线（见表 9-8）。

表 9-8　第二轮尝试匹配表

W	女士偏好序				M	男士偏好序			
1	<u>1</u>	3	2	4	1	2	1	3	4
2	3	<u>4</u>	1	2	2	4	1	2	3
3	4	2	3	1	3	1	3	2	4
4	3	<u>2</u>	1	4	4	2	3	1	4

第三轮。处于"未订婚"状态的男 3 选择第二喜欢的女 3，向女 3 表白，在男士偏好序对应的部分标记灰色阴影；女 3 接受男 3 的表白，在相应位置下划线（见表 9-9）。

表 9-9　第三轮尝试匹配表

W	女士偏好序				M	男士偏好序			
1	<u>1</u>	3	2	4	1	2	1	3	4
2	3	<u>4</u>	1	2	2	4	1	2	3
3	4	2	<u>3</u>	1	3	1	3	2	4
4	3	2	1	4	4	2	3	1	4

此时所有男士都已处于订婚状态，从而得到稳定匹配解，为（男 1，女 1）、（男 2，女 4）、（男 3，女 3）、（男 4，女 2）。

需要说明的是，稳定匹配问题至少存在一个解，但并不一定存在唯一解。

9.3.2　几点讨论

1. 存在无差异偏好的 SMP

在经典的 SMP 模型中，男士和女士对异性的偏好具有严格的偏好序关系。但在现实社会中，人们可能在两人或更多人之间具有无差别的偏好。这样的 SMP 问题被称为存在无差异偏好的 SMP 问题。

下面就是问题的一个表述，其中 m_2 对 w_1 和 w_2 的偏好无差异，w_2 对 m_1 和 m_2 的偏好无差异。

$$m_1[w_2\,w_1\,w_3] \qquad w_1[m_3\,m_2\,m_1]$$
$$m_2[(w_1\,w_2)w_3] \qquad w_2[(m_1\,m_2)m_3]$$
$$m_3[w_1\,w_2\,w_3] \qquad w_3[m_2\,m_3\,m_1]$$

2. 与指派问题的关系

指派问题是在存在效率矩阵的情况下给出指派方案，使效率总和达到最优化。但最优化指派未必一定是稳定的匹配，两者适用于不同情况。

3. 稳定住宿问题

稳定住宿问题（stable roommates problem）与婚姻匹配问题类似，但所有人都在一组，进行两两匹配。

4. 医院 / 实习医生问题

医院 / 实习医生问题又被称为大学录取问题，与 SMP 问题的区别在于，一所医院或学校可以接收多名其想要录用的人。

目前常用的共享软件，如 R 和 Python 均有关于 SMP 相应求解的软件包。

9.4　具有可传递效用的合作博弈模型

在第 1 章的例 1-2 中，我们提到了三位乘客合乘出租车分担车费的问题。为便于分析，这里将该问题重新复制于此。

【例 9-8】A、B、C 三人从工作单位下班回家。三人顺路，其中 A 最先下车，B 其次，C 最后下车，因此准备共同乘坐一辆出租车回家。有关车费情况为：到达 A 住所车费为 12 元，到达 B 住所车费为 18 元，到达 C 住所车费为 30 元。显然三人合乘出租车比单独乘车划算。问题是，30 元车费如何在三人之间进行分摊才比较合理呢？

对于该例题，作者曾经多次组织过课堂讨论，其中占比最高的建议是按照三人乘坐的里程比例进行分摊，即 A 承担车费为 12/（12 + 18 +30）× 30 = 6（元），B 承担 9 元，C 承担 15 元。

该建议具有一定程度的合理性。但如果 C 住所与 A、B 住所相比距离更远，那么 A、B 应该承担的车费数值会上升，越来越趋近于单独乘车的数值。若三人单独乘车需要花费的车费分别为 a、b、c，满足 $a<b<c$，且假定距离与车费具有正比例关系，那么 A 承担的费用 f_A 按照等比例分摊法为

$$f_A = \frac{a}{a+b+c}c \qquad (9\text{-}1)$$

该函数随着 c 的增大而增大（关于 c 的偏导数 > 0）。当 $c \gg a$ 时，$f_A \approx a$。A、B 合作的意义大大降低，而且随着 C 的距离增大，A、B 承担车费的绝对数值也随之增大。因此这种车费分摊方式不甚合理。

那么有没有比较合理的分摊方式呢？这里给出一种车费分摊方式：按照实际乘坐距离和对应的共享人数加以综合考虑，确定每个人应该分摊的车费。具体方法如下。

首先，A 下车之前，车上三人都享受了乘车服务，计费为 12 元。这部分费用应该由三人平摊，于是 A、B、C 在这段路程分摊的车费为 12/3 = 4（元）。

其次，在 A 下车后到 B 下车前这段路程，车费增加了 18−12 = 6（元），该段路程 B、C 在乘坐，增加的车费应用 B、C 两人分摊，即 B、C 每人分担 3 元。

最后，在 B 下车后到 C 下车前这段路程，对应车费为 30−18=12（元）。只有 C 乘坐，应该由 C 独立承担该段的车费。

综上，A 分摊车费 4 元，B 分摊车费 4 + 3 = 7（元），C 承担车费 19 元。采用该分摊方法，A、B 承担的车费不会因为 C 路程长短变化而变化（只要 C 最后下车）。同时，每个人都比自己单独乘车花费节省，显然是相对合理的分配方案。

有趣的是，采用上述思路计算的分配方案，与采用合作博弈经典解方法 Shapley 值计算结果完全一致。第 9.4.2 小节对此再进行分析。

9.4.1　特征函数

为描述一个合作博弈，首先给出如下定义：

定义 9-1　联盟（coalition）。合作博弈中参与人集合 N 的非空子集称为联盟，即

$S \subseteq N$，且 $S \neq \varnothing$。

特别地，当一个联盟是集合 N 时，又被称为大联盟（grand coalition）。

定义 9-2 特征函数（characteristic function）。特征函数是定义在参与人所有联盟构成的集合上的实值函数，联盟 S 的特征函数值记为 $v(S)$。特别地，若规定 $v(\varnothing)=0$，特征函数就可以看成从参与人集合 N 的幂集 2^N 到实数集的一个映射，即 $v: 2^N \to \mathbf{R}$，满足 $v(\varnothing)=0$。

结合实际博弈问题，特征函数可理解为若联盟 S 单独行动，S 能够获得的收益或应独立承担的成本。

通常假设特征函数具有**超可加性**（superadditivity），即满足如下关系：对于任意两个不相交的联盟 S 和 T，$S \cap T = \varnothing$，公式

$$v(S \cup T) \geqslant v(S) + v(T) \tag{9-2}$$

均成立，则称特征函数满足超可加性。

定义 9-3 特征函数的单调性。称特征函数 v 满足单调性，若较大的联盟具有更大的值，即只要 $S \subseteq T$，就有 $v(S) \leqslant v(T)$ 成立。

定义 9-4 具有可传递效用的合作博弈（a cooperative game with transferable utility）。一个可传递效用的合作博弈是一个二元组 (N, v)，$N = \{1, 2, \cdots, n\}$ 为参与人集合，v 是特征函数，$v(S)$ 被称为联盟 S 的值。

具有可传递效用的合作博弈可以简记为 TU- 博弈。

称一个 TU- 博弈是**基本的**（essential），若满足 $v(N) \geqslant \sum_{i \in N} v(\{i\})$

定义 9-5 简单博弈（simple games）。若特征函数取值要么为 0，要么为 1，则称这样的合作博弈为简单博弈。结合实际问题，对于一个简单博弈，若某联盟的值为 1，则表明该联盟是有价值的，否则是无价值的。

定义 9-6 支付分配（payoff distribution）。联盟 S 的一个支付分配是一个实数向量 $\boldsymbol{x}_S = (x_i)_{i \in S}$。

以例 9-8 中出租车车费分摊问题为例，记联盟 S 实际应付的车费为 $c(S)$，定义联盟 S 的值为 $v(S) = \sum_{i \in S} c(\{i\}) - c(S)$，对于 N 的每个非空子集，该博弈的特征函数可表示为表 9-10 的形式。

表 9-10 三人分摊车费博弈的特征函数

联盟 S	A	B	C	{A, B}	{A, C}	{B, C}	{A, B, C}
$c(S)$	12	18	30	18	30	30	30
$v(S)$	0	0	0	12	12	18	30

定义了合作博弈的特征函数，一个合作博弈就可以简记为 $G = (N, v)$。

分析一个具有可传递效用的博弈，需要回答两个问题：会形成哪些联盟？一旦联盟形成，联盟的值如何在其成员中分配？本章假定大联盟可以形成，所以集中考虑如何在参与人之间分配大联盟的值。分配方法被称为合作博弈的解。

一般来说，合作博弈的解应该满足如下两个假设。

定义 9-7 个体理性（individual rationality）。每个参与人至少应该从合作中获得不少于自己单独行动时获得的收益。若设 x_i 为参与人 i 获得的分配值，即对于任意的 $i \in N$，均应满足 $x_i \geq v(\{i\})$。

定义 9-8 有效性（efficiency）。合作博弈的收益在所有参与人之间完全分配，即 $\sum_{i \in N} x_i = v(N)$。

此外，结合不同视角，人们还对合作博弈的解给出了其他场合下的各种合理限制，由此产生了各种合作博弈的解。其中最经典的解概念是 Shapley 值和核心。

9.4.2 Shapley 值

1953 年，沙普利提出了一个合作博弈的解，他提出了如下三个假设。

（1）若参与人加入任何联盟都不能带来联盟价值的增加，则他不应参与合作博弈收益的分配。

（2）改变参与人的名字或称谓或排序，不影响其合作分配值。

（3）**可加性**（additivity）。假设一个固定的参与人集合，同时参加两个不同的合作博弈，若两个合作博弈合并构成一个合作博弈，可加性意味着每个参与人在合并后的合作博弈中的分配值等于他在每个合作博弈中的分配值之和。

沙普利证明了合作收益分配除了满足个体理性和有效性外，合作收益分配解还满足上述三个条件，则必存在唯一的解 $\varphi_i(v)$，称该解为参与人 i 的 Shapley 值。

Shapley 值 $\varphi_i(v)$ 按照式（9-3）计算，为

$$\varphi_i(v) = \sum_{S \subseteq N \setminus \{i\}} \frac{|S|!(|N|-|S|-1)!}{|N|!}(v(S \cup \{i\}) - v(S)) \tag{9-3}$$

式（9-3）中的 $v(S \cup \{i\}) - v(S)$ 项，表示参与人 i 加入联盟 S 后，带给新联盟 $S \cup \{i\}$ 的增加值，或者称之为**边际贡献**。Shapley 值可理解为每个参与人在可能的联盟中边际贡献的平均值。相应系数为权系数，其中 $|\cdot|$ 表示相应集合的元素个数。

应用 Shapley 值方法计算例 9-8 中的三人分摊车费问题，即确定三人合乘出租车节省的 30 元如何在每个人之间进行分配。首先计算 A 的 Shapley 值，过程如表 9-11 所示。

表 9-11 三人分摊车费博弈的特征函数

联盟 S	$\varnothing$	A	B	C	{A, B}	{A, C}	{B, C}	{A, B, C}
$v(S)$	0	0	0	0	12 元	12 元	18 元	30 元
A 的边际贡献	0	—	12 元	12 元			12 元	
权重系数	1/3		1/6	1/6			1/3	
A 的 Shapley 值	8							

于是 A 应该分摊的车费为 12-8 = 4（元）。这与之前计算的结果一致。

式（9-3）的含义不是很直观，采用如下全排列分配均值法，则更容易理解。首先，对于一个 TU- 博弈（N, v），可以列出所有的全排列可能，共有 $|N|!$ 种方法。

若特征函数是单调的，即对于两个联盟 S 和 T，若 $S \subseteq T$，就能推出 $v(S) \leqslant v(T)$，则每一参与人的排列方式，记为 $\{i_1, i_2, \cdots, i_n\}$，可按如下方式确定各参与人在该排序方式下的边际贡献。

（1）参与人 i_1 的边际贡献为 $x_{i_1} = v(\{i_1\}) - v(\varnothing) = v(\{i_1\})$。

（2）参与人 i_2 的边际贡献为 $x_{i_2} = v(\{i_1\} \cup \{i_2\}) - x_{i_1}$。

（3）一般地，若参与人 i_k 的边际贡献为 x_{i_k}，$i_k = 1, 2, \cdots, n-1$，n 为参与人集合个数，则参与人 i_{k+1} 的边际贡献可按式（9-4）计算

$$x_{i_{k+1}} = v(\{i_1\} \cup \{i_2\} \cup \cdots \cup \{i_{k+1}\}) - x_{i_1} - x_{i_2} - \cdots - x_{i_k} \tag{9-4}$$

采用上述步骤，若第 k 种参与人序列的排列方式对应的边际贡献向量为 $x_k = (x_1^k, x_2^k, \cdots, x_n^k)$，$k = 1, \cdots, n!$，则最终参与人 i 的 Shapley 值为所有排列各参与人边际贡献的算术平均值，即

$$x_i = \frac{1}{n!} \sum_{k=1}^{n!} x_i^k \tag{9-5}$$

【例 9-9】按照全排列均值法计算三人分摊车费问题。

首先给出可能的 A、B、C 全排列顺序，见表 9-12 的第一列。

表 9-12   用全排列分配均值法计算三人分摊车费的 Shapley 值

参与人可能的排序	费用分摊		
	A	B	C
A，B，C	12	6	12
A，C，B	12	0	18
B，A，C	0	18	12
B，C，A	0	18	12
C，A，B	0	0	30
C，B，A	0	0	30
按列累加	24	42	114
分配均值（"按列累加"行 /6）	4	7	19

这与前面的计算结果完全一致。

9.4.3 核心

唐纳德·吉利斯（Donald B. Gillies）提出了合作博弈的**核心**（core）的概念。吉利斯认为，合作博弈的分配方法仅考虑个体理性是不够的，还应满足**联盟理性**（coalitional rationality）。他认为当联盟中的每个成员与其他人博弈时，所有联盟至少

表现要同样好。换句话说，博弈任何合理的解都不应该劣于某个联盟的值。满足这个特性的解就是核心。

如果一个合作博弈存在核心，那么核心不仅满足个体理性，同时每个可能的联盟也满足联盟理性。因此在核心解中，任何一方都没有积极性偏离联盟，因为单独行动不会让自己变得更好。

定义 9-9 核心。对于一个 TU- 博弈 (N, v)，核心 $C(v)$ 为满足式（9-6）的分配集：

$$C(v) = \{x \in \mathbf{R}^N \mid \sum_{i \in N} x_i = v(N), \sum_{i \in S} x_i \geq v(S), \ \forall S \subseteq N\} \qquad (9\text{-}6)$$

需要注意，即便核心非空，Shapley 值也不一定在核心内。

下面通过一个例题来说明核心的含义。

【例 9-10】三个城市博弈问题。城市 1、2 和 3 要与附近的一家发电厂连接。可能的连接方式及成本如图 9-9 所示。试分析该博弈的核心。

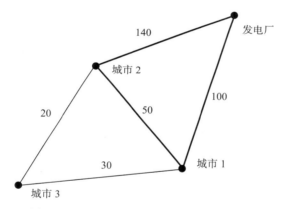

图 9-9 三个城市合作建立输电线路网络图

定义联盟 S 的值为 $v(S) = \sum_{i \in S} c(\{i\}) - c(S)$，对于 N 的每个非空子集，该博弈的特征函数可表示为如表 9-13 所示。

表 9-13 三个城市博弈的特征函数

联盟 S	{1}	{2}	{3}	{1, 2}	{1, 3}	{2, 3}	{1, 2, 3}
$c(S)$	100	140	130	150	130	150	150
$v(S)$	0	0	0	90	100	120	220

根据式（9-6），核心的集合为

$$C = \{ (x_1, x_2, x_3) \in \mathbf{R}^2 \mid x_1, x_2, x_3 \geq 0, \ x_1 + x_2 \geq 90, \ x_1 + x_3 \geq 100, \ x_2 + x_3 \geq 120, \ x_1 + x_2 + x_3 = 220\}$$

根据约束 $x_1 + x_2 + x_3 = 220$，可在二维坐标系中绘制三个城市博弈核心图，如图 9-10 所示。

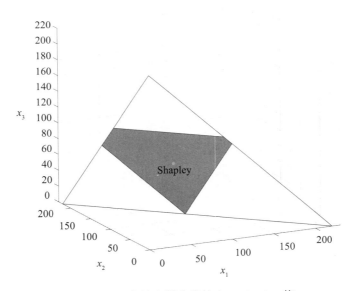

图 9-10   三个城市博弈的核心、Shapley 值

在图 9-10 中，浅灰色阴影区域是由约束 $x_1 + x_2 + x_3 = 220$ 和 x_1，x_2，$x_3 \geqslant 0$ 确定的区域，深灰色阴影区域则是核心集合区域。同时，Shapley 值也在图中做了标记。但需要说明，即便是博弈的核心非空集，也不能保证 Shapley 值一定在核心内。

【例 9-11】手套博弈。某学校为一个大型活动准备了 100 副手套。然后一个恶作剧的学生 R 拿走了 100 只右手手套，同时把 100 只左手手套随意丢弃在各处。在回家的路上，R 不小心弄丢了 4 只右手手套，到家的时候只有 96 只右手手套了。

第二天，学校注意到手套丢了，然后发布消息给全校学生，若能收集到一副手套，会奖励 1 元。100 名学生陆续在学校附近找到了 100 只左手手套，R 则声称找到了 96 只右手手套且没有引起任何人的怀疑。

为了赢得学校的奖励，每位持有左手手套的学生陆续和 R 进行谈判，以期组合成一副手套去校方换取奖励。他们认为 R 和他们每个人应该平分 1 元，或者说希望 R 出价 0.5 元购买自己手中的左手手套。但 R 则说只会出 0.1 元购买！

我们假定若每个人只关注绝对的货币价值，R 的策略是具有一定的合理性的。仿照"连锁店悖论"逻辑，若 96 只手套全部都已经匹配完毕，剩下的持有 4 只左手手套的学生将不会有任何价值。再往前推理一步，若已经完成了 95 只手套配对，此时 R 只有 1 只右手手套，但有左手手套的持有者有 5 人。R 持有的右手手套具有稀缺性，按照经济学理论，自然具有更高的价值。

为便于分析，假设博弈只有 3 人，分别为 R、L_1 和 L_2，R 拥有右手手套，L_1 和

L_2 分别持有左手手套。只有完整的左右手手套在一起，才能获得 1 元的价值，显然他们合作具有意义。那么合作收益 1 元如何在 3 人之间进行分配呢？

首先，可以列出 3 人手套博弈的特征函数（见表 9-14）。

表 9-14　3 人手套博弈的特征函数（一）

联盟 S	{R}	{L_1}	{L_2}	{R, L_1}	{R, L_2}	{L_1, L_2}	{R, L_1, L_2}
$v(S)$	0	0	0	1	1	0	1

根据定义 9-5，这是一个简单博弈。我们考虑合理分配 $x = (x(R), x(L_1), x(L_2))$，满足 $x(R) + x(L_1) + x(L_2) = 1$ 是合理的。但如何分割才是"合理"的呢？

考虑一下 3 人手套博弈的核心解。可以直观看出，若 $x(L_1)$ 或 $x(L_2)$ 均大于 0，那么 L_1（或 L_2）可以提出分割方案 $(1 - x(L_1) + x(L_2)/2, x(L_1) + x(L_2)/2, 0)$ 使得 R 和 L_1 的效用得到提升。因此，唯一的核心解为 $x = (1, 0, 0)$。

若 3 人手套博弈的条件稍微改变一下，即 R 有 2 只右手手套，L_1 和 L_2 分别有 1 只左手手套，那么此时的特征函数如表 9-15 所示。

表 9-15　3 人手套博弈的特征函数（二）

联盟 S	{R}	{L_1}	{L_2}	{R, L_1}	{R, L_2}	{L_1, L_2}	{R, L_1, L_2}
$v(S)$	0	0	0	1	1	0	2

此时列出的核心约束为

$$\begin{cases} x(R) + x(L_1) + x(L_2) = 2 \\ x(R) + x(L_1) \geqslant 1 \\ x(R) + x(L_2) \geqslant 1 \\ x(R), \ x(L_1), \ x(L_2) \geqslant 0 \end{cases}$$

图 9-11 表示了该博弈的核心区域。由整个外部三角形所围成的平面区域，是由约束 $x(R) + x(L_1) + x(L_2) = 2$ 构成的合理分配，其中，深色阴影区域即为核心，由 $(2, 0, 0)$、$(1, 0, 1)$、$(0, 1, 1)$ 和 $(1, 1, 0)$ 四点围成的四边形区域，在该区域中，R 最大分配可能是 2 元，最小可能是 0。R 自身多了 1 只右手手套，理论上反倒自己获得的分配值可能会降低。另外，L_1 和 L_2 之间的竞争不再明显，甚至两人有合谋共同与 R 讨价还价的可能。

需要指出，虽然核心在合作博弈解的个体理性和有效性的前提下，又增加了联盟理性条件，但核心可能是空集。比如，A、B、C 三人分割 120 元，公平的方式是三人平分，每人获得 40 元（Shapley 值分析也是如此）。但若按照少数服从多数原则，任何两个人可以达成协议平分 120 元，从而这两个人分别获得 60 元。但这个两人联盟是不稳定的，因为第三人也可以允诺给其中一人更多的钱。因此，如何界定合作博弈解才符合实际，应结合博弈背景加以分析和选择。

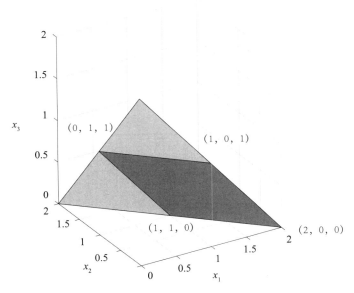

图 9-11　拥有 2 只右手手套时手套博弈的核心示意图

9.4.4　核仁

对于一个基本的 TU- 博弈 (N, v)，即满足 $v(N) \geqslant \sum_{i \in N} v(\{i\})$ 的博弈，一定可以找到一个分配，同时满足个体理性和有效性。这样的一个分配被称为 **合理分配**（imputation）。合理分配集合如式（9-7）所示。

$$I(N, v) = \{x \in \mathbf{R}^N \mid x(N) = v(N), \ x_i \geqslant v(\{i\}, \forall i \in N)\} \qquad (9\text{-}7)$$

因此，若 TU- 博弈 (N, v) 是基本的，当且仅当 $I(N, v) \neq \varnothing$。

对于一个基本的 TU- 博弈 (N, v)，设 $x \in I(N, v)$，S 是 N 的非空真子集。那么 S 关于 x 的 **剩余**，记为 $e(S, x)$，为

$$e(S, x) = v(S) - x(S) \qquad (9\text{-}8)$$

剩余可以看成是联盟 S 对合理分配方案 x 的不满意度的度量：$e(S, x)$ 越大，从 x 获得的分配值就越低。特别地，若剩余是正的，表明 S 的所得小于联盟自身的值。

定义 9-10　核仁。对于基本的 TU- 博弈 (N, v)，对于每一个合理分配 x，首先计算所有非空联盟的剩余，其次选择那些具有最小值的最大剩余对应的合理分配集。若该集只有一个元素，那么该合理分配就是核仁；否则，确定第二个最大剩余对应的合理分配集合中能够达到最小值的合理分配集。若该集合是单元素集，则该合理分配就是核仁……以此类推，直到只剩下一个合理分配位置，该合理分配就是核仁。

从上述定义可以看出，核仁的实质是寻找一个合理分配 x，使得最不满意度尽可能小，若有多个这样的合理分配，则选择使第二最不满意度尽可能最小，直到仅保留一个合理分配为止。

下面通过一道例题进一步理解核仁的概念。

【例 9-12】请确定例 9-10 中三个城市博弈的核仁。

先随意地确定一个合理分配（70, 70, 80），作为寻找核仁的初始点（见表 9-16）。

表 9-16 三个城市博弈的特征函数表

联盟 S	{1}	{2}	{3}	{1, 2}	{1, 3}	{2, 3}	{1, 2, 3}
$v(S)$	0	0	0	90	100	120	220
$e(S, (70, 70, 80))$	-70	-70	-80	-50	-50	-30	
$e(S, (56\frac{2}{3}, 76\frac{2}{3}, 86\frac{2}{3}))$	$-56\frac{2}{3}$	$-76\frac{2}{3}$	$-86\frac{2}{3}$	$-43\frac{1}{3}$	$-43\frac{1}{3}$	$-43\frac{1}{3}$	

在该合理分配中，最大的剩余是 -30，发生在联盟 {2, 3} 中。因此，为减少该联盟的剩余，在适度增大参与人 1 剩余的基础上，给参与人 2 和参与人 3 更多一些分配。于是得到了新的合理分配方案，为（$56\frac{2}{3}$, $76\frac{2}{3}$, $86\frac{2}{3}$）。此时，由两人组成的可能联盟中的剩余均相同，为 $-43\frac{1}{3}$，同时也是最大不满意度值。与初始合理分配方案相比，该合理分配的最大不满意度数值变小。

通过计算所有两人可能联盟的剩余的和，我们发现

$e(\{1,2\}, x) + e(\{1,3\}, x) + e(\{2,3\}, x) = v(\{1,2\}) + v(\{1,3\}) + v(\{2,3\})$
$-2(x_1 + x_2 + x_3) = 310 - 2 \times 220 = -130$

-130 为常数，这表明最大不满意度不可能再减少了。

我们还可以推导出在包含两个参与人的联盟中，剩余彼此相同的合理分配只有一个，因为对应的线性方程组

$$\begin{cases} 90 - x_1 - x_2 = 100 - x_1 - x_3 \\ 100 - x_1 - x_3 = 120 - x_2 - x_3 \\ x_1 + x_2 + x_3 = 220 \end{cases}$$

只有一个根（$56\frac{2}{3}$, $76\frac{2}{3}$, $86\frac{2}{3}$）。所以这一定是三个城市博弈的核仁。

需要注意的是，计算核仁时往往存在方法上的困难，需要求解一系列线性规划问题。具体论述此处从略。

针对合作博弈解问题，是 Shapley 值方法是从平均边际贡献角度考虑的，核心则是从联盟理性角度考虑的，而核仁是从使最大不满意度最小化角度考虑的。

习题

1. 假设两个参与人在对一个可以任意分割的单位物品进行讨价还价。参与人 1 的效用函数为 $u_1(\alpha) = \alpha$，参与人 2 的效用函数为 $u_2(\beta) = 1 - (1-\beta)^2$，实数 $\alpha, \beta \in [0, 1]$。

（1）确定可行集范围，并绘制出图形。

（2）写出讨价还价问题的二元组表述。

（3）求出纳什讨价还价解。

（4）求出 K-S 讨价还价解。

2. 复习一下有 n 个元素的有限集 N，其所有子集构成的集合个数（又被称为幂集）为 2^n。

3. 计算第 9.4.2 小节中三人分摊车费问题中 B 和 C 的 Shapley 值。

4. 宽带网络服务费的分割问题。假设一个公司有三个部门，需要共同支付网络服务费。有三种网络服务可以选择：最高级，每月费用 1 000 元；普通级，每月 700 元；慢速级，每月 500 元。A 部门平时只需要传输少量文件，选用慢速级网络就够了，B 部门需要普通级的网络设施，C 部门平时经常需要传输大量文件，需要最高级的网络设施。

   可以看到，三个部门合作是有意义的，否则单独设置网络，需要花费 1 000 + 700 + 500 = 2 200（元）费用。因为有 C 部门，所以该公司需要最高级的网络服务，每月网络费用为 1 000 元。如何公平地在三个部门之间分配网络服务费？要回答如下问题。

   （1）写出该合作博弈的特征函数。

   （2）计算该博弈的 Shapley 值。

5. 对于一个实数参数 a，有一个 TU- 博弈 v_a，其特征函数 v_a 满足 $v_a(\{i\})=0$，$i=1$，2，3，$v_a(\{1，2\})=3$，$v_a(\{1，3\})=2$，$v_a(\{2，3\})=1$，$v_a(\{1，2，3\})=a$。

   回答如下问题。

   （1）确定最小的 a，使得该博弈有非空的核心。

   （2）计算当 $a = 6$ 时的 Shapley 值。

   （3）确定最小的 a，使得 Shapley 值在核心中。

6. 回答如下问题。

   （1）分别结合 R 有一只右手手套和 2 只右手手套的情况，计算例 9-11 中 3 人手套博弈的 Shapley 值和核仁，并与例题中的核心解比较数值的异同。

   （2）结合 3 人手套博弈具体问题，讨论一下这 3 种不同合作博弈的解各有什么特点？

   （3）如何理解例 9-11 中，开始那个学生只弄丢 4 只右手手套后，反倒可能具有更好的收益的事实？现实商界中你能想到类似的场景吗？

第 10 章
CHAPTER 10

博弈的演化、学习和行为

经典博弈论中纳什均衡分析是基于参与人完全理性，即具有无限推理能力，每个参与人都有一个良好定义的效用，并按照期望效用最大化准则进行策略选择。在这样的假设下，经典博弈分析假设所有参与人具有这样的"技能"：①通过对其他参与人的行为分析，形成关于其他参与人行动的信念（策略思维）；②基于可能的信念，给出针对信念的最优反应（理性选择）；③快速调整最优反应和信念，直到彼此匹配（均衡）。

然而，无论来自实验的数据还是真实博弈分析，都表明并非每个参与人在博弈局势中都体现出理性，因此①和②有时是不成立的。而且，某些博弈方的非理性行为会影响理性参与人的行为选择。因此，博弈模型构建与分析需要考虑这些行为。

本章从博弈的演化、学习和行为博弈等角度，即从有限理性角度进行建模分析。

第 10.1 节介绍进化稳定策略，第 10.2 节介绍复制动态和进化稳定，第 10.3 节介绍博弈学习模型，第 10.4 节介绍行为博弈相关内容。

10.1 进化稳定策略

现实中，人们是纳什均衡的实践者吗？

以第 1 章中谈到的猜数博弈为例。猜数博弈又被称为选美博弈。在一群彼此明确的人群中（比如一起上课的同学），从 0 ~ 99 这 100 个整数中选择一个数，获胜的数字满足如下两个条件：

（1）不超过所有人选择数字均值的 2/3。

（2）在满足（1）的前提下，所选择的数字最大。

若严格按照纳什均衡的定义，该博弈有两个纳什均衡：所有人选 0，所有人选 1。其中弱劣策略是选择的数字不要超过 67，因为无论其他人猜到的数字是什么，超过 67 是不可能获胜的数字。

作者针对从本科生到研究生不同的授课对象，在授课过程中进行该实验。但是迄今为止，纳什均衡解对应的选择一次也没有获胜过。

图 10-1 是一次在有 65 人的班级内学生的选择。获胜的数字为 17。

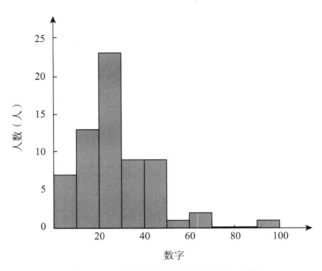

图 10-1　选美博弈实验的分布直方图

从图 10-1 中还能看到，一位同学选择了大于 90 的数字，这是一个绝对不会获胜的数字。这表明真实行为人并不总是选择纳什均衡策略。

为什么会出现上述情况呢？首先，一般来说，面对一个实际博弈，每个参与人的推理深度各有差异。其次，参与人对其他人的行为选择具有不确定性，故策略选择也具有不确定性，即便是理性行为人，如果他的对手不按照此套路出牌，那么建立在"所有参与人是理性的"假设上的均衡就难以在实际中实现。可以预测，当一个群体重复进行"选美博弈"多次，每个人的选择最终会趋于理论均衡解。

因此，实际博弈局势中的人的策略选择往往具有某种程度的"短视性"，很少进行换位思考，但同时，策略交互又具有柔软性，即每个人会随着环境的变化而调整行为去适应局势，包括针对其他参与人行为的反应。

进化博弈就是从有限理性角度对博弈行为进行模型分析的理论，最先由生物学家梅纳德·史密斯（Maynard Smith）于 1972 年在其论文《进化和博弈论》（*Evolution and the theory of games*）中提出，随后他陆续发表了系列论文，如《博弈论和进化冲突》（*Game theory and the evolution of fighting*）、与普赖斯（G. R. Price）合作的《动物冲突的逻辑》（*The logic of animal conflict*）等，这些工作构建了进化博弈论的框架，尽管理论最初是为了理解动物彼此的交互行为，但随后被用于具有有限理性博弈特征的人类领域。

关于进化博弈的建模主要有两种不同方式。

（1）史密斯提出的**进化稳定**（evolutionary stability）方式。通过定义进化稳定策略，分析策略交互。

（2）**复制动态**（replicator dynamics）方式。将代际的变化用一个微分方程描述。

本节介绍进化稳定基本理论，首先引入进化稳定的概念。有关问题假设如下。

（1）存在一个数量庞大的某物种群体，可以是生物体、动物、人，或者是智能体（agents）。

（2）在每一观察时段，每个个体随机匹配，进行对称博弈。

（3）每个个体被限定选择一个给定的策略。

（4）匹配博弈的个体之间的交互可以表述为一个两人对称博弈 $<S, u>$，他们具有同样的策略集 S，相同的支付函数 u。对于策略组合 (s, s')，支付函数 $u(s, s')$ 可解释为个体的适应度（当一方选择 s，另一方选择 s' 时）。

（5）具有较高支付的策略会导致采用该策略的个体规模扩张，具有较低支付的策略会导致采用该策略的个体规模收缩。

在引入相关概念之前，先回顾一下非合作博弈的概念：纳什均衡和严格纳什均衡。

纳什均衡。策略式表述博弈 $G = \{S_i, u_i, i \in N\}$ 的（纯策略）纳什均衡是 S 上的一个策略组合 s^*，满足对任意的 $i \in N$，表达式

$$u_i(s_i^*, s_{-i}^*) \geqslant u_i(s_i, s_{-i}^*), \text{对于所有的} s_i \in S_i \qquad (10\text{-}1)$$

若式（10-1）中的关系是严格不等式，只要 $s_i \neq s_i^*$，严格不等式恒成立，则称策略组合 s^* 为**严格纳什均衡**。

需要注意的是，严格纳什均衡可能不存在，而且若存在，一定是纯策略均衡（为什么？）。

通过一个著名的鹰鸽博弈（hawk-dove game）例子引入进化稳定策略，有关支付见如下矩阵。

$$G = \begin{array}{c} \\ \text{鹰} \\ \text{鸽} \end{array} \begin{array}{c} \text{鹰} \qquad\qquad\qquad \text{鸽} \\ \begin{pmatrix} 1/2(v-c), \ 1/2(v-c) & v, \ 0 \\ 0, \ v & 1/2v, \ 1/2v \end{pmatrix} \end{array}$$

对该博弈的解释如下：一个价值为 v 的资源，若一个个体选择鹰策略，则它具有攻击性，有席卷整个资源的态势，如果另一方选择鸽策略，则选择鹰策略的一方能够实现预期；若双方都选择鹰，则两个参与人会发生激烈的争斗，最后平分资源，但需为此付出损失 c；若双方都选择鸽，则他们和平友好地平分资源。

支付在这里被解释为**适应度**（fitness）。本例假设较多的资源消费会导致较高的适应度，具有较高适应度的策略会有更多的后代。

下面对博弈 G 进行均衡分析。结合 v、c 不同的取值情况，可能的均衡状态有如下三种情况。

（1）若 $v > c$，此时有唯一的严格纳什均衡，即（鹰，鹰）。

（2）若 $v = c$，存在唯一的纳什均衡（鹰，鹰），但不是严格纳什均衡。

（3）若 $v < c$，存在三个纳什均衡：（鹰，鸽），（鸽，鹰），以及一个混合对称均衡。

下面通过对鹰鸽博弈的分析引入进化稳定策略的定义。当 $v > c$ 时，所有个体都会选择鹰。假设初始种群所有个体全部选择鸽，那么若有一个变异策略侵入该种群，即有一个或少数个体选择鹰策略，那么这部分个体立刻具有较高的适应度，个数得到扩张，最后整个种群均由鹰策略占据。

受此启发，对于一个对称两人博弈，在扩大的混合策略空间内，在什么情况下策略 σ^* 是进化稳定的呢？首先表述一个变异，假设在种群中有极小部分比例的个体采用变异策略 σ，所占比例为 ϵ，那么该变异的期望支付为

$$(1-\epsilon)u(\sigma, \sigma^*)+\epsilon u(\sigma, \sigma) \tag{10-2}$$

采用 σ^* 的期望支付为

$$(1-\epsilon)u(\sigma^*, \sigma^*)+\epsilon u(\sigma^*, \sigma) \tag{10-3}$$

若变异无法在种群中扩张，那么式（10-2）对应的期望支付要小于式（10-3）对应的期望支付，即有式（10-4）成立

$$(1-\epsilon)u(\sigma^*, \sigma^*)+\epsilon u(\sigma^*, \sigma)>(1-\epsilon)u(\sigma, \sigma^*)+\epsilon u(\sigma, \sigma) \tag{10-4}$$

于是得到了进化稳定策略定义。

定义 10-1　进化稳定策略（evolutionary stable strategy，ESS）1：对于一个对称策略式表述博弈 $<S, u>$，一个定义在混合策略空间的策略 $\sigma^* \in \Sigma$ 是一个 ESS。若存在一个 $\bar{\epsilon} > 0$，使得对于任意的 $\sigma \neq \sigma^*$，以及任意的 $\epsilon < \bar{\epsilon}$，有如下式子成立

$$u(\sigma^*, \epsilon\sigma+(1-\epsilon)\sigma^*) > u(\sigma, \epsilon\sigma+(1-\epsilon)\sigma^*) \tag{10-5}$$

根据前面鹰鸽博弈的进化稳定分析，称策略 σ^* 是 ESS，若该策略不能够被策略 $\sigma \neq \sigma^*$ 侵入，即若种群在开始状态时所有个体选择策略 σ^*，小比率 $\epsilon < \bar{\epsilon}$ 的个体选择变异策略 σ，与进化稳定策略 σ^* 相比，这些个体的支付值将变小，对应的适应度变低。

下面给出等价但表述有差异的进化稳定策略的定义。

定义 10-2　进化稳定策略 2：一个策略 $\sigma^* \in \Sigma$ 是 ESS，若对任何 $\sigma \neq \sigma^*$ 的策略，有

$$u(\sigma^*, \sigma^*) \geqslant u(\sigma, \sigma^*) \tag{10-6}$$

而且，若对于一些 $\sigma \in \Sigma$，若有 $u(\sigma^*, \sigma^*) = u(\sigma, \sigma^*)$ 成立，那么一定有

$$u(\sigma^*, \sigma) > u(\sigma, \sigma) \tag{10-7}$$

定义 10-2 给出的进化稳定策略的定义包含两方面含义：首先由式（10-6），进化稳定策略一定是纳什均衡；其次，若关于进化稳定策略 σ^* 的最优反应不唯一，那么其他异于 σ^* 最优反应的策略与自己博弈的支付严格小于用 σ^* 与变异策略博弈的

支付。

　　关于上面两个定义的等价性，有如下定理：

　　定理 10-1　关于进化稳定策略的两个定义是等价的。

　　这里仅对定理 10-1 中由进化稳定策略定义 10-1 可以导出定义 10-2 进行证明。

　　由定义 10-1 可知，对任一 $\epsilon < \bar{\epsilon}$ ，当 $\bar{\epsilon} \to 0$ 时，由

$$u(\sigma^*,\ \epsilon\sigma+(1-\epsilon)\sigma^*) > u(\sigma,\ \epsilon\sigma+(1-\epsilon)\sigma^*)$$

可以推出

$$u(\sigma^*,\ \sigma^*) \geqslant u(\sigma,\ \sigma^*)$$

若存在 $\sigma \in \Sigma$ 也是关于 σ^* 的最优反应，即

$$u(\sigma^*,\ \sigma^*) = u(\sigma,\ \sigma^*)$$

成立，那么式（10-5）可以写成

$$\epsilon u(\sigma^*,\ \sigma)+(1-\epsilon)u(\sigma^*,\ \sigma^*) > \epsilon u(\sigma,\ \sigma)+(1-\epsilon)u(\sigma,\ \sigma^*) \qquad （10\text{-}8）$$

因为 $u(\sigma^*,\ \sigma^*) = u(\sigma,\ \sigma^*)$ ，于是

$$\epsilon u(\sigma^*,\ \sigma) > \epsilon u(\sigma,\ \sigma)$$

由于 $\epsilon > 0$ ，故定义 10-2 的第二部分得证。

　　由进化稳定的第二个定义，可以得出如下结论。

　　定理 10-2　一个对称博弈的严格对称纳什均衡一定是 ESS，同时，一个 ESS 一定是纳什均衡。

　　定义 10-3　称一个 ESS 是**单模态的**（monomorphic），若种群中所有个体都采用相同的策略。

　　定义 10-4　称一个 ESS 是**多模态的**（polymorphic），若多种策略同时存在。

　　对于一个多模态的 ESS，可以与非合作博弈的混合策略类比。

【例 10-1】分析鹰鸽博弈的 ESS。

　　为便于叙述，将纳什均衡简记为 NE，严格纳什均衡简记为 SNE。

　　之前已经对 $v > c$ 的场合进行了分析，此时存在唯一的 SNE，即（鹰，鹰），因此鹰是一个 ESS，同时也是一个单模态的 ESS。

　　当 $v = c$ 时，对应的非合作博弈有唯一的 NE，即（鹰，鹰），但它不是 SNE。此时，"鸽"也是关于鹰的最优反应，我们需要比较 u（鹰，鸽）与 u（鸽，鸽）的大小，显然前者严格大于后者，于是根据 ESS 的第二个定义，鹰是一个 ESS，同时也是一个单模态的 ESS。

　　当 $v < c$ 时，此时存在三个 NE，其中（鹰，鸽）和（鸽，鹰）为非对称 SNE，以及一个混合策略的对称 NE。

因为进化稳定分析是基于种群个体随机匹配的博弈，非对称均衡不会是 ESS，所以需要判断混合策略均衡是否为 ESS。

此时，唯一的混合策略是每个参与人以 v/c 的概率选择鹰策略，对应的多模态 ESS 结果即为有 v/c 比例的个体属于鹰类，记该策略为 σ^*。

下面说明策略 σ^* 不能被其他混合策略侵入。由于策略 σ^* 是 NE，自然定义 10-2 的第一部分满足。我们检查定义 10-2 的第二部分。考虑一个混合策略 $\sigma \neq \sigma^*$，一个 $p \neq v/c$ 的比率选择鹰策略。通过计算 $u(\sigma, \sigma)$ 和 $u(\sigma^*, \sigma)$，可知

$$u(\sigma, \sigma) - u(\sigma^*, \sigma) = \frac{1}{2}c\left(\frac{v}{c} - p\right)^2 > 0$$

于是 σ^* 为 ESS，同时也是一个多模态的 ESS。

一个策略式表述的对称博弈不一定存在 ESS。比如对于一个修正的"石头、剪刀、布"博弈，若支付矩阵为

$$
\begin{array}{c}
\quad\quad R \quad\quad P \quad\quad S \\
\begin{array}{c} R \\ P \\ S \end{array}
\left(
\begin{array}{ccc}
\gamma,\ \gamma & -1,\ 1 & 1,\ -1 \\
1,\ -1 & \gamma,\ \gamma & -1,\ 1 \\
-1,\ 1 & 1,\ -1 & \gamma,\ \gamma
\end{array}
\right)
\end{array}
$$

这里 $0 \leqslant \gamma < 1$。对于该博弈，存在唯一的对称混合策略均衡，为 $\sigma^* = (1/3, 1/3, 1/3)$，期望支付为 $u(\sigma^*, \sigma^*) = \gamma/3$。但对于 $\gamma > 0$，该 NE 不是 ESS，策略 $\sigma = R$ 可以侵入，因为有

$$u(\sigma, \sigma^*) = \gamma/3 < u(\sigma, \sigma) = \gamma$$

10.2 复制动态和进化稳定

进化论的核心思想是变异和选择，分别对应进化稳定概念和复制动态概念。首先考虑一个具体化的鹰鸽博弈。

$$
G = \begin{array}{c}
\quad\quad\ \text{鹰} \quad\quad\ \text{鸽} \\
\begin{array}{c} \text{鹰} \\ \text{鸽} \end{array}
\left(
\begin{array}{cc}
0,\ 0 & 3,\ 1 \\
1,\ 3 & 2,\ 2
\end{array}
\right)
\end{array}
$$

考虑一个混合策略 $x = (x, 1-x)$，可理解为在一个种群中，"鹰"和"鸽"所占的比例。在此状态下，选择"鹰"策略，期望收益或"适应度"为

$$0 \times x + 3 \times (1-x) = 3 \times (1-x)$$

选择鸽策略，期望收益或"适应度"为

$$1 \times x + 2 \times (1-x) = 2 - x$$

因此，种群的平均适应度为

$$x \times 3 \times (1-x) + (1-x) \times (2-x) = 2 - 2x^2$$

现假设种群中选择鹰和鸽的比例是变化的，即采用鹰策略的份额随时间而变化，变化率为 x 关于时间 t 的一阶导数。假设该变化率与平均适应度的差成正比，即假设式（10-9）成立

$$\frac{\mathrm{d}x(t)}{\mathrm{d}t} = x(t)[3(1-x(t)) - (2-2x(t)^2)] \qquad （10\text{-}9）$$

式（10-9）为鹰鸽博弈的复制动态方程。为简便，用 x 表示 $x(t)$，式（10-9）可以表示为

$$x' = x(x-1)(2x-1) \qquad （10\text{-}10）$$

将 $\mathrm{d}x/\mathrm{d}t$ 看成 x 的函数，绘制在平面直角坐标系中，得到图 10-2。

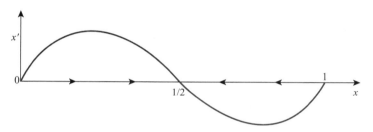

图 10-2 鹰鸽博弈的复制动态图

从图 10-2 可以看出，该复制动态方程有三个驻点：$x = 0$，$x = 1/2$ 和 $x = 1$。在这三个点，x 的导数等于 0，表明该种群中，采用不同策略类别的份额不变。当 $x = 0$ 时，所有的个体采用鸽策略，其适应度等于平均适应度，所以种群份额不发生变化，但该状态是不稳定的，只要存在一个微小的扰动，x 的导数会大于 0，于是 x 开始变大，直到到达另一个驻点 $x = 1/2$。同样，驻点 $x = 1$ 也是不稳定的，此时表明所有个体均采用鹰策略，但稍微存在小的扰动（少数个体采用鸽策略），x 的导数小于 0，于是 x 开始变小，直到到达驻点 $x = 1/2$。假设现在种群处于驻点 $x = 1/2$ 状态，则该状态下微小的扰动均会导致系统状态重新回复到 $x = 1/2$。所以，对于复制动态方程的三个驻点，只有 $x = 1/2$ 是稳定的。

根据前面一节的分析，$\boldsymbol{x} = (1/2，1/2)$ 也是鹰鸽博弈唯一的 ESS。一般来说存在如下定理。

定理 10-3 对于一个两阶双矩阵博弈 G，有如下结论：

（1）G 至少存在一个 ESS。

（2）若 $\boldsymbol{x} = (x，1-x)$ 是 G 的一个 ESS，当且仅当 $\boldsymbol{x}$ 是 G 对应的复制动态方程的稳定驻点。

证明此处从略。

10.3　博弈学习模型

经典的纳什均衡分析以博弈规则、参与人的理性以及支付函数均为共同知识的假设为前提条件。但实际中，博弈的均衡并非一蹴而就，而是不完全理性参与人随着博弈不断进行长期摸索从而实现均衡状态。基于这个视角构建的博弈模型，就是**博弈学习模型**（learning model in games）。

博弈论中关于学习的理论很多：进化动态、强化学习（reinforcement learning）、信念学习、经验加权吸引力学习等。其中，虚拟博弈（fictitious play）模型是最早被提出的学习模型之一。虚拟博弈 1951 年由 Brown 在文章《虚拟博弈的迭代解》（*Iterative solutions of games by fictitious play*）中提出。主要构想是在一个动态过程中，对对手的策略选择进行估计，然后给出基于对手行为信念的最优反应。因此，虚拟博弈的学习规则是基于信念的学习规则。

10.3.1　虚拟博弈概念介绍

对一个策略式表述博弈 $G = \{S_i,\ u_i,\ i \in N\}$，参与人在离散时间点 $t = 1,\ 2,\ \cdots$ 进行博弈，阶段的支付函数为 u_i。对于 $t = 1,\ 2,\ \cdots$ 以及 $i = 1,\ 2,\ \cdots$ 定义函数 $\eta_i^t: S_{-i} \to N$，$\eta_i^t(s_{-i})$ 是参与人 i 在 t 时刻之前观察到行动 s_{-i} 的次数。设 $\eta_i^0(s_{-i})$ 是博弈开始时的初始预设点，即参与人 i 对其他参与人策略组合 s_{-i} 已经出现次数的主观预估。

下面结合一个具体博弈模型将上述描述实例化。记参与人 2 的策略组合为 $S_2 = \{U,\ D\}$。若 $\eta_1^0(U) = 3$，$\eta_1^0(D) = 5$，随后参与人 2 在接下来的三轮博弈中选择了 U、U、D 行动，那么 $\eta_1^3(U) = 5$，$\eta_1^3(D) = 6$。

虚拟博弈的基本思想是每个参与人假设他的对手使用的是固定不变的混合策略，然后在每步都对固定不变的关于对手的信念进行更新。随后各参与人在每个阶段按照当前阶段对其他参与人行为概率分布的估计，选择最大化该阶段期望支付的行动。对其他参与人行为 s_{-i} 的概率估计用下式进行判断。

$$\mu_i^t(s_{-i}) = \frac{\eta_i^{t-1}(s_{-i})}{\sum_{\bar{s}_{-i} \in S_{-i}} \eta_i^{t-1}(\overline{S_{-i}})} \tag{10-11}$$

给定参与人 i 的信念，他在 t 阶段选择最大化支付的行动，即

$$s_i^t \in \mathrm{argmax}\, u_i(s_i,\ \mu_i^t),\ s_i \in S_i \tag{10-12}$$

【例 10-2】考虑下列博弈的虚拟博弈过程，博弈为

$$G = \begin{array}{cc} & \begin{array}{cc} L & \quad R \end{array} \\ \begin{array}{c} U \\ D \end{array} & \begin{pmatrix} 3,\ 3 & 0,\ 0 \\ 4,\ 0 & 1,\ 1 \end{pmatrix} \end{array}$$

虚拟博弈的初始点为 $\eta_1^0 = (3, 0)$ 和 $\eta_2^0 = (1, 2.5)$，可用表 10-1 描述虚拟博弈过程。

表 10-1 虚拟博弈过程

虚拟次数	η_1(L)	η_1(R)	μ_1	参与人 1 的策略	η_2(U)	η_2(D)	μ_2	参考人 2 的策略
1	3	0	1, 0	D	1	2.5	1/3.5, 2.5/3.5	L
2	4	0	1, 0	D	1	3.5	1/4.5, 3.5/4.5	R
3	4	1	4/5, 1/5	D	1	4.5	1/5.5, 4.5/5.5	R
4				...				

因为 D 是参与人 1 的占优策略，所以他会一直选择 D，μ_2^t 会以概率 1 收敛于 (0, 1)，因此参与人 2 会一直选择 R。

该博弈有趣的特征是在虚拟过程中，甚至连对手的支付情况都不必知道，只需要每阶段都对对手行为信念的概率进行估计就可以。

10.3.2 虚拟博弈的收敛性

设 $\{s^t\}$ 是虚拟博弈（以下简称 FP）生成的策略组合序列，现在分析策略组合序列的渐近行为，即当 $t \to +\infty$ 时，序列 $\{s^t\}$ 的收敛性。

定义 10-5 称序列 $\{s^t\}$ 收敛于 s，若存在一个 T，使得对所有的 $t \geq T$，$s^t = s$。

关于 FP 序列的收敛，有如下定理。

定理 10-4 若由 FP 生成的策略组合序列 $\{s^t\}$ 收敛于某个纯策略组合 $\bar{s}$，则 $\bar{s}$ 一定是纯策略纳什均衡。若对于某个 t，$s^t = s^*$，s^* 是严格的 NE，那么对于所有的 $\tau > t$，$s^\tau = s^*$。

定理 10-4 的第一部分是显然的：如果一个 FP 序列收敛于某个纯策略，那么彼此的信念推断必定为退化的概率分布，且双方的策略选择均为关于对手策略的最优反应，符合 NE 的定义。

对于定理 10-4 的第二部分，设存在某个 t，$s^t = s^*$ 成立。我们证明下一次 FP 后，双方的策略组合依然是 s^*，即有 $s^{t+1} = s^*$ 成立。注意到 t 和 $t+1$ 次的概率更新关系为

$$\mu_i^{t+1} = (1-\alpha)\mu_i^t + \alpha s_{-i}^t = (1-\alpha)\mu_i^t + \alpha s_{-i}^* \tag{10-13}$$

这里 s_{-i}^* 表示选择纯策略 s_{-i}^* 的退化分布。其中 α 由下式确定：

$$\alpha = \frac{1}{\sum_{s_{-i}} \eta_i^{t-1}(s_{-i}) + 1} \tag{10-14}$$

根据期望效用的线性特征，对于所有的 $s_i \in S_i$，有

$$u_i(s_i, \mu_i^{t+1}) = (1-\alpha)u_i(s_i, \mu_i^t) + \alpha u_i(s_i, s_{-i}^*) \tag{10-15}$$

式（10-15）等式右边第一项当 s_i 为 s^* 时达到最大值（根据定理 10-4 的第二个条件），故在 $t+1$ 次最大化式（10-15）时，i 的最优反应依然是 s_i^*。

若采用 FP 方法策略组合序列 $\{s^t\}$ 在时间意义上收敛于一个混合策略，即当 $t \to +\infty$ 时，每个参与人纯策略选择频率收敛，即有如下式子成立

$$\lim_{T \to +\infty} \frac{\sum_{t=0}^{T} I(s_i^t = s_i)}{T} = \sigma(s_i) \tag{10-16}$$

其中 I 是取值 0-1 的二值计数函数，当 $s_i^t = s_i$ 时取值为 1，否则为 0。或者用另外一个表达形式，即 $\lim_{T \to +\infty} \mu_{-i}^T(s_i) = \sigma(s_i)$。

这里不加证明地给出两个定理。

定理 10-5 若 FP 策略组合序列 $\{s^t\}$ 在时间意义上收敛于 $\sigma \in \Sigma$，那么 σ 是纳什均衡。

定理 10-5 在下面几种场合下，一个博弈 G 的 FP 策略组合序列在时间意义上收敛：

（1）G 是矩阵博弈。

（2）G 是两人非零和博弈，且每个参与人至多有两个策略。

（3）G 是重复删除严格劣策略可解的。

（4）G 中所有参与人具有完全一致的支付函数。

（5）G 是一个潜博弈（potential game）。

需要说明的是，一般来说，FP 并不一定保证收敛，见本章习题第 2 题。

10.4 行为博弈

自 1970 年左右开始，重复博弈、不完全信息博弈等理论的发展及其在委托 – 代理关系、契约和机制设计等方面的应用导致了理论大爆炸，但这是在没有任何实证引导下进行的。随着博弈论的蓬勃发展，心理学、行为科学及实验经济学与博弈研究日益融合，以实证分析研究为主要方法，是**行为博弈**（behavioral games）研究的内容。

科林·凯莫勒（Colin Camerer）是行为博弈领域的代表人物，其著作《行为博弈：对策略互动的实验研究》对行为博弈论做了比较全面的论述。他认为，博弈论的力量在于它的普适性和数理精确性。但博弈论又通常立足于假设和猜测，而不是对人们在实际博弈中如何行动的细致观测。因此，需要在博弈分析中加入情绪、错误、有限预见力等来扩充博弈论。

凯莫勒认为，行为博弈论虽然强调用实证分析方法研究博弈论，但他仍然提出了三个原则：精确性、一般性和实证分析性。

支持行为博弈论的一个重要原因是，行为博弈论描述的均衡达成往往需要一定

的时间过程，而这往往更与现实中的博弈行为相符。2005 年诺贝尔经济学奖获得者之一罗伯特·奥曼特别指出，Gale-Shapley 算法⊖自 1951 年起在美国医院任命实习医生时开始应用，但直到历经大半个世纪的试错才被理解。这个事例也表明理论博弈和行为博弈是相辅相成、密不可分的，这种关系可以类比为实验物理学和理论物理学的关系。

10.4.1 行为博弈的实验设计

行为博弈分析往往通过精心的实验设计，通过对相对不太复杂、可以理解的博弈问题的描述，通过经济实验获得数据来进行实证博弈分析。其中实验设计是博弈分析重要的基础工作。实验设计的要点如下。

（1）控制、度量和假定。任何变量都可以用控制、度量和假定这三种方式的一种来评估。

控制意味着采取行动以影响变量的值。**诱导价值**（induced value）是一种重要的控制手段，它通过把行动与某种收益（最常用的是货币）联系起来，使得实验对象对不同的行动形成不同的偏好。

度量是通过心理测试方法度量相关变量的价值。比如"当有人从 10 美元中分给你 2 美元时，描述一下你不满的程度"等。

假定是实验者对变量值做持续不变的假设。

（2）操作指南。操作指南会准确、清晰地告知实验对象必要的信息。

（3）匿名。博弈实验必然涉及实验对象彼此之间的交互，若实验场合不需要或特别要求彼此之间不做沟通交流、不知道实验对方是谁，那么匿名与否会在一定程度上影响实验结果。

（4）匹配方案和建立声誉。通常实验需要重复若干次，实验对象因此可以在实验过程中学习，但如果一对实验对象共同博弈了几次，那么建立声誉的可能性会影响博弈理论做出的预测。

（5）激励。激励是用实际的货币或虚拟货币或各种积分方式，刺激实验对象"用心"参与的手段。一些行为博弈实验研究比较了现金激励与分数激励的差异，认为仅仅得到分数支付的实验对象倾向于更加无规则地达到实验均衡，而且似乎比那些能得到现金的实验对象更快地厌烦实验。因此，博弈实验中采用现金来激励实验对象成为博弈实验的标准方式。

美国很有名的一个电视娱乐节目《幸存者》（Survivor）在某种程度上可以被看成通过巨额奖金激励的大型行为博弈实验。在这个节目中，参与人被限定在一个特定的环境中依靠有限的工具维持生存，并在预设的规则下参与竞赛，最终胜出者将获得100 万美元的奖金。节目的冲突性是幸存者游戏的重要特征。一方面是人与自然的冲突，另一方面是人与人之间的冲突，这实质上就是博弈。

⊖ 盖尔和沙普利提出了最优匹配模型算法，这也是沙普利获得诺贝尔经济学奖的一个重要原因。

以第一季《幸存者》最后一轮决赛为例，要在理查德和凯利之间确定最终的冠军。按照当时的竞赛题目，格雷格不公开地在 1 ～ 9 之间选择一个整数，随后理查德选择一个数，然后凯利再选择一个数。哪个数字距离格雷格选择的数字更近，谁就是获胜者。

理查德选择了 7，随后令人惊讶的是凯利选择了 3，因为从弱占优策略看，凯利应该选择 6（请自行验证）！最终揭示的结果是格雷格选择的数字是 9，这样理查德获胜，赢了 100 万美元奖金。虽然事后看，凯利选择 3 和 6 都会输。

（6）顺序效应。若博弈实验需要若干工作顺序，要注意不同的顺序是否会影响实验数据结果。

（7）控制风险偏好。注意比较实验对象的风险态度（风险中性、风险厌恶还是风险追求）。

（8）实验对象自身和实验对象之间的设计。前者是实验对象自身的感知对实验可能的影响，后者则是实验对象之间的一些影响。

（9）实验计量分析。运用计量经济分析方法，对实验数据进行实证计量分析。

10.4.2   经典博弈模型的行为博弈分析

1. 独裁者博弈和信任博弈

独裁者博弈是指两个参与人分割一定数量的金钱，比如 10 美元。参与人 1 可以决定分割比率，参与人 2 没有任何话语权（包括拒绝权）。如果人们在这样的环境里进行博弈，会有怎样的行为呢？

在 1986 年的一次博弈实验中，扮演参与人 1 的实验对象被赋予了两个选择：平分 20 美元，或从 20 美元中拿出 2 美元给对方。实验结果是大约有 75% 的人选择了平分，与人们事先估计的结果大相径庭。在其他众多实验中，扮演参与人 1 角色的实验对象，给对手的份额多处于 10% 到 38% 之间。在彼此认识的博弈中，扮演参与人 1 角色的实验对象给对手金额的比例均值接近 50%。这在一定程度上表明真实的人具有利他性。

2002 年诺贝尔经济学奖获得者弗农·史密斯（Vernon Smith）参与的一个有趣的实验似乎又得出了相反的结论。他们设计的实验是"双盲"的，给了实验者 10 美元，以及和真实 10 美元大小、厚度完全一致的 10 张纸，每个人可以决定在一个完全一致、没有任何标识的信封里放入 10 张可以是美元或纸的东西，然后投放到一个箱子里。这样做的目的是，只有实验者本人知道自己究竟放了多少钱在信封里。

实验结果是，超过 60% 的人自己留下了全部的 10 美元，只在信封中装了 10 张纸，即使放入美元的，绝大多数也是 1 美元或 2 美元。

综上，独裁者博弈相关文献表明，若实验者可以被其他人确定其行为的选择，那么一些利他性等行为将会被观察到。但若实验者的策略选择无从追溯，那么多数人会选择自利行为。

信任博弈则是一个序贯的决策。参与人 1 得到了 M 数量的钱，他决定自己保留多少，记为 K，同时给参与人 2 多少钱，记为 G。G 会按照利率 r 增值，即会增加到 $G(1+r)$，参与人 2 得到的钱数为 $G(1+r)$，然后他再决定自留多少，返给参与人 1 多少。

按照凯莫勒的解释，该博弈实验可以测试参与人 1 对参与人 2 的信任度。在初次实验中，有 32 对实验者，为明尼苏达大学的学生。实验采用"双盲"方式，初始 $M = 10$ 美元，$r = 2$。为了明确实验规则，这里虚拟了一个实验过程：

（1）参与人 1 拿到 10 美元，自己留下 5 美元，同时投资 5 美元。

（2）5 美元增值到 15 美元。

（3）参与人 2 得到 15 美元，她留下 10 美元，然后返给参与人 1 的数额为 5 美元。

（4）两人最终每人获得 10 美元。

在 32 对实验者中，5 位扮演参与人 1 的学生投资全部 10 美元，其中 3 人获得了至少 15 美元回报，另外两位收回 1 美元和 0 美元。在 32 对实验者中，平均投资为 5 美元，参与人 2 返回的略少于自己留存的钱数。同时，参与人 1 的信任度与参与人 2 的信任回报基本没有关联。后续多次实验结果基本上与明尼苏达大学的实验一致。

2. 最后通牒博弈

最后通牒博弈与独裁者博弈类似，不同之处在于，参与人 2 看到参与人 1 的分割提议后，可以决定接受或拒绝。若接受，双方各自按照提议分割，否则两人都一无所获。

按照子博弈完美均衡理论的分析，参与人 1 应给参与人 2 尽可能少的金额，参与人 2 会选择接受（聊胜于无）。但博弈实验结果与理论分析大相径庭。

最后通牒博弈的实验研究可以用巨量来形容。总体上说，这些研究的结果大致为：

（1）参与人 1 提议的平均值、众数、中位数等，基本上在 40% 附近。

（2）典型的提议——介于 35% 至 50% 之间，绝大多数场合被参与人 2 接受。

（3）低于 20% 的提议，有 50% 被参与人 2 拒绝。

（4）不同国家、民族之间，上述结论会有变化，表明文化差异会影响博弈实验结果。

与独裁者博弈相比，最后通牒博弈中参与人 1 的提议会更高，表明参与人 1 担心参与人 2 会拒绝，从而导致自己也一无所获。

针对最后通牒的实验研究，一些研究发现若博弈允许重复且可以传播实验者的声誉，那么会提高博弈开始阶段参与人 2 的拒绝比率，以建立其报复的声誉，从而在接下来的博弈中获得来自参与人 1 更高的提议。一些研究比较被分割的金钱数量不同是否会产生差异。一些实验设计了 100 美元分割的最后通牒实验，发现在六组实验中，有 2 个人拒绝了 30%/70% 的分割。

此外，一些研究强调了性别、年龄和文化的差异。研究表明性别差异不显著，年龄小的孩子的提议份额低于年纪大的孩子，表明年龄小的孩子的行为更接近子博弈完美均衡结果。根据凯莫勒的研究，高个子的孩子的提议水平低于其他儿童。

3. 协调博弈

若存在多个纳什均衡，如何协调博弈各方的行为，使得高效率的均衡能够实现，这就是协调博弈研究的问题。

自 20 世纪 90 年代开始，实验博弈研究开始关注博弈的协调问题。人们在真实的类似协调博弈场景中会如何选择，或者说在实验场合如何进行策略协调呢？

协调博弈实验研究的博弈如图 10-3 所示。

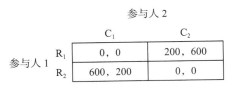

图 10-3　协调博弈

容易计算，该博弈的均衡结果有三个：纯策略均衡解（R_1，C_2），（R_2，C_1），以及一个对称的混合策略（1/4，1/4）。若双方缺乏沟通，采用混合策略，那么至少有 5/8=62.5% 的概率得到结果（0，0）。实验数据的比率则为 59%，理论与实验结果非常接近。

4. 实际中的占优策略

在实验博弈相关文献中，确定了一个双矩阵博弈，均衡是占优或重复剔除占优可解的，如图 10-4 所示就是重复剔除劣策略可解的简单博弈模型。

图 10-4　重复剔除劣策略可解的简单博弈模型

该博弈的有趣之处在于，参与人 1 选择 R_1，无论如何可以确保自己获得 9.75 的支付水平。参与人 2 的两个纯策略中，C_2 是弱占优的，故按照理性选择理论，参与人 2 会选择 C_2，若参与人 1 知道参与人 2 是理性的，那么他会选择 R_2，最终博弈均衡为（R_2，C_2）。

来自某次实验的数据是：66% 的参与人 1 选择 R_1，也许没有做多步推理分析，或者虽然做了多步逻辑推理分析，但不确认参与人 2 是否采用占优策略。在实验场合，若参与人 1 先行动选择 R_2，6 人中有 5 人选择占优策略 C_2。随着数字的变化，相应的实验结果也有差异，比如若参与人选择 R_2 的风险降低，则选择 R_2 的比例也会提升。

其他一些相关实验研究的结果是，确实多数人选择占优策略，但对他人是否选择占优策略并不是很确信。

5. 混合策略

通过随机发生装置，利用动物行为确定最佳应对，结果多数实验表明，动物的行为与混合策略纳什均衡一致。来自网球赛场和足球赛场的数据也表明，专业运动员的实际随机行为与理论混合策略均衡一致。但作为一般社会公众，有时候并不总是与理论混合策略均衡一致。

6. 选美博弈

第 10.1 节中描述了用猜数博弈模拟实际选美行为的实验结果。事实上，**选美效应**（beauty contest）作为一个术语出现来自凯恩斯，用来描述在股票市场上一只很普通的股票为什么会上涨，一只很好的股票为什么长期低迷，这有点类似选美，取决于对他人如何选择的估计。推理步骤大致为：

0 步推理：简单选择一只自己喜欢的股票。

1 步推理：选择一只你认为其他人都会选择的股票。

2 步推理：选择一只你认为其他人都会认为其他人会选择的股票。

……

仿照股票选择思路，猜数博弈也有类似的过程：

0 步推理：实验者只是考虑选择自己喜欢的数字。假设每个数字被等概率选择，那么均值应该在 50 附近。

1 步推理：若其他人都选择 50，那么最优选择应该是 50 的 2/3，即 33。

2 步推理：若其他所有人都能有 1 步推理，那么均值应该是 33，由此观之，选择 22 才是合理的。

……

若假设所有人都具有无限推理能力，纳什均衡结果是所有人都选择 1。实验结果数据并不支持这一点。第一次关于猜数博弈的研究是在德国，实验对象给出的平均数是 33，频率相对较高的基本都在 33 附近，也有在 22 附近的。一些著名的媒体（如《纽约时报》）也进行了类似猜数博弈实验，得出的结论是，绝大多数场合人们的推理步骤深度不会超过 3 步，多数介于 1 到 2 步。

7. 囚徒困境

在众多的博弈模型中，囚徒困境应该是最著名的博弈例子。1950 年，梅里尔·弗勒德（Merrill Flood）和梅尔文·德雷希尔（Melvin Dresher）在兰德公司工作时，提出了囚徒困境。作为囚徒困境的发明者，弗勒德和德雷希尔当天下午就召集了两位朋友——经济学家阿尔奇安和数学家约翰·威廉姆斯进行了 100 场囚徒困境实验。最终，阿尔奇安在 100 场中合作了 68 次，威廉姆斯则选择合作 78 次，这与纳什均衡结果相去甚远。在最后一轮博弈中，两人都选择了"背叛"。

纳什对该实验结果并不感到吃惊，因为在他看来，重复的囚徒困境和单次囚徒困境结果自然不一致。因为重复囚徒困境可以看成是一个具有100步的大博弈，而不是彼此无关的100个独立博弈。之后相当多的博弈实验选择了囚徒困境。

早期关于囚徒困境的实验研究认为人们可以分为两类：合作的和竞争的。若他们认为对方也是合作类型的，愿意选择"合作"；若他们认为对方是"竞争的"，则会选择"背叛"。

这里选取由Frank、Gilovich和Regan（1993）做的一个实验。参加实验的是大一和大四的学生，两人一组。对博弈进行描述后，让各方独立选择"合作"还是"背叛"。若两人都选择"背叛"，每人收益为1，若都选择"合作"，每人收益为2，若一人选择"背叛"另一人选择"合作"，则选择"背叛"的获得收益3，另一方则为0。

研究结果很有趣，大一的学生，以及没有学过博弈论的学生，绝大多数选择了"合作"，但经济学大四的学生选择"背叛"的人占据大多数。Frank等由此认为："经济学家从学生身上看到了人类动机范围的广泛性。"

10.4.3　分水岭博弈

下面简要介绍一下不同背景学生的分水岭博弈实验，分水岭博弈收益如表10-2所示。

表 10-2　分水岭博弈收益　　　　　　（单位：分）

中位数 收益 选择	1	2	3	4	5	6	7	8	9	10	11	12	13	14
1	45	49	52	55	56	55	46	−59	−88	−105	−117	−127	−135	−142
2	48	53	58	62	65	66	61	−27	−52	−67	−77	−86	−92	−98
3	48	54	60	66	70	74	72	1	−20	−32	−41	−48	−53	−58
4	43	51	58	65	71	77	80	26	8	−2	−9	−14	−19	−22
5	35	44	52	60	69	77	83	46	32	25	19	15	12	10
6	23	33	42	52	62	72	82	62	53	47	43	41	39	38
7	7	18	28	40	51	64	78	75	69	66	64	63	62	62
8	−13	−1	11	23	37	51	69	83	81	80	80	80	81	82
9	−37	−24	−11	3	18	35	57	88	89	91	92	94	96	98
10	−65	−51	−37	−21	−4	15	40	89	94	98	101	104	107	110
11	−97	−82	−66	−49	−31	−9	20	85	94	100	105	110	114	119
12	−133	−117	−100	−82	−61	−37	−5	78	91	99	106	112	118	123
13	−173	−156	−137	−118	−96	−69	−33	67	83	94	103	110	117	123
14	−217	−198	−179	−158	−134	−105	−65	52	72	85	95	104	112	120

学生被分为若干人一组。其中最小的是3人一组，最多的24人一组。组内每个学生从1～14中选择一个整数，然后计算该组选择数字的中位数，并计算每人得分。

每人得分由他自己选择的数字和组内中位数共同决定。比如若中位数为 3，他选择的数字为 6，则他得到的分数为 42 分。记录每个人的分数后，一轮实验结束，然后再重新选择数字，如此最多进行 15 轮次。

稍加细心观察，可知该博弈有两个均衡：所有人选择 3，所有人选择 12，收益分别为 60 分和 112 分。

作者以大学本科一年级、MBA、博士研究生为实验对象，进行了多次实验。这里举出几组情况。

场合 1。本次实验组内人数为 24 人，为 MBA 选博弈论课程的学生。第一轮实验的中位数为 6，随后两轮的中位数为 5 和 4。从第四轮起，中位数稳定在 3，不再变化，24 人中有 23 人选择了数字 3，只有一人持续选择了 12。

对此实验的解释是，多数实验对象从 6、7 数字中开始做选择，因为相对安全，即不论中位数是什么，得分不会小于 0。

每个人的得分不仅取决于自己的选择，还取决于组内其他人总体选择的情况。由于组内成员恰好开始往比 6 小的方向选择，故中位数开始变小，最后收敛于数字 3，这也是多数实验对象的选择。

极少数实验对象意识到所有人选择 3 是低效率的均衡解，故希望选择大的数字改变群体态势，无奈势单力孤，且自己的动机不为组内其他成员所知，最终无济于事。

由于人数较多，收敛速度很快，同时一旦陷入稳定吸引点，即便是低效率的稳定点，结果也难于改变。

场合 2。由 7 名博士生组成，令人意外的是，实验过程在第六轮中位数达到吸引点 3 后，在随后的 10 轮实验中中位数在 6、7 之间振荡。由于时间原因，实验在第 16 轮强行中止。经过与实验对象交流讨论，发现彼此之间存在差异，有的学生坚持选择数字 3，有的则选择中庸的 6 和 7，更有 2 位学生纠结于 3 和 12 的不同选择，希望引起同组的关注，这是一个蛮有趣的现象，如图 10-5 所示。

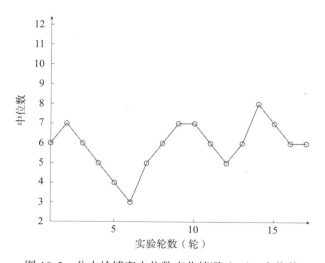

图 10-5　分水岭博弈中位数变化情况（一）：未收敛

更多情形是在第 10 轮左右趋于均衡点 3 或 12，其中趋于 12 的比例超过了 90%。图 10-6 是其中的 5 组记录。

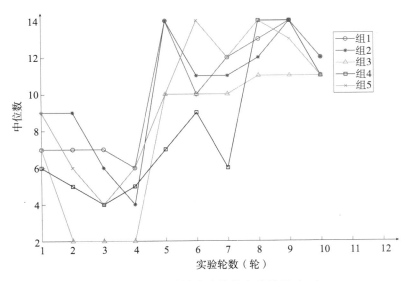

图 10-6　分水岭博弈中位数变化情况（二）

从博弈实验过程中我们看到，均衡解在"试错"与"学习"过程中逐渐被实验对象认知。从第五轮开始，各组中位数跳跃到 10 或 14，体现了对分水岭博弈收益表突然"顿悟"和向较大数字协调的趋向，且为了影响组内其他人的选择，通过"矫枉过正"的方式，趋近于较高的纳什均衡点 12。

10.4.4　推理模型

推理模型（thinking model）的建模目的在于在一次性博弈中描述真实的参与人如何进行行为选择。当然，对于学习模型，提供了学习模型的初始分析点。

有关表述如下。

对策略的吸引力（attraction）进行量化，采用 logistic 响应函数。对于参与人 i 来说，若纯策略个数为 m_i，参与人 i 的纯策略 s_i^j（$j=1,\cdots,m_i$）的初始吸引力记为 $A_i^j(0)$。t 阶段（表述推理深度），若 i 的对手策略组合为 $s_{-i}(t)$，参与人 i 选用纯策略 s_i^j，其他人选择 $s_{-i}(t)$ 的支付为 $u_i(s_i^j,s_{-i}(t))$，t 阶段策略 s_i^j 的吸引力记为 $A_i^j(t)$，则策略 s_i^j 在 $t+1$ 阶段被选中的概率为

$$P_i^j(t+1)=\frac{e^{\lambda A_i^j(t)}}{\sum_{k=1}^{m_i}e^{\lambda A_i^k(t)}}$$

式中，λ 为响应敏感度。

　　实际博弈中的参与人，在一次博弈中可能存在 0 步、1 步、…、K 步推理深度。若存在 0 步推理深度，即完全没有策略化思维，可假设该类参与人等概率选择各纯策略。1 步推理深度的参与人与 0 步推理深度的参与人相比，具有 1 步的策略互动：他们认为其他参与人都是 0 步推理者，然后基于这样的信念，选择自己的最优策略。类似地，具有 K 步推理深度的参与人则认为所有其他参与人使用从 0 到 $K-1$ 步的深度进行推理。

　　从猜数博弈（或选美博弈）中可以看到参与人的推理深度是有限的。同时，基于其他参与人行为的推理，若对其他参与人的理性度缺乏明确认识，假设推理深度与无穷推理深度相比，更加符合实际。

　　既然假设了参与人具有不同的推理深度，那么在一个群体中，参与人的推理深度分布如何？假设参与人的推理深度服从某离散随机分布，记为 $f(K)$，表示人群中具有 K 步推理深度的人的概率为 $f(K)$，那么在这样的假设下，就可以确定参与人 i 的最优策略。

　　假设具有 K 步推理深度的参与人正确评价了各级别的推理深度的比例，为 $\sum_{c=1}^{K-1} f(c)$，注意对于不同的 K 取值，对该数进行归一化处理（符合概率之和等于 1 的要求）。那么使用 K 步推理的参与人基于调整后的信念按照如下表达式计算期望支付：

$$A_i^j(0|K) = \sum_{h=1}^{m_{-i}} u_i(s_i^j, s_{-i}^h) \sum_{c=0}^{K-1} \left[\frac{f(c)}{\sum_{c=0}^{K-1} f(c)} P_{-i}^h(1|c) \right]$$

这里，$A_i^j(0|K)$ 表示在第 0 阶段 K 水平推理能力的 s_i^j 吸引力，$P_{-i}^h(1|c)$ 为在第一阶段的推理水平为 c 的对手选择纯策略组合 s_{-i}^h 的预测概率。

　　根据该式，可以计算出具有 K 步推理能力的参与人选择纯策略 s_i^j 的吸引力，进而根据 $P_i^j(t+1)$ 的表达式，算出选择该纯策略的概率。

习题

1. 证明定理 10-1 中由进化稳定策略定义 10-2 可以导出定义 10-1 成立。

2. 验证一下在"石头、剪刀、布"游戏中，若初始点选择 $\eta_1^0 = (1, 0, 0)$，$\eta_2^0 = (0, 1, 0)$，采用 FP 方法得到的策略组合序列在时间意义上不收敛。

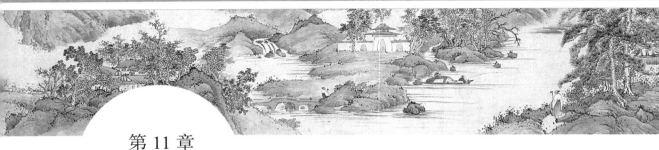

第 11 章
CHAPTER 11

改变博弈

自 1994 年诺贝尔经济学奖第一次授予博弈论学者开始，已有近 20 位博弈论学者先后获得诺贝尔经济学奖。在两次世界大战中，博弈论作为运筹学的一个分支，在其中有着深刻的应用。战后，博弈论被广泛应用于经济学、计算机科学、生物学、数学、政策、政治和军事领域。在国际经济贸易关系、地区政治关系中，博弈论也有着不可替代的应用价值。大数据和人工智能时代为博弈论开辟了新的应用领域，同时也提出了新的研究方向。因此，博弈论已经为这个世界带来了深远的影响，今后将继续起着越来越重要的作用。

诺贝尔经济学奖得主、经济学家萨缪尔森说过："了解了博弈论，会改变你一生的思维方式。"博弈论为什么如此有魅力，能够改变人们一生的思维方式呢？

我们通常的理解是，博弈强调的是各方在给定的博弈结构下，一方面对博弈的可能结局进行预测，另一方面通过对博弈环境、相关参与方行为及支付分析，选择己方最优策略。其实博弈在实际应用中还有另外一个方向，就是若博弈现状会导致一个低效率的均衡解，那么请尝试改变它！

作为本书最后一章，在掌握博弈基本理论之后，请一定记住，**博弈是可以改变的**！

11.1 博弈的改变：从改变自己开始

11.1.1 自我博弈

想象新的一年到来，多数人，特别是青年学生，应该有制订个人计划的经历吧？提升数学水平、坚持跑步、减少玩手机游戏的时间、减肥……回顾一下，完成年初个人计划不是一件容易的事情吧？

英国的理查德·怀斯曼（Richard Wiseman）在 2007 年的一项研究表明，大约88% 的新年计划是失败的，尽管 52% 的调查者在计划开始时信心满满。个人计划失败的原因是什么呢？除了目标制定不现实（占 35%）外，主要是缺乏执行力（占 33%）以及忘记了个人计划（占 23%）。

迪克西特和奈尔伯夫在其《妙趣横生博弈论：事业与人生的成功之道》中列举了一个通过博弈激励减肥计划并获得成功的例子。辛迪是一个美国姑娘，2005 年参加了美国 ABC 电视主办的减肥计划节目。2005 年 12 月 9 日，她来到了位于曼哈顿的一个摄影棚，穿上比基尼照了若干张照片。若在接下来的两个月她能够成功地减掉15 磅体重，这些照片将被销毁，否则这些照片和相应视频将会在黄金时间在电视上播放。ABC 不提供健身教练，没有特别的减肥食谱，提供的只是这样一份看上去荒唐的协议。

辛迪在这份协议上签了字，随后是美国的各种节日，包括圣诞节、元旦，但辛迪签了这样的协议后立刻开始了个人减肥行动，"从现在开始而不是从明天开始"——这份看似荒唐的协议的最大作用就在于此。最终辛迪和其他几位参加者成功地达成了减肥目标，当初嘲笑她签订"一份可笑的协议"的朋友们再不觉得可笑了。

我们知道，博弈至少有两个参与人，单人减肥行动，如何体现博弈呢？心理学家强调了每个人都有多重自我，那么减肥就可以看成是"现在自我"和"未来自我"的博弈。"现在自我"希望"未来自我"能够节食并进行身体锻炼，"未来自我"则喜欢美食和懒惰。多数场合中，"未来自我"往往获胜，因为它是后行动者，会充分利用它的后动优势（second-mover advantage）。但辛迪由于签订了一个让"未来自我"也要对"美食和荣耀"进行权衡的博弈，对"未来自我"抵御诱惑给予了足够的激励，因此改变了自身的行为。

希腊神话奥德赛与海妖的故事也具有博弈思想，为避免被海妖迷人的歌声所诱惑而导致船触礁沉没，在出海之前，奥德赛对事先把耳朵上蜡的水手们说："带上我，把我绑在横木上，升到桅杆的半腰，在我站直的时候绑住我，动作要快，快到无法让我逃脱，我若请求你们放我自由，请将我绑得更紧。"（《荷马史诗·奥德赛》）在奥德赛事先设定的策略面前，海妖迷人的歌声失去了作用。

现在，我们以每天早起这个简简单单的日常事件为例，看一下如何通过改变博弈来改变自我作用机理。"晚上自我"决定是否计划早起，"早上自我"则对第二天早晨是否早起进行决策。如果早起的积极作用弱于赖床的支付，则早起变得十分困难。"早上自我"博弈树如图 11-1 所示。

然而，我们可以让"晚上自我"设定一个闹钟，上面的单方行动博弈树就变成了图 11-2 的"早上自我"与"晚上自我"的两人博弈。

按照逆向归纳法，在第二天早上需要"早上自我"进行决策时，如果不设定闹钟，博弈与图 11-1 描述的一样。此时会选择"赖床"。若设定了闹钟，假设设定闹钟需要扣除 2 单位支付，同时闹铃会带来"早上自我"-1(若起床) 及 -5 单位的支付（若赖床），"两害相权取其轻"，"早上自我"会战胜赖床的诱惑，选择起床策略。

看！通过一个博弈改变，从生物属性看，你还是原来的你，但从生活习惯看，你改变了自己。

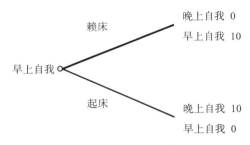

图 11-1　早晨赖床行为的博弈树

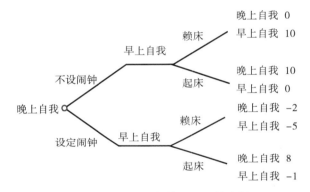

图 11-2　改变起床博弈后的博弈树

11.1.2　走出囚徒困境

囚徒困境博弈的奇妙之处在于，从很多实际博弈行为中都可以看到囚徒困境的影子。如公共资源的过度消耗，森林、渔业资源的过度开发，商界之间的无序价格战……

在一定程度上存在囚徒困境是有好处的。以商业行为为例，商家存在一定的竞争，会让利给消费者。但恶性竞争会损害一个行业，最终消费者也会受损。那么如何走出囚徒困境呢？

1. 改变博弈支付

如果有能力改变博弈的支付，使得低效率的囚徒均衡在博弈改变后不再是一个均衡解，也就回避了囚徒困境。

【例 11-1】假日出租房。早些年美国有一家假日出租房公司 HomeAway，提供网上订出租房业务。据宣传，它能够提供 325 000 多个假日出租房。但问题是不能保证每一条业主信息的准确性。因此一些业主夸大宣传，言过其实，出现了不少问题。

按照假日出租房的规则：顾客必须付款预订后，才能查证真伪。在这样的规则下，顾客很难有好的消费体验，以至于消费争端、抱怨时时出现。另一个新的竞争对手爱彼迎进入了出租房市场，它采用了全新的商业模式。租客不需要提前付费，入住 24 小时后再付款。在新模式下，业主开始考虑提升服务水平，提升用户体验，而住户则乐于选择价格适中的出租房，业主和住户实现了共赢。

2. 借助外力

如果自身无力改变博弈，那么借助外界力量改变也是一个回避囚徒困境的策略。其中，引入监督机制是一种可以考虑的手段。

【例 11-2】烟草广告博弈。20 世纪，美国烟草公司为了扩大市场，拼命在电视上做广告。先做广告的厂家收到了奇效，随即另外一家也开始做广告，但高额的广告费成了负担。给定一家做广告，另外一家只得奉陪，否则业绩会更差。于是形成了如图 11-3 所示的烟草公司广告博弈。

菲利普·莫里斯

雷诺兹		不做广告	做广告
	不做广告	50, 50	20, 60
	做广告	60, 20	30, 30

图 11-3 烟草广告博弈

1964 年，美国公共卫生部发表了有史以来第一份有关吸烟与健康问题的报告，认为吸烟与肺癌有直接关系。之后，一些烟草公司因为在电视上做广告而被提起法律诉讼，需要赔偿上亿美元，企业形象也因此受损。至此烟草公司都有强烈的不做香烟广告的需求，但由于"做广告"是每个烟草企业唯一的均衡策略，因此在实际中不得不忍受低效率的"做广告"均衡，如图 11-3 所示。

到了 1970 年，美国烟草公司达成了一项协议，在香烟包装上印有健康警示，同时借助政府手段，立法禁止在电视上做烟草广告。这样不仅企业支付得到了提升，同时在一定程度上也避免了法律诉讼。

实际情况是，在 1970 年该法案通过后，烟草商每年的广告支出减少了 6 300 万美元，利润却提升了 9 100 万美元。1972 年经济学家汉密尔顿在文章《香烟需求：广告、健康威胁以及禁烟令》中，揭示了与 1970 年相比，广告花费削减了 20%～30%，同时，在 1971 年前六个月比 1970 年同期利润上升了 30%。

烟草公司借助政府外力，引入了禁止香烟广告的法律，境遇反而得到了显著提升！实质上，政府的"禁烟令"反倒促成了烟草公司的"勾结"。因为禁止烟草做广告后，博弈变成了如图 11-4 的形式。

政府认为做广告违法，只要惩罚大到能够减少做广告的收益增量，$X<50$，且 $Y<20$，

此时的占优策略变为"不做广告"。

<table>
<tr><td></td><td></td><td colspan="2">菲利普·莫里斯</td></tr>
<tr><td></td><td></td><td>不做广告</td><td>做广告</td></tr>
<tr><td rowspan="2">雷诺兹</td><td>不做广告</td><td>50，50</td><td>20，X</td></tr>
<tr><td>做广告</td><td>X，20</td><td>Y，Y</td></tr>
</table>

图 11-4　烟草广告博弈——禁止广告

对比图 11-3 和图 11-4 可以发现，博弈的支付在某些情况下减少了，但博弈结果反倒提升了。

然而，随着社会经济的深入发展，"政府监管"的弊端也在一定程度上体现。由于存在信息不对称，政府作为监管主体，在监管中处于弱势地位，大众作为分散群体和信息弱势的一方，也难以产生有效的监管力量。借助相对公正的第三方，比如高校和专业非政府研究机构、行业协会等提出专业合理化建议，政府通过赋予权威化和责任约束化给予保障，将政府的直接监管变成间接监管，应该是一种有效的方式。

3."联合"或"勾结"

若企业完全自由竞争，最终"低价"将成为均衡策略。历史中企业联合、勾结的目的就是避免出现竞争。但法律限制使得现代企业之间的联合变得不那么直接。

可口可乐公司和百事可乐公司显然是竞争者，两家公司都有自己的消费者群，但也会不定期地以周为单位发放优惠券以吸引更多的消费者。两家公司都发现，如果仅有一家公司发放优惠券，优惠就会吸引一部分对方的消费者购买本公司产品；但如果双方同时发放优惠券，则仅能巩固原有消费者，不能吸引对方消费者。在一个连续 52 周发放优惠券的记录中，凡是可口可乐公司发放优惠券的日子，百事可乐则不发放，凡是百事可乐公司发放优惠券的日子，可口可乐公司则不发放。从概率上讲，两家企业自发地连续 52 周"完美错过"的概率并不比彩票中奖概率高，这表明两家企业间存在着某种不为人知的"勾结"。

4.差异化战略

差异化战略不仅通过产品的差异性来明确目标市场，从博弈论角度看，更在于其与竞争对手之间接划分了市场区域。以手机市场为例，比较华为手机和 OPPO/vivo 手机产品就能看出设计上有明显的差异性。有些品牌手机立足于商务、中年用户，有些品牌则通过外观功能迎合时尚年轻的人群……不同品牌手机通过差异化确定了各自的市场主攻领域，而不是通过混乱的恶性价格战，最终杀敌一千，自伤八百。

快餐界巨头肯德基和麦当劳也存在着明显的差异化。首先，肯德基的饮料以百事可乐为主，麦当劳的饮料则以可口可乐为主；肯德基肉食以鸡肉为主，麦当劳则是鸡肉、牛肉、猪肉，还有鱼肉。此外，商店设计、背景音乐、餐点名字等也有着明显的差异。各自通过迎合特定的市场，两家快餐巨头回避了恶性竞争，甚至某种意义上成了伙伴——在中国，肯德基和麦当劳往往是毗邻的。

不同的汽车品牌也存在着明显的差异化战略。丰田汽车以耐用和高可靠性闻名于世，德国大众则强调其操控性。在沃尔沃打造更为奢华的品牌转化过程中，沃尔沃首席执行官斯蒂芬·雅各布（Stefan Jacoby）说他在定义品牌过程中并不想复制其他豪华品牌："一件非常清楚的事情是，我们并非想复制宝马或其他顶级竞争者，沃尔沃必须有自己的豪华品牌定位。"

航空公司也有差异化战略。一些规模相对较小的航空公司，通过低价吸引顾客，却很少因此引起价格战。因为在低价的背后，它们一般不提供飞机餐食，同时对随机免费行李重量加以限制，并伴随着不时的晚点延误。从表面看，服务质量还有提升的空间，但从避免引入恶性价格战的角度看，保持低水平服务现状反倒是有利的策略。

5. 引入动态化策略

囚徒困境是同时进行的博弈。若引入动态化策略，则在一定程度上可以回避囚徒困境并且具有某种程度的隐秘性。

【例 11-3】商家的降价博弈，如图 11-5 所示。

		商场 B	
		降价	维持原价
商场 A	降价	2，2	4，0
	维持原价	0，4	3，3

图 11-5　降价博弈

该博弈有唯一的均衡（降价，降价），支付为（2，2），但帕累托劣于（维持原价，维持原价）。因此本质上是一个囚徒困境问题。

现有一个商家引入了"低价承诺"，即消费者若发现在本商场购买的商品价格不是最低的，可向消费者退还其与其他商家价格的差额（如图 11-6 中拍摄的某超市的宣传语）。本质上消费者会不会获利呢？

图 11-6　某商场的低价承诺

我们可绘制它的博弈树，如图 11-7 所示，分析商场的低价承诺。

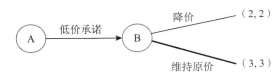

图 11-7   商场低价承诺的博弈树

这是一个两阶段的博弈树，按照逆向归纳分析，一旦商场 A 做出了"低价承诺"，商场 B 若选择"降价"收益为 2（由于 A 存在降价补偿承诺，商场 B 降价不会从 A 手中夺走顾客），选择"维持原价"收益为 3。因此商场 B 会选择"维持原价"。有了"低价承诺"，反倒使得商家失去了"降价"的动力！这恐怕不是消费者能够想到的吧。

另外，构建可置信的"信任""威胁"和"报复"机制，这实质上也是引入"动态化策略"。通过巧妙地构建"可置信威胁"，使得囚徒困境结局不再是均衡策略，从而通过改变博弈获得较好的博弈结局。

引入动态化，就是预估博弈各方可能的反应，将一个策略按照时空关系分解成己方和其他博弈方若干次序行动，通过一系列的规则和声明，构建一个对己方有利的博弈结构。

6. 使用随机策略

直接降价会导致价格战，使用随机策略，则可以避免过于直接的价格战。例如各电商的"秒杀"，事先消费者并不知道何种商品会被"秒杀"。同时，随机策略故意施放迷雾，通过引入不确定性，使得博弈结局对自己有利。

7. 引入重复博弈并建立声誉

理论分析表明，重复博弈可以回避囚徒困境。同时，通过重复博弈，还可以向竞争对手传递声誉信号，使自己处于有利境地。

8. 改变博弈格局

【例 11-4】破釜沉舟的故事。巨鹿之战是秦末著名的以少胜多的战役。项羽率领数万楚军同秦名将章邯、王离所率的 40 万秦军主力在巨鹿（今河北平乡）进行了一场重大决战性战役。当时秦国是按照将士斩获敌方的人头数论功行赏。因此，战败方即便是投降也往往被杀头。于是与强秦打仗时，对方士兵往往未战先怯，容易逃跑。

在这种情况下，与秦军作战的项羽士兵的支付矩阵如图 11-8 所示。

可以看出，该博弈唯一的均衡策略是（择机逃跑，择机逃跑），而且它还是占优均衡。

面对强秦 40 万大军、"几无胜机"的情况下，项羽"破釜沉舟"，成就载入了《史记》的"千古逆袭":"项羽乃悉引兵渡河，皆沉船，破釜甑，烧庐舍，持三日粮，以示士卒必死，无一还心。"(《史记·十二本纪·项羽本纪》) 这样一来，项羽的士兵们都明白，他们别无选择，要想活命，必须拼死一搏。此时，博弈如图 11-9 所示。

项羽士兵

		奋勇杀敌	择机逃跑
项羽士兵	奋勇杀敌	5, 5	-5, 6
	择机逃跑	6, -5	3, 3

图 11-8　正常态势下与秦军作战的项羽士兵的支付矩阵

项羽士兵

		奋勇杀敌	择机逃跑
项羽士兵	奋勇杀敌	5, 5	1, -6
	择机逃跑	-6, 1	-6, -6

图 11-9　破釜沉舟激励下项羽士兵的支付矩阵

此时均衡解为 (奋勇杀敌，奋勇杀敌)。兵还是原来的兵，将还是原来的将，强秦还是令人闻风丧胆的强秦，结果却大相径庭。最后项羽的士兵九战九捷，打败了秦朝的主力军队。项羽改变了博弈的同时，也改变了战争格局。

11.2　竞合

人们常说"商场如战场"，在很多场合这样的比喻是贴切的：战场上要抓住瞬息万变的战机，商场也要抓住瞬息万变的商机；战场上要进行多方利害的权衡，商场也要进行利益博弈分析……但是，商场与战场一个突出的不同点是：一家公司的成功并非以其他公司失败为前提，商场的阶段结局并不是以此胜彼负为标志，也并非以技巧如何巧妙为评价标准。有时候我们甚至会发现，当一家企业"漂亮"地击败竞争对手之时，将自身也置于惨淡经营的境地 (想想一些行业内的恶性价格战)。在现代商界，更多的时候，我们看到的是一家公司的成功往往以其他商家的成功为前提，甚至这种关系还广泛存在于竞争对手之间。

因此，在竞争和合作之后，一种与单纯竞争或单纯合作迥异的关系——竞合关系，出现在经济领域。作为一个术语，**竞合** (coopetition) 一词最早出现于 1913 年，是一家海产品公司用来描述与零售商之间的关系时使用的。当时在一个城市，牡蛎零售商彼此是竞争对手，但为了共同利益同时还有合作，共同培育市场——"从木盆里卖牡蛎"，最终每个小商贩都因此获益。类似地，在电子城卖场，不同小商铺彼此是竞争对手，但当顾客前来购买某种电子产品而店铺缺货时，往往到其他同行那里"拿货"，这样"互通有无"，从短期看不仅彼此获益，而且从长期看，这种"合作"的程度越高，越能吸引消费者前来购买，这种协作也有将市场做大的作用。

关于竞合的研究始于21世纪初，从构词角度来看，coopetition 并非是合作（cooperation）和竞争（competition）的简单结合，而是同一时刻既有竞争又有合作的复杂关系。G. B. Dagnino 和 G. Padula 对竞合的定义是在跨组织间，各公司之间为部分共同利益的交互行为。它们在传统意义上是竞争对手，但为了取得更高的利益而合作，在这个过程中取得比较竞争优势。若用描述性定义方式，竞合可以定义为行业相近或相关的企业或行为主体之间彼此竞争同时又合作的交互关系。

奈尔伯夫和布兰登伯格认为，商业是战争与和平同时进行的领域，企业合作可以做大蛋糕，竞争则是分割蛋糕，强调竞合是追求竞争对手之间的共赢而非消灭对方。他们还认为，正因为竞合关系涉及商界主体之间复杂的策略交互，所以将博弈论作为理论框架引入竞合分析，可清晰地彰显商界中竞合的重要性。从某种意义上说，对竞合的深入分析，博弈论是最重要的理论基石。博弈论对复杂多行为主体交互策略分析提供了充分的分析手段，因此在一定程度上使得竞合理念清晰化，更多地被各界所认知，同时也提供了创造竞合的有力分析工具。

竞合可以发生在具有互补关系的企业之间。商业主体的互补性，按照奈尔伯夫和布兰登伯格的解释，是指一家企业产品的出现，对另一家企业产品的价值有提升作用。例如计算机软件对计算机硬件的价值有提升作用，反过来配置出色的计算机对软件功能发挥具有重要作用。软件公司和计算机硬件公司彼此之间就具有互补性关系。一家汽车生产商和银行之间可看成具有互补性关系：银行提供消费者信贷，使得市场购买力提升，增加了汽车的价值、对汽车的消费需求，又刺激了银行业务发展。每当微软推出新的操作系统，游戏厂商推出一款炫目的游戏，都会刺激英特尔公司最新处理器的大卖，反之亦然。

竞合还可以发生在具有竞争性关系的企业之间。麦当劳和肯德基往往毗邻而居，吸引着对标准化快餐有偏好的食客光顾，两家企业由于竞争而不敢懈怠，在这个过程中提升了各自的竞争力，其他竞争对手进入变得困难，它们共同做大快餐市场的同时，由于规模效应，食材供应成本和广告成本都因此减少，两家企业在这个过程中获益。雪铁龙公司和丰田公司在某个新推出的汽车产品中共享零部件，这种共享机制大大降低了配件采购成本，但在汽车市场中两家企业的激烈竞争关系犹存。

因此，现代商界中不同商业主体之间的关系，并非是你死我活的零和博弈关系，也不是简单的"囚徒困境"关系，更多地体现为一种竞争与合作交织的复杂、微妙关系，即竞合关系。

网络时代，竞合关系更为明显。竞合关系不仅体现在信息技术相关的软硬件设施方面，在这些信息环境提供的便利的基础上，经济主体之间的关系也日益网络化、动态化。人与人之间、公司与公司之间为了实现共赢，共享资源和便利，可以费用共担，共同开拓市场，合作研发，经济共享，从而带来成本降低、资源互补和技术共享等优势。但同时，它们的竞争关系依然存在。

随着博弈论、基于博弈论的机制设计理论、行为博弈论等相关研究的不断深入，人们越来越认识到，商界中的博弈，特别是复杂的多人博弈，并非是单纯的赢 – 输局势，还有很多的共赢局势，并且与恶性竞争相比，共赢局势更容易吸引参与人的关注，同时也更为稳定。

11.3 博弈的改变：基于博弈 PARTS 五要素方法

从策略式表述形式看，博弈通常包括参与人、策略集和支付函数等要素。结合实际博弈背景，布兰登伯格和奈尔伯夫提出了改变博弈的 PARTS 五要素法，其基本点是：博弈是可以改变的。

基于上述前提，利用博弈论作为工具，可以通过博弈分析，提升、改进甚至发现商界和生活中的策略。根据布兰登伯格和奈尔伯夫的观点，基于博弈 PARTS 五要素法，通过改变一个系统的博弈要素，发现、创造一个**正确的博弈**，可提升和发现商界及生活中的策略。PARTS 分别表示参与人（players）、增加值（added value）、规则（rules）、战术（tactics）和范围（scope）。

11.3.1 改变参与人

1. 价值网

在商界、政界乃至生活中，充满了交互性策略行为，因而充满了博弈。确定参与人是博弈分析的第一步。

以商业领域博弈分析为例，可通过绘制价值网来确定博弈参与人。若主体为企业，价值网形态如图 11-10 所示。

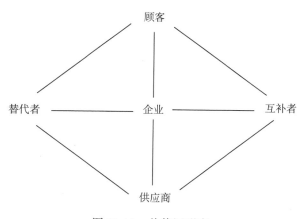

图 11-10 价值网形态

其中，顾客是企业的现金流入源，供应商则是企业现金流出的方向，互补者是提供的产品对该企业产品价值有提升作用的参与方，替代者是竞争者的另外一种表述。

类似地，还可以绘制非企业类的博弈主体的其他类型的价值网，意在通过价值确定博弈的参与人集合。改变参与人，就是通过可行方式改变价值网关联的任何博弈方，实现企业博弈均衡结果的提升。

需要注意的是，一旦你进入博弈，其实就等于改变了博弈。

2. 引入顾客

从某种程度上说，在企业价值网关联的参与人中，顾客往往处于最重要的位置。甚至一些企业不惜重金花钱引入顾客，以构建自己的商业生态系统。在滴滴快车开始进入市场阶段，人们并不习惯使用它。为此，滴滴快车通过免单、优惠券体验等方式，让人们尽快习惯。通过替用户付钱的方式，成功地引入了"顾客"。支付宝为介入超市经营，鼓励顾客使用支付宝，在开始阶段通过手机"摇一摇"方式，赠送新用户数额不菲的红包，快速地吸引了顾客。

一个深刻的不重视顾客的反面案例是"王安电脑的衰落"。王安电脑在几年内由盛转衰，固然有企业环境变化、产品战略失误等原因，顾客的流失也是一个重要原因。王安公司的副总裁钱伯斯对此有着深刻的感触："公司在上升时期，对客户都能很尽心，一旦取得了很大成绩他们就会忘了客户，忘了他们恰恰是客户捧上去的，也正是因为他们脱离了客户，销售额才会降下来，因此才有裁员问题。"

3. 引入互补者

引入互补者可以提升自身产品价值，如计算机的硬件和与之匹配的软件，彼此具有互补性。智能手机的互补者是各种手机 App，手机 App 提升了手机的价值，而手机高性能的中央处理器（CPU）、大容量存储空间和高品质的摄影功能，又为手机 App 提供了更大的市场。

【例11-5】通用汽车信用卡计划。1992 年，通用汽车公司创造了美国公司历史的亏损纪录，亏损额达到约 45 亿美元。

同年 9 月，通用汽车公司和一个重要的信用卡联合发行商 Household 银行共同推出了万事达通用汽车信用卡。持卡者可以在消费时获得相当于消费额 5% 的优惠券，这个优惠券可被用来购买或租赁通用汽车公司的汽车或货车。根据这个计划的规则，这个优惠券用于客户和销售商达成购买汽车交易之后。这些优惠券非常可观：最低一年可以给到 500 美元的优惠，七年就达到 3 500 美元。

通用汽车公司通过一场市场闪击战推出了通用汽车信用卡。在短短的 28 天里，就有了 100 万个账户。不到两个月，通用汽车信用卡就有了 200 万个账户，并且信用卡余额达到 5 亿元。一年后，通用汽车信用卡计划有了 500 万个账户和 33 亿元的巨大余额。两年后有了 900 万个账户，并且还在不断增长。

在该计划的头一年里，通用汽车公司兑现了 55 000 张信用卡上的优惠券，到 1994 年 2 月总共兑现了 123 000 张信用卡上价值 4 000 万美元的优惠券（平均每辆车 325 美元）。在北美销售缓慢的通用汽车有大约 25% 的汽车被持卡人购买。

通用汽车信用卡是如何改变销售汽车的游戏、避免价格战的呢？

优惠券计划有效性的关键在于优惠券要有目标。只有当得到优惠券的人主要是通用汽车的潜在购买者而不是福特汽车的潜在购买者时，它才会起作用。这样，实施这个计划的最大挑战就是，要求得到优惠券的人应该尽可能地是自己的潜在客户，而不是竞争对手的潜在顾客。

通用汽车信用卡非常圆满地解决了这个问题。由于认识到找到所有的潜在客户非常困难，通用汽车公司就把问题反向思考。既然找到他们很难，就让他们来找你。那些希望通过通用汽车信用卡得到折扣的人就是想买通用汽车的人，而打算购买福特汽车的人大概不会像忠诚于通用汽车的人那样去使用通用汽车信用卡。信用卡计划就是这样解决了将发放优惠券的目标人群定位于自己的基础客户的问题。

通用汽车公司通过引入了互补者——Household 银行，改变了博弈，锁定了基础客户，在商战中赢得了胜利。

4. 引入替代者

美国著名的食品公司桂格的 CEO 比尔·史密斯伯格说过，如果你没有一个强有力的竞争者，那么你应该创造一个……竞争是生活的一种方式，因为竞争可以让人做到极致，就像许多世界级运动员在训练时候需要一个陪练一样。

适度地引入替代者，有时候对自己也有利。引入适度竞争会促进行业进步，也有利于蛋糕做大、做强。甚至有时自我引入竞争者，如腾讯的 QQ 和微信，宝洁公司的海飞丝、潘婷和 Prell 等多品牌洗发水战略。20 世纪 30 年代，以美国通用汽车为首，联合 Firestone、马克卡车等多家汽车公司，买下乡村有轨电车的所有权，然后将其关闭，最终用汽车取代了有轨电车。近年来中国手机市场品牌份额超过了苹果等品牌，华为、OPPO、小米等多个国产手机厂商受益于竞争，达到了与国外品牌角力的程度。

【例 11-6】QQ 与微信。QQ 和微信都是腾讯公司的产品，为什么腾讯要推出一个功能有很大交叠、彼此可能存在竞争的产品呢？

即时社交产品是一个市场潜力巨大的行业，QQ 在其中占据着绝对大的份额，但根据市场进入博弈，腾讯并不能阻挡潜在进入者的进入，因为像前面有关章节分析的那样，"斗争"是一个令人难以置信的威胁。

那么腾讯公司适时推出微信产品，就具有意义了。表 11-1 列举了可能的结局。

表 11-1　QQ 的市场博弈

情况	预期结局
在位者垄断，进入者不进入	在位者处于垄断状态
在位者在位，在位者替代产品进入	在位者处于次级垄断状态
在位者在位，进入者进入	在位者和进入者处于双寡头竞争状态
在位者和在位者替代产品进入，进入者同时进入	恶性竞争，各方均不利

　　预见到上述情形，从博弈论角度可以解释腾讯公司的"双产品策略"。在不放弃QQ产品的前提下，腾讯公司适时推出了微信产品，并通过各种媒体进行推送。其他潜在的进入者在没有充分认识到市场价值或犹豫小步试探之际，腾讯的微信就快速爆发，从2011年开始出现到2018年用户超过8亿人，腾讯创造了一个奇迹。当初和腾讯同步起跑甚至在起跑线领先的类似产品，如"米聊""飞信"等，如今已经被多数人遗忘。

5. 引入供应商

　　对于重要的供应商给予一定的优惠，使更多的供应商愿意加入到博弈中。创建一个卖家联盟，形成更大的供应商系统，甚至自己成为自己的供应商（若可能），从而促使自身在商业博弈中处于有利地位。另外，可以考虑的策略是打通供应商和顾客之间的壁垒，让供应商更好地了解顾客的需求，供应商与企业共同为顾客创造新的需求，更好地提升顾客的满意度。

　　需要说明的是，有时候一个博弈参与方可能同时扮演多个角色。比如，手机厂商三星集团和华为公司，既是竞争对手，同时三星作为手机屏幕的生产商，又扮演着华为供应商的角色。这样多重角色导致的价值网关系将会更为复杂。

　　【例11-7】英特尔芯片生态圈的培育与发展。英特尔在1978年开发出8086处理器后，它向IBM、AMD以及10家国外制造商提供了第二供货源（second-sourcing）许可，放弃了对该技术的垄断。它为什么这么做呢？

　　一个原因是，IBM等公司对英特尔公司制造可靠性的质疑（那时候英特尔公司的市场声誉还不是很强），IBM坚持拥有英特尔微代码许可权，以便可以制造供自己内部使用的芯片。另一个原因是，IBM等公司对英特尔公司在未来时期定价的考虑，它们担心明天的博弈，同时也担心今天的博弈，要求英特尔能够发放第二供货源许可。

　　IBM受自主制造权的保护，它希望复制这种保护。通过同意广泛发布微代码许可，英特尔确保硬件制造商会有竞争性的芯片市场，而且不会像以人质绑架那样锁定他们。有了这样的保证，买家愿意使用英特尔的技术，8086芯片因而具有了竞争性，到1987年，它占据了将近30%的市场份额。

　　但这些买家当时并没有认识到，它们陷入了英特尔的套路中，而且难以返回了。这种对芯片的许可没有延伸到286、386、486、奔腾以及奔腾Pro等更为高级的芯片。286的第二供货源许可只给了5家公司，随后，386等芯片许可只给了IBM，而且仅限于内部使用。

　　为什么IBM等公司没有前瞻性地坚持对英特尔每一代芯片都获得许可呢？事实上，英特尔公司确实写了长期许可合同给AMD和IBM，但长期合同非常难写，特别是对于快速多变的技术产业来说。其中不可避免地产生了很多法律纠纷，但很多处于法律的空白地带。随着市场对英特尔芯片的依赖，最终英特尔公司收回了芯片许可，成为相对垄断的企业。

从英特尔发展战略看，英特尔通过给予顾客好处，让顾客对英特尔产品具有黏性；让顾客产生"路径依赖"，最终形成了相对垄断。同时，适度容忍了竞争者 AMD 等公司，共同打造了芯片生态圈。

11.3.2 改变增加值

按照布兰登伯格和奈尔伯夫的解释，一个人在博弈中的增加值是他和其他所有参与人都参与博弈后生成的蛋糕尺寸，减去他离开博弈后生成的蛋糕的尺寸。从这个定义看，增加值与合作博弈的边际价值定义一致。因此，一个人只有增加自己的增加值，或者在可能的情况下减少竞争者的增加值，才会提升自身的收益。

在合作博弈论中，我们谈到了手套博弈，由于右手手套不小心弄丢了 4 只，反倒使得拥有 96 只右手手套的境遇大大好于拥有 100 只手套的境遇。无他，因为这样造成了持有左手手套的 100 个参与人每个人的左手手套增加值为 0。一些商家在推出商品时的"饥渴销售"，总是使得一些品牌拥趸不能在第一时间买到心仪的新产品。究竟是产能不足，还是厂家故意为之？

需要注意的是，"饥渴销售"是把双刃剑。我们仔细分析，"饥渴销售"或通过限制供应提升企业增加值，应该有如下优点：

（1）获得更多的蛋糕份额。

（2）拥有更高的市场地位。

（3）通过公共媒体提供了免费宣传和变相的广告效应。

（4）吸引更多的顾客抢购。

可能导致的缺点是：

（1）蛋糕变小，销售费用提升。

（2）可能会破坏与其他博弈主体的关系，从而影响到未来的合作。

（3）导致顾客不满和抱怨。

（4）留下了市场空白，在一定程度上等于变相地邀请进入者进入。

因此，提升增加值，重要的分析方法是权衡。比如，厂商增加 1 元成本，顾客感知却是 2 元，那么可将价格提升 1.5 元，这就是双赢。类似地，实际上厂家节省了 2 元，但顾客认为你只节省了 1 元，那么你可以将价格减少 1.5 元，又是一个双赢。

【例 11-8】环球航空公司（TWA）的提升服务增加值战略。TWA 曾经作为美国一家举足轻重的航空公司，1988 年独占大西洋市场，服务超过 50% 的往返大西洋两岸的乘客，随后由于美国在 1979 年废除航空管制法案，以及随后其他航空公司激烈的竞争，TWA 业务逐渐萎缩。

1993 年 1 月，TWA 业务处于低谷，乘客基本遗忘了它，顾客评分处于垫底，雇员士气几乎不存在，金库只有 1 000 万美元。TWA 的市场高级副总裁 Bob Cozzi 发现了一个市场机会。他在每架飞机上移除了 10 ～ 40 个座位，然后将其他座位的空间扩展，以给乘客更舒服的腿部空间，如图 11-11 所示。按照 Cozzi 的说法："我们赌上所有的筹码，花 100 万美元拆除椅子，然后花 900 万美元去宣传。"要么取胜，要么破产。

Cozzi 开始宣传舒适舱，广告语是：TWA——您最舒服的飞行方式。舒适舱提供了额外的 3 英寸[⊖]腿部空间，与工业标准要求的 30 ~ 33 英寸规范有明显差异。在多数人提升头等舱和商务舱标准的同时，只有 TWA 为普通舱提供了这样的服务。

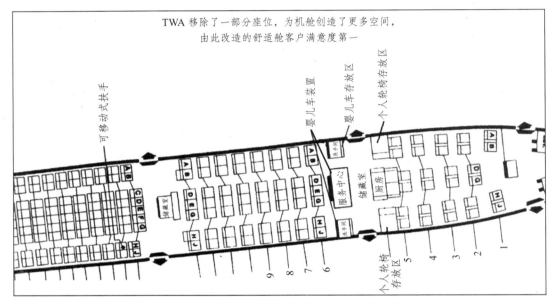

图 11-11　TWA 的经济舱改进示意图

这样做的效果，更多人表示怀疑。但事实上，多数人的怀疑错了。客户满意度快速提升，员工的士气也大大增加。六个月内，TWA 的排名由垫底升到第一，所有这一切都是因为腿部空间扩大的缘故。限于一些公司出差对头等舱和商务舱的限制，TWA 的舒适舱提供给他们最舒适的出行选择。

对于 TWA 和客户来说，通过增加服务的增加值，达到了双赢。同时，TWA 没有发动价格战，甚至给自己创造了涨价空间。由于引入了差异价格，其他公司也因此获益。如果其他公司复制该策略会怎样？事实上，其他公司并没有跟随 TWA 的策略。主要是若都削减座椅，则无法满足市场的需求，尤其是有"星期五下午"效应（星期五乘坐人数是最多的）。

这个案例表明，提升质量需要成本，但可能会带来更高的客户满意度，并且客户愿意为适度涨价买单。

需要说明的是，1996 年 7 月 17 日，TWA 一架飞机发生空难，机上 230 人全部遇难。这次空难给刚刚有转机的 TWA 致命一击，经济舱改进带来的积极效应已经微

⊖　1 英寸 ≈ 2.54 厘米。

不足道了。TWA 打算花费重金，通过采购新机、机队全面更新和缩小规模等方式进行企业转型，然而无法承担巨额财务预算，最终提出破产申请，2001 年美国航空并购了 TWA，至此 TWA 成为历史。虽然如此，TWA 在经济舱改进的"豪赌"还是成功的。

11.3.3　改变规则

在真实博弈中，规则往往是指相关的文化习俗、法律法规、业内惯例以及合同规定等。虽然在多数情形下，规则是相对稳定不变的，但在小范围内，规则也有调整的余地。比如银行不同级别银行卡顾客享受的不同待遇、飞机对于忠实客户的里程折扣、各种会员卡等。

特别地，在新兴市场和新产业，往往缺乏有针对性的规则，此时就可以尝试改变规则，使得博弈主体处于博弈的有利地位。

规则的改变多数是通过商业合同进行的。比如与顾客的合同方面，对重要的顾客给予的最优惠顾客条款（most fevered customer clauses，MFC），承诺给重要的顾客予以最优惠的价格，以及匹配竞争条款（meet the competition clause，MCC），允诺顾客享受任何竞争对手的价格等。在卖方市场规则（mass-market rules）下，对拥有大量顾客的市场，卖家直接制定价格，确定供应量，如超市、加油站、饭店等。

同样地，与供应商之间、与竞争对手之间（回想一下美国严禁香烟在电视上做广告），也可制定相应条款。

【例 11-9】低价承诺销售。1990 年，克莱斯勒公司使用了变形的 MFC，改变了销售博弈。当时顾客都在等年终折扣时买车。销售商库存很高，这样制造商就迫于压力会发布折扣。

克莱斯勒力图让顾客相信，等待是没有必要的。单纯的口头承诺是无效的，于是它在广告中宣布，若年内有很大的折扣，将会对先购车者补偿差价。

这个承诺有两个效应：①消费者没有必要再等待了，于是库存减少；②年终打折似乎也不是很急迫、必需的，甚至降低了打折的激励。

最终的销售取得了很好的效果，克莱斯勒公司的低价承诺实质上汽车价格与上一年同期相比反倒略有提升。

英国著名百货商店约翰·路易斯有一个格言：不要故意低价销售。它若发现其他商店的价格低于自己的价格，便立刻降价，因此享受了最低价格的名声，培养了一批忠实的客户。这实质上是一种 MCC 策略。

11.3.4　利用战术

现实商界和生活中的博弈实质上是不确定博弈。不同参与方对博弈的感知不同，而这种感知的差异必然会影响各方在博弈中策略的选择。

通过改变人们对博弈的感知来改变博弈，有时候需要让对手看清己方意图，看清博弈的支付、结构等内容，即"揭开迷雾"；有时需要故意引入不确定，"制造迷雾"。究竟如何选用，利益权衡是关键。

改变人们对博弈的感知，以此来改变博弈，这就是基于"战术"改变博弈的含义。制造迷雾、消除迷雾、诱发新的迷雾，就是从"战术"角度改进、发现商业策略。

博弈论有一个分支是信号传递。花费时间和金钱获得学位对于招聘公司来说，就是一个信号传递。招聘行为包括公司招聘的广告宣传、应聘者提交简历、参加面试、面试回复、讨论会、试用期、转正等过程。招聘单位在这一系列过程中测定应聘者的能力，应聘者力图要说服招聘单位自己的能力足够胜任。教育是一个信号传递。教育资质应该是一个有力的信号，比如第一学历排名、学习成绩、专业与岗位的联系紧密度，这些情况传递了应聘者的能力信息，而且表明应聘者能做到这些的难易程度。

比如一项新兴行业需要招聘人。在招聘过程中，保底工资和绩效工资也是如此，若一个人强调保底工资，表明他是一个风险厌恶者，至少对自己的能力不是很自信。

但从另一个角度来说，如果保底工资很低，雇用方承担的风险也很小，那么该应聘者的机会也会不自觉地减少，反之，若给予高工资，雇用者也做了一个承诺给雇员，必然会提供更多的机会给他，如决策岗位、培训机会等。

【例 11-10】《纽约邮报》的价格战。1994 年夏天，《纽约邮报》在斯坦顿岛——与曼哈顿岛相隔 8 公里的纽约另一个岛屿，忽然事先无任何征兆地将每张报纸的价格降到了 25 美分。这到底是怎么一回事呢？

就在一年前的伦敦市场，面对《每日新闻》这个"老冤家"，《纽约邮报》率先打起了价格战。一份报纸由 45 便士降到了 30 便士，迫使《每日新闻》不得不跟进，双方利润急剧下降。价格战刚刚拉开序幕，下一步更为激烈的竞争会怎样？《纽约邮报》的 CEO 鲁伯特·默多克（Rupert Murdoch）准备主动掌控接下来的价格战。

作为一对竞争对手，《纽约邮报》和《每日新闻》报纸的价格都是 40 美分一份，相互之间存在着一定的竞争关系，从内容到用户到广告到价格，彼此都虎视眈眈。随着竞争的加剧，这块蛋糕也在缩水，随时蕴藏着降价的风险。

经过周密的谋划，《纽约邮报》开始了价格战——不是降价，而是把每份报纸的价格提高到 50 美分。很快，读者分流到了自己的竞争对手《每日新闻》那里，在失去读者的同时，广告客户也在流失。看到对手的策略，《每日新闻》一方面觉得很诧异，另一方面，面对忽然增加的读者，认为不是价格低的原因，10 美分的价格差距不足以改变读者的选择，应该是"自己报纸的高品位和质量的持续改进导致读者从《纽约邮报》转到《每日新闻》"，同时保持每份报纸 40 美分的定价。

看到对手没有反应，《纽约邮报》在斯坦顿岛把价格一下子降到 25 美分，同时声明只是一段时期降价，过后仍然恢复原价 50 美分一份。

作为价格战的一个试验场，斯坦顿岛立刻有了反应。《纽约邮报》销量大增，《每日新闻》无人问津。《每日新闻》终于清晰地认识到，价格确实是影响销量的重要因素，同时，也明白了《纽约邮报》的良苦用心：若报纸真的降到 25 美分一份，报社将因入不敷出而破产，恶性降价最终的结果是双输。于是在《纽约邮报》恢复 50 美分一份以后，《每日新闻》也将报纸从每份 40 美分提高到 50 美分。

《纽约邮报》通过一系列的"信息发布""释放迷雾""拨开迷雾"等方式，向竞争对手清晰地传达了博弈的可能状况及保持双方共赢的策略地带，同时也以很小的代价向对手传递了"威胁"和"报复"。在斯丹顿岛的降价行动不是恐吓，而是为了掀开在纽约地区涨价的迷雾。《每日新闻》看到了《纽约邮报》的真实意图，因此最终把价格升到了 50 美分。不仅回避了囚徒困境般的价格战，还通过同时提价的方式将蛋糕做大。

这个案例也表明，"承诺"和"威胁"不是免费的，你需要把钱放在你承诺的地方。默多克在斯坦顿岛花了大价钱，实际验证了价格战持续升级的危险，阐述的意图让对手觉得真实可信。

11.3.5　改变博弈范围

为了便于分析一个真实的博弈系统，我们人为地确定了问题边界以及博弈边界。但博弈不是孤立的，而是彼此联系的。一处的博弈会影响其他地方的博弈，今日之博弈会影响到明天的博弈，甚至，对明天博弈的预测也会影响到今天的博弈。

通过改变博弈之间的关联，调整博弈策略，是基于 PARTS 五要素改变博弈策略的范围（scope）方法。首先，需要明确博弈之间的联系，明确了博弈彼此之间的联系，就可以充分利用这些关联提升自身利益。其次，博弈之间的关联不是一成不变的，可以创立新的关联，或者改变既有的关联。这样就等于改变了博弈的边界。

当今大数据和人工智能时代，各领域博弈环境日新月异，今日博弈的最优策略，可能在明日的博弈中就是劣策略。因此必须审时度势，确定博弈的边界，顺应环境变化，方能生存乃至发展。

那么，如何改变博弈的范围？

1. 通过参与人进行关联

若一个博弈的参与人也是另一个博弈的参与人，那么这两个博弈可能是关联的。至于是否一定关联，还需要从 PARTS 的其他要素去考量。若价值网中的顾客或供应商参与不止一个市场，基于增加值改变角度，不同的博弈就会产生关联。比如，英特尔和微软市场的博弈彼此关联，汽车销售博弈和车贷博弈彼此关联。此外，规则或战术维度也会导致不同博弈之间关联关系的改变。

2. 通过增加值进行关联

比如，一个市场的新进入者，若采用常规方式，与在位者相比，往往具有劣势。如果不能优于在位者，就难以立足市场。这就需要分析新进入者的目标业务和在位者的现存业务之间的关联。在不伤害在位者业务的同时，选择在位者不能涉足的业务，在位者不会以很大的代价去改变，从而能避免竞争。

3. 通过规则关联博弈

规则可以直接改变博弈的范围。比如，可以通过制定不同期限的合同，规定博弈的时间范围，规定博弈适用的市场范围、购买和销售方式等。

4. 通过战术关联博弈

当人们感知到博弈之间存在关联，不同博弈之间就产生了关联，关联的小博弈生成了大博弈。通过建立或破坏博弈之间的感知，也就是通过战术方法改变了博弈的范围。

通常采用威胁或承诺的方法可以创建博弈之间的关联。通过劝说其他人做或不做什么事情，可设计有效的威胁或承诺。建立一个先例也是关联博弈的一种战术方法。在今日博弈中的一个行动，用来向他人传递一种信息：在类似的博弈中，你会怎么做。

【例11-11】打印机市场的博弈。1989年，美国打印机市场可分为三类：低端打印机市场，主要被点阵打印机占据；中端打印机市场，被喷墨打印机占据；高端打印机市场，被激光打印机占据。市场份额大致为低端打印机市场占80%，中端占15%，高端占5%。

平均价格大致为：每台点阵打印机为550元，每台喷墨打印机为650元，每台激光打印机为2 200元。从品牌来看，EPSON为点阵打印机之王，HP则主要占据喷墨和激光打印机市场。

由于激光打印机市场利润丰厚，EPSON决定进入激光打印机市场。接下来会怎样发展呢？

1989年8月，EPSON推出了它的第一款激光打印机EPL-6000，这是一款跟风产品，由于刚进入激光打印机市场，品牌影响弱于HP，但价格稍低，也引起了市场的关注。面对EPSON的进入，HP推出了ILP，价格明显低于EPL-6000，迫使EPSON降价跟进，1989年12月，EPSON终于在激光打印机市场站稳了脚跟，获取了5%的市场份额。

美国激光打印机市场的竞争日趋激烈，同时激光打印机的丰厚利润吸引了日本东芝公司进入，这样激光打印机的价格继续走低。市场出现了多寡头竞争状态。

在激光打印机市场，EPSON公司从局外人成为占据一定市场份额的寡头，应该说EPSON在激光打印机市场的试探是成功的。但由此导致的问题是，随着激光打印机价格的不断降低，EPSON先前预计的在激光打印机市场获取的利润大打折扣。不仅如此，随着激光打印机价格与喷墨打印机的价格越来越接近，喷墨打印机不得不降价，而这进一步迫使点阵打印机降价，但点阵打印机的毛利空间本来就有限。这样，EPSON在激光打印机市场博弈的胜利最终压垮了EPSON原来的核心主营业务——点阵打印机市场。

当然EPSON进入激光打印机市场是必然的，但在生产转型尚未准备充分、对博弈后续发展缺乏准确预判时就贸然进入了激光打印机市场，从而导致了损失。原因在于，EPSON 孤立地看待了三种类型打印机市场博弈，而没有看到三个市场彼此之间的关联，没有在更大的范围内审视博弈。

【例 11-12】梅兰妮的困惑。梅兰妮是一家大型纺织厂的 CEO，7 月，她接到了一个大客户的电话，对方请求增加今年的订货量。早在 1 月，梅兰妮已经和该客户签订了一个固定价格的合同。作为价格保证，该顾客同意只在梅兰妮处采购。

客户带来的好消息是业务进展不错，在年底前会需要更多的产品，坏消息是，对于超过今年订购量的布匹量，顾客表示要继续追加订购，但要求给予 10% 的折扣。梅兰妮该怎样应对客户的请求呢？

首席财务官（CFO）反对给对方折扣，理由是顾客之前签订的合同规定了价格，现在却要违背合同规定的价格，若同意对方的请求，不仅会减少现在的收入，而且会让这个顾客认为，来年的合同可以重新讨价还价，而且，CFO 建议给折扣也可以，但来年的合同必须按照今年年初的合同价进行。

梅兰妮觉得这是一个危险的方案，现在才 7 月，当前的合同还有 5 个月到期。现在就讨论来年的合同，显得过早了。但若提议补充条款，那么来年的合同必须现在就谈。

梅兰妮知道 11 月才是谈论新合同的合理时间，因为顾客若考虑更换供应商会来不及，若现在开始讨论，客户会有充分的时间去寻找替代供应商。因此，她宁愿把这次折扣和明年的订货博弈区分开来。此外，她觉得若把这一事件和明年的合同进行关联，客户会觉得反感。

CFO 接受了梅兰妮的意见，但反驳称，对这位客户的退却会使他们显得软弱可欺。但梅兰妮不这么看，她不在意顾客认为她是容易被说服的，到了 11 月，顾客会因为轻视而缺乏准备，这样对谈判来说也是一件好事。

于是梅兰妮回了电话，说明了如果按照当前的合同，他应该按照当前签订的价格从她这里购买产品，但他的业务进展不错，因此她愿意提供折扣，最后折扣为 7%。

到了年底，果然如预期那样，年终的谈判变得格外艰苦，从 11 月拖到了 12 月。最后，客户威胁梅兰妮若不同意他的意见，他就要换供应商了。

对于对方的威胁，梅兰妮提醒对方，你考虑一下下个月从哪里得到原材料供应呢？

客户认识到在这个节骨眼上，确实找不到替代者，他的威胁是不可信的。最终，梅兰妮和他签订了新的合同。基准价格与去年一致，而增加的量可以按照折扣价格购买。

梅兰妮在整个谈判过程中能够审时度势，并且把新增的补充订单价格与来年的合同谈判博弈相关联，在事先就进行了准确的估计与预判，并给出了相应策略。这是梅兰妮谈判成功的关键。对方也在整个过程中感到满意，双方实现了合作共赢。

习题

1. 有了互联网以后，商品价格的变动趋势大致怎样？价格战会不会加剧？请描述你的分析。

2. 华为手机为什么采用华为和荣耀双品牌战略？请给出你的分析。

3. 现在飞机购票可以在互联网上进行，可以非常透明地比较不同航空公司的票价，这是不是加剧了航空公司的竞争？

4. 政府机票采购网是否会带来公务机票支出的减少？

5. 结合一个商业博弈研究对象，尝试绘制其价值网。

6. 最优惠顾客条款会导致怎样的结果，顾客一定会获利吗？

7. 匹配竞争条款可能会导致哪些结果？

推荐阅读

书号	课程名称	版别	定价
978-7-111-61959-8	服务营销管理：聚焦服务价值	本版	55.00
978-7-111-60721-2	消费者行为学 第4版	本版	49.00
978-7-111-59631-8	客户关系管理：理念、技术与策略 (第3版)	本版	49.00
978-7-111-58622-7	广告策划：实务与案例（第3版）	本版	45.00
978-7-111-58304-2	新媒体营销	本版	55.00
978-7-111-57977-9	品牌管理	本版	45.00
978-7-111-56140-8	创业营销	本版	45.00
978-7-111-55575-9	网络营销 第2版	本版	45.00
978-7-111-54889-8	市场调查与预测	本版	39.00
978-7-111-54818-8	销售管理	本版	39.00
978-7-111-54277-3	市场营销管理：需求的创造与传递（第4版）	本版	40.00
978-7-111-54220-9	营销策划：方法、技巧与文案 第3版	本版	45.00
978-7-111-53271-2	服务营销学 第2版	本版	39.00
978-7-111-50576-1	国际市场营销学 第3版	本版	39.00
978-7-111-50550-1	消费者行为学：基于消费者洞察的营销策略	本版	39.00
978-7-111-49899-5	市场营销：超越竞争，为顾客创造价值 第2版	本版	39.00
978-7-111-44080-2	网络营销：理论、策略与实战	本版	30.00

营销教材译丛系列

课程名称	书号	书名、作者及出版时间	定价
网络营销	即将出版	网络营销：战略、实施与实践（第4版）（查菲）（2014年）	65
销售管理	978-7-111-32794-3	现代销售学：创造客户价值（第11版）（曼宁）（2011年）	45
市场调研与预测	978-7-111-36422-1	当代市场调研（第8版）（麦克丹尼尔）（2011年）	78
国际市场营销学	978-7-111-38840-1	国际市场营销学（第15版）（凯特奥拉）（2012年）	69
国际市场营销学	978-7-111-29888-5	国际市场营销学（第3版）（拉斯库）（2010年）	45
服务营销学	978-7-111-44625-5	服务营销（第7版）（洛夫洛克）（2013年）	79